电磁轨道炮科学与技术系列丛书

电磁轨道炮原理与技术

向红军　乔志明　吕庆敖 ◎ 编著

PRINCIPLE AND TECHNOLOGY OF

ELECTROMAGNETIC RAILGUN

北京理工大学出版社
BEIJING INSTITUTE OF TECHNOLOGY PRESS

内 容 简 介

本书共分7章。第1章绪论，介绍了电磁轨道炮的基本概念、特点分类、研究背景、发展历史和应用前景等；第2章电磁轨道炮基本理论，主要介绍了机电模型、磁场压强和磁场力、瞬态场计算、电流密度分布、趋肤效应理论等；第3章电磁轨道炮发射器技术，主要介绍了电磁轨道发射器的材料特性、结构设计与滑动配合等；第4章增强型电磁轨道炮技术，主要介绍了并列轨道磁增强方式的复杂轨道炮，包括基本结构与工作原理、技术特点与应用前景等；第5章电磁轨道炮射弹技术，主要介绍电枢技术、一体化弹药技术、弹药强磁环境控制技术、轨道寿命评估技术等；第6章电磁轨道炮电源技术，主要介绍脉冲成形网络技术、多级LCR并联技术、多级磁场线圈绞肉机技术、磁通压缩发电技术等；第7章电磁轨道炮军事应用，主要介绍了防空电磁炮、舰载电磁炮、电磁迫击炮、多功能电磁轨道炮、反导电磁炮等。

本书可供军工高校、科研院所和军队院校的博士生、硕士生与本科生使用；对从事电磁发射技术研究的科研工作者也有一定的参考价值。

版权专有　侵权必究

图书在版编目（CIP）数据

电磁轨道炮原理与技术 / 向红军，乔志明，吕庆敖编著． --北京：北京理工大学出版社，2022.8
　　ISBN 978-7-5763-1544-8

Ⅰ. ①电… Ⅱ. ①向… ②乔… ③吕… Ⅲ. ①电磁炮
Ⅳ. ①TJ866

中国版本图书馆CIP数据核字（2022）第135199号

出版发行 /	北京理工大学出版社有限责任公司
社　　址 /	北京市海淀区中关村南大街5号
邮　　编 /	100081
电　　话 /	（010）68914775（总编室）
	（010）82562903（教材售后服务热线）
	（010）68944723（其他图书服务热线）
网　　址 /	http://www.bitpress.com.cn
经　　销 /	全国各地新华书店
印　　刷 /	三河市华骏印务包装有限公司
开　　本 /	710毫米×1000毫米　1/16
印　　张 /	17.25
彩　　插 /	6
字　　数 /	278千字
版　　次 /	2022年8月第1版　2022年8月第1次印刷
定　　价 /	88.00元

责任编辑 / 陈莉华
文案编辑 / 陈莉华
责任校对 / 刘亚男
责任印制 / 李志强

图书出现印装质量问题，请拨打售后服务热线，本社负责调换

前　言

电磁轨道炮作为世界各军事强国研究的热点，是一种极具军事潜力的新概念动能武器，也是今后相当长一个时期各国竞相争夺的军事装备制高点。经过全世界各国科研工作者的共同努力，在电磁轨道炮原理与技术方面取得了比较丰富的研究成果，也陆续出版了一些介绍电磁轨道炮技术的理论书籍，这些理论著作的侧重点、关注点各有不同，但均推动了电磁发射技术的发展和进步，起到了非常重要的作用，具有显著的军事效益和经济效益。本书编著者作为国内长期从事电磁发射技术研究的课题组之一，先后承担了多项电磁轨道发射技术领域的国家和军队重要科研课题，培养了一大批硕士博士研究生，在电磁轨道炮发射领域具有一点粗浅的认识和体会。

为进一步总结分析前期研究成果，为广大电磁发射技术领域的科研工作者或爱好者提供互相交流借鉴的媒介，编著者特编写出版电磁轨道炮系列丛书，以期为电磁发射技术研究贡献绵薄之力。

本书共分为7章，主要由向红军、乔志明、吕庆敖编著，梁春燕、苑希超也参与了部分章节的编著，课题组研究生曹根荣、施洪杰等亦有贡献，在此向他们的付出表示衷心的感谢。

本丛书所涉及的内容只是电磁轨道炮技术研究中的阶段性成果，还存在许多不完善的地方，同时由于编者水平有限，书中难免出现疏漏和谬误之处，恳请读者批评赐教。

丛书编著者
2022 年 8 月

目 录

第1章 绪论 ·· 1
  1.1 电磁炮基本概念 ·· 1
    1.1.1 电磁轨道炮 ·· 2
    1.1.2 电磁线圈炮 ·· 3
    1.1.3 电磁重接炮 ·· 4
  1.2 电磁炮的特点 ·· 5
  1.3 电磁轨道炮军事需求分析 ·· 8
  1.4 电磁轨道炮发展历程 ·· 10
    1.4.1 美国电磁轨道炮发展历程 ································ 10
    1.4.2 欧洲电磁轨道炮发射历程 ································ 16
  1.5 电磁炮应用前景 ·· 18
    1.5.1 直接作战武器装备 ·· 18
    1.5.2 辅助加速装备 ·· 19
    1.5.3 装备试验平台 ·· 21
第2章 电磁轨道炮基本理论 ·· 23
  2.1 电磁轨道炮基本结构 ·· 23
  2.2 简单电磁轨道炮理论模型 ·· 25
    2.2.1 简单轨道炮的力学模型 ·································· 25
    2.2.2 简单轨道炮的机电模型 ·································· 26
    2.2.3 两种模型对比分析 ·· 30
  2.3 简单轨道炮的磁场压强理论 ······································ 31
    2.3.1 磁场压强与磁场力 ·· 31
    2.3.2 磁场压强理论的特性与应用 ······························ 34
  2.4 简单轨道炮电流分布特性 ·· 34

2.4.1　三维瞬态场计算·· 35
　　2.4.2　静止条件下轨道炮电流密度分布······························· 40
　　2.4.3　不同截面轨道-电枢结构的轨道炮模型······················· 41
　　2.4.4　不同轨道-电枢截面电流密度分布对比分析················ 46
　　2.4.5　不同激励电流波形分析·· 48
　2.5　电磁轨道炮的速度趋肤效应··· 50
　　2.5.1　速度趋肤效应理论分析·· 50
　　2.5.2　不同速度下的速度趋肤效应···································· 52
　　2.5.3　电流密度随速度变化规律研究·································· 55

第3章　电磁轨道炮发射器技术··· 62
　3.1　发射器材料·· 62
　　3.1.1　轨道材料·· 62
　　3.1.2　绝缘支撑材料·· 65
　　3.1.3　结构约束材料·· 68
　3.2　结构设计··· 69
　　3.2.1　设计要求·· 69
　　3.2.2　力学条件分析·· 70
　　3.2.3　轨道截面与通流能力分析·· 74
　　3.2.4　轨道发射器的典型结构··· 80
　3.3　电枢/轨道间滑动电接触理论与技术································· 83
　　3.3.1　电枢/轨道间滑动电接触状态描述···························· 83
　　3.3.2　枢/轨电接触磨损·· 85
　　3.3.3　枢/轨电接触转捩·· 88
　　3.3.4　枢/轨电接触机械刨削·· 89
　3.4　其他技术··· 92
　　3.4.1　炮尾汇流技术·· 92
　　3.4.2　炮口消弧或引弧技术·· 94
　　3.4.3　一种抑制转捩的间隔供电发射器技术······················· 97

第4章　增强型电磁轨道炮技术··· 99
　4.1　增强型轨道炮工作原理与基本结构····································· 99
　　4.1.1　平面式增强型轨道炮·· 99
　　4.1.2　层叠式增强型轨道炮·· 101

4.1.3　复合式增强型轨道炮 · 102
　4.2　增强型轨道炮发展现状 · 103
　　4.2.1　国外研究现状 · 103
　　4.2.2　国内研究现状 · 108
　4.3　增强型轨道炮应用优势 · 111
　　4.3.1　电磁分布特征对比分析 · 112
　　4.3.2　电感梯度对轨道炮发射性能的影响分析 · 116
　　4.3.3　枢/轨接触形式创新 · 120
　4.4　增强型轨道炮技术难点 · 123
　4.5　增强型轨道炮研究方向 · 124

第5章　电磁轨道炮射弹技术 · 127
　5.1　轨道炮电枢技术 · 127
　　5.1.1　等离子体电枢 · 128
　　5.1.2　固体电枢 · 130
　　5.1.3　低速电枢的物理特性 · 140
　　5.1.4　高速条件下U形电枢的物理特性 · 152
　　5.1.5　枢/轨接触面上的物理现象 · 158
　5.2　轨道炮弹药技术 · 164
　　5.2.1　轨道炮弹药技术概述 · 164
　　5.2.2　典型的电磁轨道炮弹药 · 165
　5.3　弹丸强磁环境控制 · 170
　　5.3.1　电磁轨道炮弹丸磁场屏蔽方法 · 171
　　5.3.2　弹载电子组件的强磁场屏蔽方法 · 173
　　5.3.3　电磁轨道炮弹载电子组件磁屏蔽的数值仿真 · 174

第6章　电磁轨道炮电源技术 · 179
　6.1　脉冲功率电源概述 · 179
　　6.1.1　电炮对脉冲功率电源的基本要求 · 179
　　6.1.2　现有的脉冲功率电源系统 · 180
　　6.1.3　一种全电战车的脉冲功率电源系统 · 184
　6.2　基于电容器组的时序触发电路 · 185
　6.3　基于PFN脉冲成形网络的脉冲功率电源 · 190
　　6.3.1　一级LCR振荡电路模型及其理论分析 · 191

6.3.2 二级 LCR 并联振荡电路模型及其理论分析 ·················· 194
6.3.3 多级 LCR 并联振荡电路模型及其理论分析 ·················· 197
6.3.4 五级 LCR 振荡并联电路模型及其理论分析 ·················· 199
6.4 多级电感绞肉机 ··· 203
6.4.1 多级电感绞肉机单次过程的电流分析 ······················· 204
6.4.2 多级电感绞肉机电路耦合能量分析 ·························· 206
6.4.3 绞肉机电路多次耦合电流及能量分析 ······················· 211
6.4.4 小结与思考 ··· 214
6.5 直线式磁通压缩发电机 ··· 215
6.5.1 空间电磁场参量的 MFCG 定义 ····························· 216
6.5.2 电路参量的 MFCG 定义 ······································ 217
6.5.3 两种 MFCG 定义的一致性 ··································· 218
6.5.4 MFCG 的根本特征 ··· 219
6.5.5 MFCG 的系统分类 ··· 219
6.6 旋转惯性储能带动脉冲发电机 ·································· 228

第 7 章 电磁轨道炮军事应用 ·· 232
7.1 防空电磁轨道炮 ·· 232
7.1.1 "闪电"电磁轨道炮防空系统 ································ 232
7.1.2 法德研究院车载防空电磁轨道炮 ··························· 233
7.1.3 舰载电磁轨道炮 ·· 234
7.2 电磁迫击炮 ·· 239
7.2.1 迫击炮的优点与不足 ··· 239
7.2.2 美军电磁迫击炮 ·· 240
7.3 机载电磁轨道炮 ·· 245
7.4 多功能电磁轨道炮 ··· 245
7.4.1 电磁轨道炮的多功能性 ·· 245
7.4.2 通用原子公司多功能中程轨道炮武器系统 ················ 245
7.5 反舰导弹电磁轨道炮 ·· 246
7.5.1 近程防御武器系统 ··· 247
7.5.2 近程防御武器系统作战分析 ·································· 247
7.5.3 电磁轨道炮近程防御武器系统性能 ························· 250
7.5.4 速射轨道炮 ··· 252

7.5.5 速射轨道炮试验 ………………………………………… 254
7.6 电磁弹射轨道炮 ………………………………………………… 256
7.7 反导电磁轨道炮 ………………………………………………… 258
　7.7.1 美国电磁轨道炮 …………………………………………… 258
　7.7.2 日本拦截导弹电磁轨道炮 ………………………………… 259
　7.7.3 天基战略反导和反卫星 …………………………………… 260
参考文献 …………………………………………………………………… 261

第1章 绪　　论

1.1 电磁炮基本概念

所谓发射（Launch），就是在较短时间内用较大的功率把物体推进到一定速度，在空间飞向目标。发射器（Launcher）是指发射物体的装置。发射技术和人类历史是同步发展的，在冷兵器时代，由于科学技术的落后，只能使用机械能发射，例如弓箭、弩、抛石机等。机械能发射器是借助人体肌肉的力直接抛射物体或储存势能然后抛射物体的一类发射器，是把一种机械能（如势能）变成另一种机械能（动能）的发射器。机械能发射器能量转换过程简单，抛射物体所用的能量也原始和易得，但它为发射提供的脉冲功率小，因此难以把物体发射到高速度，一般在每秒几米到几十米范围内。

后来，随着科学技术的进步，我国在14世纪发明了火药，使发射技术进入化学能发射时代。化学发射器是利用火药等含能材料燃烧（化学反应）产生高压气体推进物体到高速度，其实质是利用化学能发射物体。典型的化学能发射器有火枪、火炮、火箭和冲压加速器等。化学能发射器是一种把化学能变为发射体动能的能量转换器。由于火药等含能材料储能密度较高（有时高达 55 MJ/kg），且化学反应（燃烧）较快，因此化学能发射器能提供较高的功率，能把物体发射到较高的速度，一般达到每秒几百米到千米。与冷兵器相比，发射物体的初速至少被提高了两个数量级。然而，火炮类的传统化学能发射器由于自身的局限性，其发射弹丸初速一般不能超过 2 km/s，无法满足现在和未来武器装备对超高速发射的需要（通常将初速大于 2.5 km/s 的速度称为超高速）。

俗话说，天下武功，唯快不破。因此，追求超高速发射一直是各军事强国和广大军事科技工作者的目标。为实现弹丸高初速精确发射，电磁发射技术应运而生。电磁发射技术是将脉冲功率电源的电磁能经电磁作用力加速物体到高速或超高速的一种新型发射技术,本质上是一种把电磁能转换成发射物体动能的能量转换技术。电磁发射技术是机械能发射技术、化学能发射技术之后的一次发射方式的革命,它通过将电磁能转换为发射载荷所需的瞬时动能,可在短距离内实现将克级至几十吨的负载加速至高速,可突破传统发射方式的速度和能量极限,是未来发射方式的必然途径。

电磁炮是基于电磁发射技术为射弹提供推力的一类新型高速发射装置,又称作电(磁)发射器。根据工作原理和结构形式不同,可分为电磁轨道炮、电磁线圈炮和电磁重接炮。

1.1.1 电磁轨道炮

电磁轨道炮又可以分为简单轨道炮、串联增强轨道炮、分布馈电式轨道炮等。尽管轨道炮的结构不同,但是其作用原理基本一致。后面各章节会详细介绍不同轨道炮的工作原理和结构组成,为此本节只简要介绍简单轨道炮的结构组成和工作原理。简单轨道炮由两根平行的金属轨道(或称金属导轨)、一个电枢、高功率脉冲电源和开关组成。轨道和电枢结构如图1-1所示。

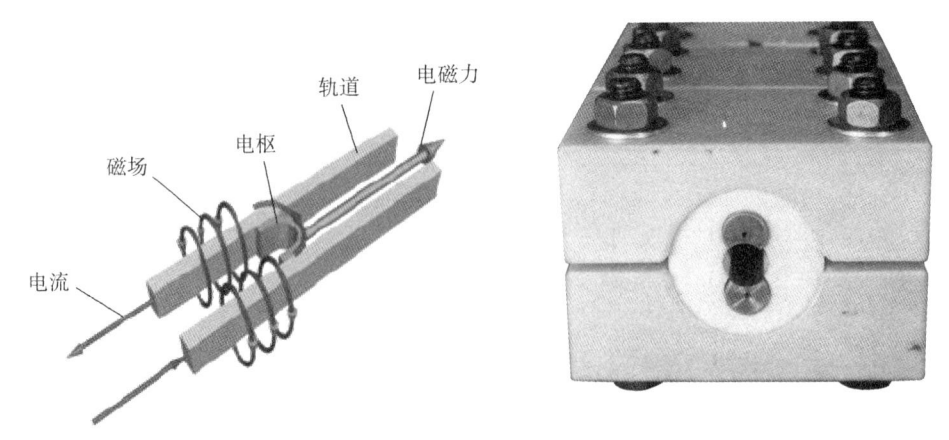

图 1-1 电磁轨道炮的电磁作用示意图与一种圆膛的简单轨道炮炮口

电磁轨道炮的工作过程是:将发射载荷放置在两根平行的金属轨道中间,发射载荷后部有一等离子体电枢或固体电枢。电源、轨道和电枢构成闭合回路。轨道炮利用流经轨道的电流所产生的磁场与流经电枢的电流之间的电磁力(洛伦兹力)加速电枢发射载荷到超高速。

由于电枢运动时需与轨道保持良好的电接触,故在高速度(> 3 km/s)

时常使用等离子体电枢。两金属轨道必须是良导体，其材料能耐烧蚀和磨损，且应有良好的机械强度。轨道除用于传导大电流外，还用于导向电枢和使弹丸定向运动。高功率脉冲电源提供兆安级的脉冲电流，输出电压在千伏量级，一般通过开关与轨道相连接。

轨道炮是电磁炮家族中研究最早、技术较成熟、有可能最早列入武器装备行列的一类电磁发射器。但高速时轨道和电枢之间放电烧蚀、欧姆损失严重导致其效率低是制约其发展的关键技术问题之一。

1.1.2 电磁线圈炮

线圈炮早期被称为同轴发射器、质量驱动器或行波加速器等。可将其视为圆筒状的直线电动机，结构上由若干个驱动线圈（如螺线管状的发射线圈）和一个或多个弹丸线圈组成。

由于驱动线圈一般固定不动，因此也叫定子线圈，它们相当于炮管，依次通电后，形成运动磁场（或磁行波），在弹丸线圈中产生感应电流。弹丸线圈中可以是感应电流、自带电源形成电流，甚至是永磁体。电磁线圈炮利用驱动线圈磁场和弹丸电流（弹丸磁体）相互作用的电磁力来加速弹丸线圈或其他磁性材料，如图 1-2 所示。

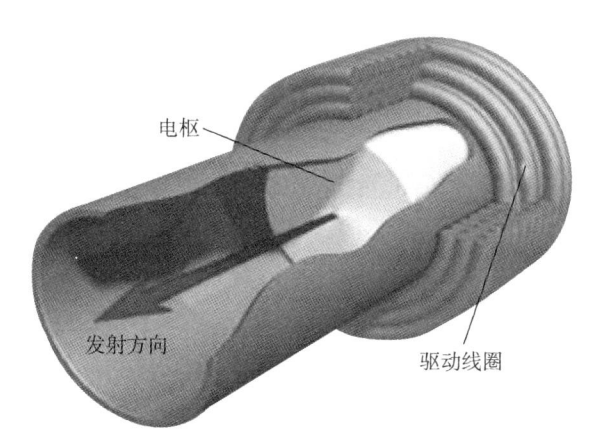

图 1-2 电磁线圈炮的电磁作用示意图

为了提高电磁电枢或弹丸的发射初速，经常采用多个驱动线圈对电枢进行连续加速，其基本原理如图 1-3 所示。利用电容器储能电源的多级电磁线圈炮主要由驱动线圈、电枢（或弹丸）、储能电容器、开关以及弹丸位置检测装置构成。多级电磁线圈炮工作时，首先由每一级的弹丸位置检测装置检测弹丸是否达到该级驱动线圈的最佳触发位置。当检测到弹丸处于最佳触发位置时,利用该时刻的弹丸位置信号作为该级放电回路的开关控制信号,控制开关的闭合,接通该级驱动线圈的放电回路。

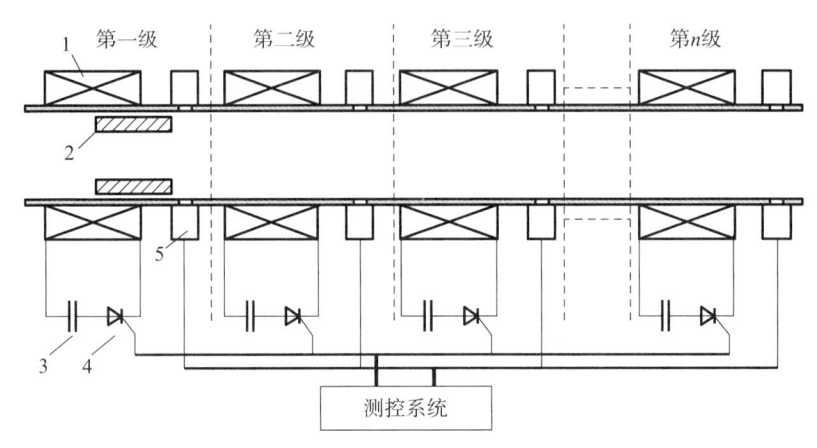

图1-3 多级电磁线圈炮的电磁作用示意图

1—驱动线圈;2—电枢(或弹丸);3—储能电容器;4—开关;5—弹丸位置检测装置

线圈炮的关键技术问题有:对于单级线圈炮,驱动线圈电流波形、弹丸初始位置、弹丸质量的匹配问题;对于多级线圈炮,各级驱动线圈的触发与控制问题,具体为弹丸质量、弹丸材料、弹丸速度、弹丸位置、驱动线圈电流波形的匹配等问题。

1.1.3 电磁重接炮

电磁重接炮的研究始于20世纪80年代,从本质上,它是一种特殊的线圈炮,同时它是一种无管炮,发射过程中不存在电路局部过热和放电烧蚀现象。电磁重接炮的工作原理如图1-4所示。电磁重接炮主要由驱动线圈、发射体和高功率脉冲电源构成。发射前,非导磁金属材料制成的发射体置于驱动线圈某一个合适的初始位置,脉冲功率电源向驱动线圈放电产生磁场,磁力线如图1-4所示,由于发射体的存在,磁力线会被截断,使其空间分布发生改变,但发射体尾部的磁力线会重新结合,弯曲的磁力线有拉直的趋势,这种拉直的力量会推动发射体向前运动。电磁重接炮的理论加速效率较高,而且发射过程中不需要炮管,电枢和载荷的形状比较灵活,因而电磁重接炮技术被认为是非常具有发展潜力的研究方向之一,但因其技术比较复杂，投入较大，系统的控制和配合较为困难，目前仍然处于研究的初级阶段。

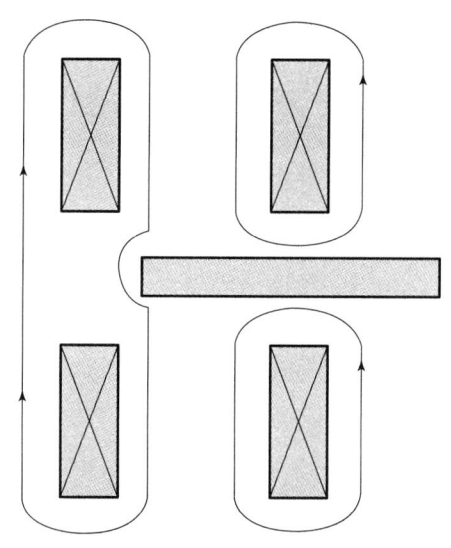

图1-4 电磁重接炮的电磁作用示意图

从工作原理上讲，电磁重接炮是一种特殊的感应线圈炮，主要差别在于：一是驱动线圈的结构和排列方式不同，相应的弹丸线圈也不同；二是重接炮弹丸必须是非铁磁性材料的良导体，利用电磁感应方式工作。电磁重接炮的主要优势是能够发射不同形状的弹丸，可以应用于航空母舰上弹射飞机的电磁弹射器。

以上是电磁发射器的三种基本形式。从当前发展形势看，轨道炮既有较高发射效率，又有成熟理论基础，也有试验条件，是可能较早进入实战的电磁发射器，为此本书主要以电磁轨道炮作为研究对象。

1.2 电磁炮的特点

电磁炮武器的前景如何，在很大程度上取决于它的优点和可能的应用潜力。人们之所以特别青睐电磁炮，是因为它有异乎寻常的优点，这些优点可以概括如下。

（一）高初速

电磁炮利用电磁能所产生的推力可比火药的推力大一个数量级以上，

且射弹速度不受火药燃气滞止声速限制，它可把不同质量的射弹加速到每秒几千米到几十千米的初速。同样的弹丸，电磁炮发射的初速可达 4～6 km/s，在天基发射可达 50 km/s，而常规火炮的弹丸初速最高的只有 1.8 km/s，战术导弹的最高速度为 3 km/s，战略导弹的最高速度为 7 km/s。所以电磁炮的弹丸可以追击飞机、导弹等高速飞行的物体，并且由于它的终点动能很大，具有较高的毁伤效能。同时，高初速能增大弹丸射程、缩短射击的提前量和提高命中目标的概率。

（二）效率较高

简单轨道炮的发射效率理论值是 50%，一般实用时能达到 20%～30%；线圈炮和重接炮效率的理论值为 100%，实用时能达到 50%～70%。系统发射效率高，可使得发射器系统的体积和质量比较小，实际上它比粒子束武器和某些强激光武器或微波武器体积小得多，相对而言更适合天基作战应用。

（三）射弹质量范围大

传统火炮发射 100 kg 以上的弹丸比较困难。电磁炮发射的弹丸可大可小，从几克到几吨或几十吨乃至百吨以上，因此电磁炮的应用领域被大大拓宽。由于速度高，在动能不变前提下可以减轻弹丸质量，这意味着装载平台可储存更多的炮弹，并且易于实现装填自动化和提高射速，有利于在坦克、航空器或航天器平台上使用。

（四）管理简单

传统火炮利用发射药燃气发射弹丸，其发射药的生产、储存、运输、使用都具有较高的安全要求，而且成本较高。电磁炮可以使用低烃类燃料（如柴油）做发电用的初始能源，成本较低，而且安全性较高，并且不存在处理报废弹药或火炸药的困难，极大降低了弹药管理和使用成本。

（五）工作性能优良

由于不存在常规火炮可能因点火过程和发射药燃烧不均匀而出现的延迟点火、瞎火和加速度突变等问题，电磁炮工作性能稳定、重复性好。另外，一门性能良好的电磁炮，其弹丸的平均加速度和峰值加速度可以相差甚小，加速过程均匀，有利于改善弹载器件的过载特性。

（六）可控性好

常规火炮通常通过调整装药来改变射程，可控性较差。电磁炮可以通过控制每次发射使用的电能大小，即可改变初速和射程，初速调整精度高，对不同距离上目标的打击更加灵活。

（七）有利于隐蔽

电磁炮工作时，声、光、烟等特征信号较少，发射过程中的后坐力也很小，不易被敌方发现，有利于隐蔽和保护自己。

（八）结构适用性好

电磁炮的"炮管"形状相对灵活，可以用于发射不同形状的弹丸。比如，电磁轨道炮可以用2条或4条轨道加速弹丸，炮管可以做成方形、圆口径或X形口径，以此发射各种形状气动性能优良的弹丸，如图1-5、图1-6所示。同时，电磁线圈炮具有磁悬浮力和纠偏力，弹丸在"膛"内加速时可不与"炮管"壁接触。此外，电磁炮的尾部一般无炮闩，因此装填方便。在长管或多级电磁发射器中，可同时前后加速几个射弹，即前面的射弹尚未出膛就可以加速另一个或多个射弹，这有利于提高射速。还有，电磁重接炮可以弹射飞机、无人机等特殊形状的载荷。

图1-5 并排式增强型轨道炮端部结构

图1-6 层叠式增强型轨道炮端部结构

相比于传统发射武器，正是由于电磁炮武器具有许多优点，因此逐步得到世界各军事强国的高度重视，投入人力物力开展电磁炮武器的研究。

1.3 电磁轨道炮军事需求分析

随着军事科技的不断发展，传统的火力打击装备已不能完全满足现代战争需要。为实现对目标的远程精确火力打击，未来火力打击装备发展要满足以下几个趋势。

（一）打得远

与传统作战方式相比，未来火力打击装备要求能够实现远距离压制或远程火力支援，因此要求装备打得远。火炮外弹道学理论表明，弹丸的炮口速度越高，其射高就越高、其射程就越远，其覆盖的范围越大，杀伤作用也越强。以 2.5 km/s 初速及 51°射角发射为例，不同质量弹丸的射高可达 80～120 km，射程可达 200～400 km，如图 1-7（a）所示。电磁轨道炮通过增加储能，可以提高弹丸的初速，从而提高射程，实现对目标的远程打击。美军就曾提出了基于电磁轨道炮的远程火力打击和支援构想，如图 1-7（b）所示。因此，电磁轨道炮可以满足打得远的要求。

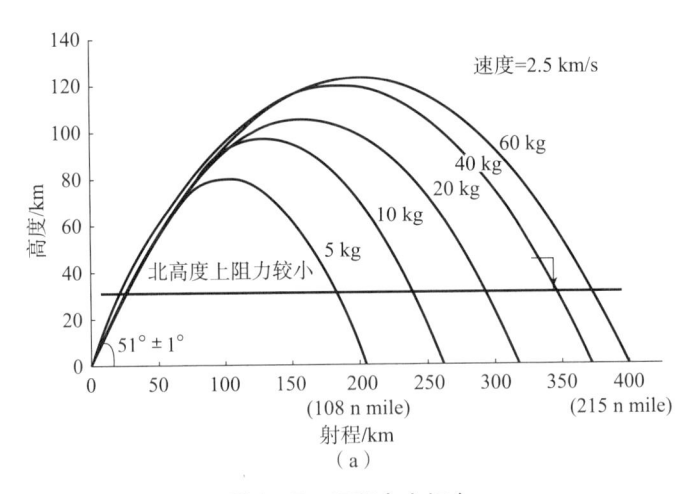

图 1-7 远程火力打击
（a）超高速弹丸的外弹道特性

(b)

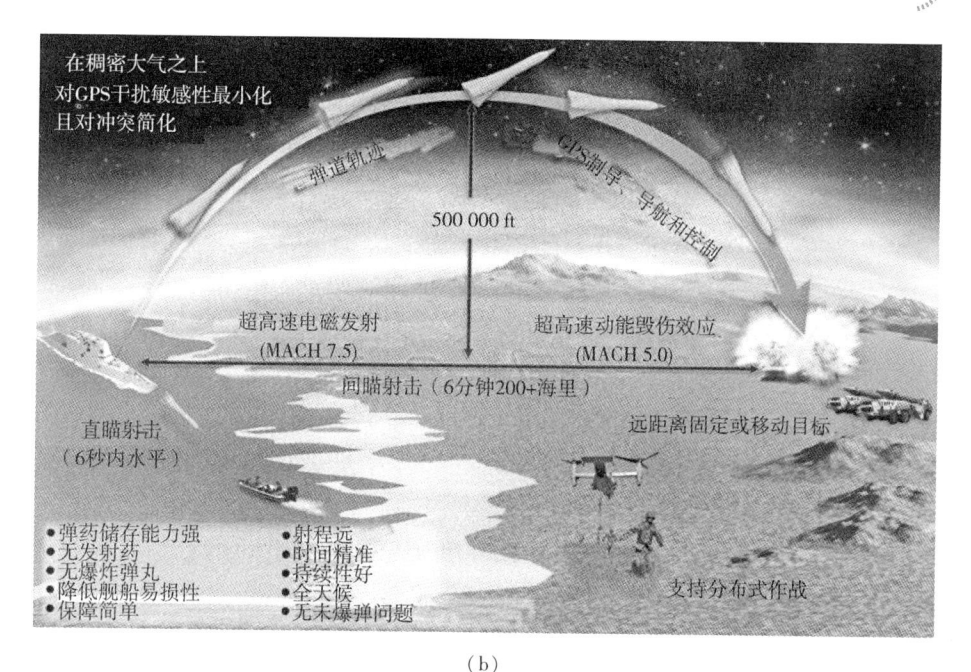

图1-7 远程火力打击（续）

(b) 美军超高速弹丸火力打击构想

（二）打得准

精确打击是未来装备发展的必然趋势，传统的非制导武器会随着射程的增加而降低其打击精度，但是电磁轨道炮由于发射初速高，相同的射程其飞行时间更短，误差积累更小，打得较准。另外，还可以通过弹载制导系统，实现对电磁轨道炮弹药的外弹道控制，用于对目标精准打击。

（三）打得狠

在过去的战争中，军队完成摧毁指定敌方综合设施往往需要对该设施进行大规模的地毯式轰炸，或者采用万炮齐发的模式，通过大量弹药实现火力面覆盖，打击效率比较低。电磁轨道炮由于发射初速高，弹丸在飞向目标时，仍然具有较高的终点初速；终点动能较大，具有较大的毁伤能力；当然，也可以采用子母弹方式，依靠大量杆式子弹的终点动能、面覆盖打击敌方装备或敌方装甲目标。

（四）打得净

现代科技不仅要求能够实现对目标的远程精确打击，而且要求注重战争的综合效益，包括射击阵地的环境效益。传统的火力打击装备通过发射药或推进剂等含能材料的燃烧产生推力,实现弹药的发射。这些含能材料在燃烧过程中,会产生大量的有毒有害气体,从而对发射阵地的环境造成污染,并影响官兵的身体健康。因此,打得净也成为新时代火力打击装备发展的新要求。电磁轨道炮采用电能作为发射能源,没有含能材料,因此发射阵地卫生干净,能够满足需要。

从未来战争对火力打击装备的需求和装备发展趋势来看,电磁轨道炮作为一种全电系统,是新型火力打击武器的重要发展趋势。因此,加强电磁轨道炮技术研究是当前和未来一个时期的重点之一。

1.4 电磁轨道炮发展历程

电磁轨道发射技术的发展以应用目的为导向,通过对历史的追溯可揭示出当前发展电磁轨道发射技术的核心追求。

1.4.1 美国电磁轨道炮发展历程

美国作为世界第一军事强国,在电磁轨道发射技术领域处于第一梯队,其轨道发射技术的演变可归结为四个阶段:起源和曲折探索阶段;新起点阶段;以陆军为主导的基础研究阶段;海军应用背景的工程突破阶段。

(一) 起源与曲折探索

电磁发射的起源可以追溯到19世纪,1844年Colonel Dixon在"Newly Invented Electric Gun"广告中首次提到了"电炮"的概念。1958年美国洛斯阿拉莫斯国家实验室(LANL)Bostick提出了railgun一词,并率先开展了等离子体电枢的轨道发射试验,随后Brase分别将31 mg和10 mg的尼龙球加速至5 km/s和10 km/s。1961年,Radnik和Lathan认为电枢的速度受制于电枢焦耳热,且轨道与电枢间的接触电弧会对轨道造成破坏,得出了轨道炮工程应用不可行的结论,导致电磁轨道炮的研究一度停滞不前。

(二) 新起点

短暂的停歇后,20世纪70年代末迎来了电磁轨道发射技术研究的又一历史起点。1978年,澳大利亚国立大学(ANU)马歇尔博士(R. A. Marshall)团队使用550 MJ的单极发电机,在5 m长的轨道发射器上使用等离子体电枢将3.3 g的聚碳酸酯弹丸成功加速至5.9 km/s。Marshall的突破性试验进展，验证了电磁轨道炮完全有能力将较重的物体发射至超高速，直接刺激了各军事强国开始对电磁轨道发射技术的武器化可行性论证和广泛的基础研究部署。美国在随后持续开展了电磁发射技术研究，经过长期的研究和积累，造就了美国在电磁发射领域的一枝独秀，其技术和战略布局的发展也代表了电磁发射领域的国际趋势。

（三）以陆军为主导的基础研究

ANU 的突破性进展后，美国立即启动了新一轮的电磁发射技术武器化可行性论证研究。1985 年，美国国防科学委员会得出结论："未来的高性能武器，必然以电能为基础"。随后，以国防高级研究项目局（DARPA）和陆军为主要资助方，以反装甲的陆基电磁炮为应用目的，美国全面开启了电磁轨道发射技术的基础研究。

为了加强交流推动理论与工程技术的进步，美国和欧洲分别于 1980 年和 1988 年各自建立了具有国际性质的电磁发射技术研讨会制度，并于 1996 年合并为国际电磁发射会议（EML Symposium），每两年举办一届，成为当今世界观察电磁发射技术发展的重要窗口。

20 世纪 80 年代后期，由美国陆军倡议并依托得克萨斯大学，建立了以电磁发射技术研究为主的先进技术研究所（IAT），旨在为决策层提供一个技术总体支持的同时也夯实电磁发射长远发展基础。随后 IAT 组织开展了大量基础研究，突破了一系列关键技术，成为美国电磁发射技术研究中心和国际电磁发射技术研究领域的领军者。

试验平台的构建是基础研究的保障和成果体现，从 20 世纪 90 年代起，美国大力推进了电磁发射试验平台的建设。在 IAT 建立的电磁发射实验室，逐步形成了 MA 级脉冲通流的试验能力，可将数百克的弹丸加速至 2 km/s 的炮口初速发射，该试验平台上完成了大量的发射器结构和电枢/轨道滑动电接触及材料的接触试验研究。美国陆军于 20 世纪 90 年代初在绿色农场（Green Farm）建设了电容器储能规模 32 MJ 的电磁发射实验室，设计验证了 90 mm 口径电磁轨道发射器的结构性能，并成功开展了 8～9 MJ 炮口动能的发射试验。为了推进完整的试验演示，美国还加强了靶道试验的建设。1992 年，美国研制成功世界上第一套完整的靶场轨道炮，并在陆军尤马试验场（Yuma Proving Ground）进行了发射试验，迈出了电磁炮走出实验室的第一步。另外美国与英国合作，于 1993 年在苏格兰 Kirkcudbright 建成第一座电磁发射试验专用靶场，配备了 29 km 长的试验靶道和 32 MJ 储能规模的电容器电源,对不同口径的电磁炮和电热炮进行了数百发的试验,实现了将 3~4 kg 弹丸加速至最高 3 km/s 的炮口初速,在试验的支持下对轨道结构及炮管设计、一体化发射组件和脉冲电源等关键技术进行了研究。

(四) 海军应用背景的工程突破

20 世纪 90 年代末期,美国海军采用全电力推进的新型舰艇 DDX 逐渐成形,海军舰艇作为电磁轨道炮武器化平台的适用性日益凸显。2003 年,美国海军研究局(ONR)在 IAT 的协助下得到了舰载远程轨道炮的可行性论证结论:"无论是原理还是技术,舰载远程电磁炮都不存在不可逾越的障碍"。DDX 舰艇使用的集成化电力系统(IPS)完全能满足舰载电磁轨道炮 15~30 MW 的电能需求,未来舰载轨道炮将实现 2.5 km/s 炮口初速发射 20 kg 的弹丸(炮口动能 64 MJ)、发射速率 6~12 发/min 的应用目标,将取代 155 mm 先进火炮系统。随后,美国海军水面作战中心达尔格伦分部(NSWCDD)被选为舰载轨道炮研究的主要依托单位,于 2004 年开始建造电磁轨道炮专用试验场。

2005 年,美国海军启动"创新海军样机(INP)"舰载电磁轨道炮项目,由 ONR 投资 2.7 亿美元,分别支持英国宇航公司(BAE)和通用原子公司(GA)的 2 个研究团队,开展炮口动能 32 MJ 舰艇原型样机(1/2 缩比样机)的研制、试验演示等,目标为解决轨道发射寿命、一体化发射组件设计及发射器轻量化的工程问题。

2007 年,BAE 公司首次交付 90 mm 口径试验演示装置,试验中弹丸速度和炮口动能分别达到 2 146 m/s 和 7.4 MJ。2008 年,再次利用 BAE 交付的演示试验装置,在 32 MJ 的总储能下,NSWCDD 又一次刷新了电磁发射的炮口动能,达 10.64 MJ。据 ONR 的 Elizabeth 博士在 14 届 EML 会议的报告,此时原型样机的开关问题已得到解决,尚未解决的问题包括电磁轨道炮的重复发射、热量管理等,美国海军已经成立了多学科专业的大学研究团队,致力于发展新的诊断技术,对电枢/轨道接触面进行更为细致的检测和研究。

2010 年 10 月,美国海军在实验室内进行了一次接近实战需求的电磁轨道炮发射试验。据推测,一体化铝制弹丸重约 10.4 kg,炮口速度为 2.5 km/s,炮口动能达 33 MJ。试验场景如图 1-8 所示。该轨道炮炮膛放弃了圆截面,第一次采用了向内腔凸出的截面轨道,电枢侧面采用了相应的向外凹的截面结构。这样的炮膛结构有两方面优势:一方面可避免电枢在滑动过程中的上下摆动,有利于电枢/轨道之间的直线滑动电接触;另一方面,有利于控制轨道内的电流分布,使轨道表面的电流更均匀,缓解电流聚集程度。

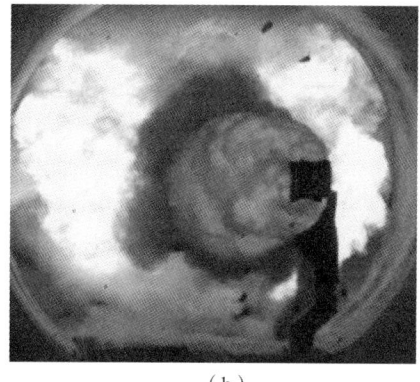

图 1-8 美国海军 2010 年电磁轨道炮试验场景

(a) 发射装置;(b) 电枢出膛瞬间

本次试验通过将储能提升到 100 MJ,NSWCDD 成功实现了 INP 项目第一阶段的炮口动能目标,达到 33 MJ(10.4 kg,2 500 m/s)。2012 年,BAE 和 GA 分别交付了 32 MJ 单发工程化原型样机,如图 1-9 所示。

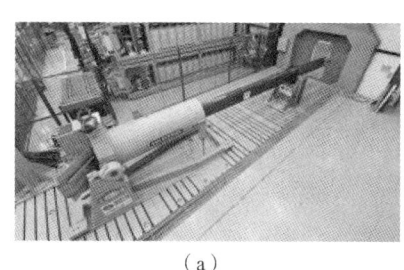

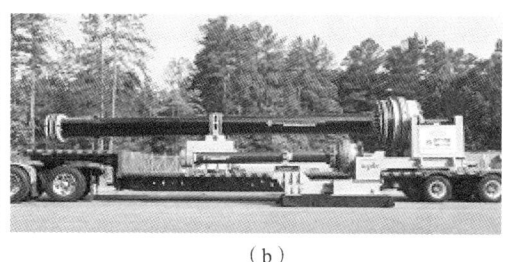

图 1-9 美国海军资助的 32 MJ 炮口动能的电磁轨道炮

(a) BAE 电磁轨道炮;(b) GA "闪电"系列电磁轨道炮

2012 年 2 月,美国海军开展了电磁轨道炮全威力样炮的演示验证试验,标志着 INP 计划第一阶段研制工作顺利完成。该发射装置由 BAE 公司研制,它具备反后坐力和调节射角功能,更像一件实用的武器装备。图 1-10(a)是 2012 年美国海军的电磁轨道炮全威力样炮装弹的瞬间,图 1-10(b)是样炮发射时一体化电枢组件飞出炮膛的瞬间。从图 1-10 可以看出:该样炮采用凸形截面轨道,除了电源系统仍然在实验室内,电磁轨道炮本体完全可以装载于舰船平台上。

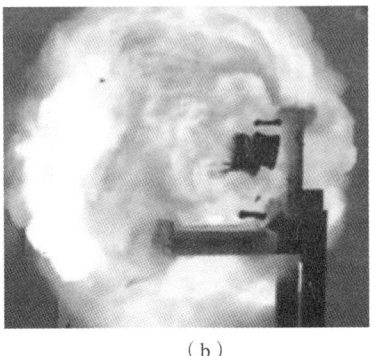

图 1-10 美国海军 2012 年电磁轨道炮全威力样炮发射试验
(a) BAE 电磁轨道炮正在装填的电枢;(b) 电磁轨道炮电枢出膛瞬间

2013 年,美国海军授权 BAE 公司正式启动 INP 计划第二阶段,即连续发射的发射样机和脉冲电源的研发工作。2014 年 7 月 10 日,ONR 在"米利诺基特"号联合高速舰上展示了 BAE 公司和 GA 公司提供的两门具有连续发射能力的电磁轨道炮,并宣布计划于 2016 年进行海上演示。不断加强电磁轨道炮能量水平同时,INP 计划也特别关注了内腔材料寿命问题,2011 年 10 月 31 日,美国海军研究实验室(NRL)在 25.4 mm 口径试验发射器上完成了第 1 000 次试验演示,标志着电磁轨道发射器在武器化的进程中实现了材料试验的里程碑,2014 年该发射器还实现了每分钟数发的连续发射能力。INP 计划极大地推进了电磁发射器武器化的进程,美国海军计划在 2025 年左右将电磁轨道炮列装于 DDX 战舰并投入使用,这期间将继续通过 IAP 计划完成舰载集成和从 32 MJ 向 64 MJ 跨越的工作。

2016 年,通用原子公司在犹他州达格威靶场进行制导电子组件发射试验,之后拆卸"闪电"轨道炮系统并将其运到达希尔堡后,进行重新组装并参与美国陆军在俄克拉荷马州劳顿市希尔堡地区一年一度的机动性与射击综合试验演习。演习期间,"闪电"轨道炮共进行 11 次发射,命中目标的距离均超过其早期射程。演习结束后,"闪电"轨道炮又运回达格威靶场进行后续试验,其目的在于展示该轨道炮系统可以方便有效地运输,并在不同地区进行试验,收集提高轨道炮效率的关键数据,以满足未来用户对机动性的需求。

2016年，通用原子公司自筹5 000万美元用于研制10 MJ多功能中程轨道炮武器系统。研制该轨道炮的目的在于补充或代替美国海军现役舰炮，将用于拦截导弹和飞机，以及动能打击海上或陆地目标。该轨道炮的口径尚未确定，炮弹内装钨质子弹，拦截范围与PAC-3"爱国者"导弹类似；执行动能打击任务时炮弹射程约100 km。通用原子公司打算用宙斯盾雷达技术为多功能中程轨道炮武器系统的炮弹提供指挥和制导，该武器系统可装备濒海战舰或护卫舰等小型平台。

2016年，BAE公司的轨道炮配合脉冲功率电源系统在室外进行了发射演示试验，试验场景如图1-11所示，试验过程如图1-12所示。结果显示该系统摆脱了民用电网支持后，能够集成到大型战舰上，进行自主发电、脉冲功率成形，利用U形电枢，发射长杆状的有效载荷。

图1-11 美国海军2016年外场演示电磁轨道炮的整体场景和发射器

图1-12 美国2016年外场演示中电磁轨道炮开炮瞬间与
飞出的U形电枢及长杆射弹

从以上进展可知，美国电磁轨道炮实现了10 kg弹丸2.5 km/s初速发射，并在工程方面具备了初步实战功能。然而，2017年年底，美国战略能力办公室发言人表示，"目前美国的电磁轨道炮不符合现有发展技术能力，因此会把着眼点放到传统火炮上",宣称计划在 2019 年停止拨款,终止电磁轨道炮的研发项目。

1.4.2　欧洲电磁轨道炮发射历程

除美国的一枝独秀外,欧亚众多国家也开展电磁发射技术的研究,其中英、法、德处于电磁发射技术研究第二梯队,有专门的研究机构从事相关研究,与美国合作关系密切,近年来取得明显的成果。

欧洲是世界早期电磁发射技术的发源地,是当前电磁发射技术的主流力量,成立了欧洲电磁发射会议。对应于世界史的发展,早期欧洲电磁发射技术的发展史就是世界电磁发射技术发展史。1822 年,法国人安培发现安培定律后,电磁发射技术的思想开始萌芽,1844 年,Colonel Dixonz 首次正式提出电磁发射技术概念;1845 年,英国人查尔斯·惠斯通建造的世界上第一台直线电动机,把金属棒抛射出 20 m 远。1901 年,挪威人伯克兰第一个提出线圈炮概念,获得电火炮专利,把 500 g 的电枢加速到 50 m/s。1916 年,法国科学家 Fauchon 申请了第一个轨道炮专利,并以 5 kA 电流将 50 g 弹丸在 2 m 内加速到 200 m/s。1944 年,德国科学家 Hansler 研制了 2 m 长、20 mm 圆形口径的电磁发射器,将 10 g 铝制弹丸加速到 1.08 km/s,也提出了电磁发射走向实用化的两个难题:电枢和电源。

受当时科学技术水平的限制,这些技术和装置都只取得了部分成功,均没有达到实用。1978 年,澳大利亚国立大学的马歇尔博士将 3 g 的弹丸加速到 5.9 km/s,证明了电磁发射技术将较重物体加速到超高速的可行性。其后,英国、德国、法国、俄罗斯等欧洲主要国家电磁发射技术研究开始复兴。在此期间,尽管由于美国投入大量的人力、物力和财力开展电磁发射技术研究,世界电磁发射技术研究的中心从欧洲转到美国,但英国 BAE 系统公司、法德联合实验室、德国航天研究中心、俄罗斯新西伯利亚流体研究所、意大利比萨大学等欧洲电磁发射技术的主要研究机构在电磁轨道发射技术、电磁线圈发射技术、电磁弹射技术、电磁装甲领域取得的大量成果,稳居世界电磁发射技术研究的第二梯队。

1987 年,法国和德国国防部共同组建的法德圣路易斯研究所(French-German Research Institute in Saint Louis, ISL),在电磁轨道发射技术、电磁装甲技术领域开展了多年研究,已经成为继美国之后在电磁发射领域重要的研究力量。

法德 ISL 建设了 10 MJ 脉冲电源系统，电压为 10.75 kV，包含了 200 个电容器模块，配备了半导体开关，电流可达 2 MA。基于 10 MJ 脉冲电源，法德 ISL 研制了多型电磁轨道发射器。其中，早期的 50 mm 圆形口径发射装置如图 1-13 所示，可把质量为 356.8 g 的电枢加速到 2.24 km/s，效率为 29.9%。40 mm 方口径发射装置如图 1-14 所示，可将质量为 300 g 的电枢加速至 2.4 km/s，也可将质量为 1 kg 的弹丸发射到 2.0 km/s 以上的速度，发射效率超过 25%。在此基础上，法德 ISL 还对发射器口径结构、电枢材料和结构、分布式馈电、金属纤维电枢、发射器效率、轨道寿命等电磁轨道发射关键技术进行了深入研究。

图 1-13　法德 ISL 圆形口径电磁轨道发射装置

图 1-14　法德 ISL 方口径电磁发射装置

俄罗斯电磁发射技术研究立足国情，重视基础研究。1994 年，俄罗斯高能物理中心建造的轨道炮将 3.8 g 的弹丸加速到 6.8 km/s，当时处于国际领先水平。近年来，俄罗斯在电磁发射机理研究，特别是对等离子体电枢型轨道炮的研究非常深入，并在爆炸磁流体发电机、磁通压缩发电机等方面取得了丰富的理论与试验成果。从材料和结构的角度研究找到了多种降低速度趋肤效应的方法，发现了如何调整电枢和轨道的形状、结构、材料和各向异性电热特性以提升轨道炮的发射速度及身管寿命，并在小型试验装置上进行了试验验证，试验结果与理论计算结果高度一致，得到了业内同行的广泛认可。

意大利、土耳其等国也加入电磁发射技术研究领域，虽然尚未建立专业的研究机构，研究规模与条件也有限，但其在新概念武器发展领域掌握主动的意图是很明显的。

1.5 电磁炮应用前景

电磁炮由于其具有的独特优势,在未来的高技术战争中具有十分广泛的军事应用,不仅可直接作为武器装备对重要作战目标实施打击,还可以依靠其电磁加速特性辅助发射。此外,由于电磁炮可在短距离内提供极高的过载力,且具有良好的可控性,因此还可作为高过载试验以及冲击测试试验的理想平台,无论在民用还是军用领域均具有广阔的应用前景。

1.5.1 直接作战武器装备

美国军方认为,用电磁炮代替高射武器和防空导弹执行防空任务,有许多无可比拟的优点。由于电磁炮的弹丸飞行速度快,加速度时间仅为几毫秒,而且不受环境干扰,所以能快速拦截击毁来袭目标。据分析,用初速为 1.3 km/s 的高射炮弹拦截飞行速度为 250 m/s 或 500 m/s 的飞机,其成功率分别为 60% 和 20%,而用初速为 4 km/s 的电磁炮弹药打击来袭飞机,成功率可达 100%。

迫击炮主要用于对步兵提供近距离支援,对于射弹初速和射程的要求都较低,所以一些国家将电磁迫击炮看作是电磁武器走向广泛应用的初级阶段;希望通过发展电磁迫击炮,特别是将电磁发射技术应用于"未来战斗系统"非直瞄迫击炮来进行探索。美国国防部预先研究计划局大力推进的 120 mm 口径的电磁迫击炮实验室演示项目,就是专门为下一代"未来战斗系统"研制的车载式非直瞄电磁迫击炮,其设计构想如图 1-15 所示。

以卫星或其他航天器作运载平台,形成部署在空间的天基电磁炮,可以对战略弹道导弹实施中段拦截或助推段拦截,直接杀伤或摧毁在轨卫星,能充分发挥电磁炮超高速和摧毁目标能力强的特点,拦截弹道导弹的成功率要大得多,实现也比目前正在研制的强激光武器系统容易一些。正因为如此,美国早在其 20 世纪 70 年代的星球大战计划中,就将电磁炮作为天基战略反导和反卫星的重要应用加以研究。

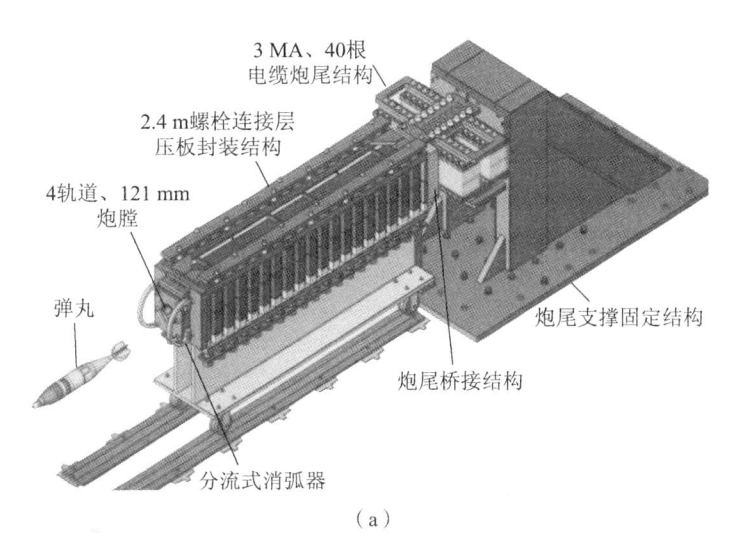

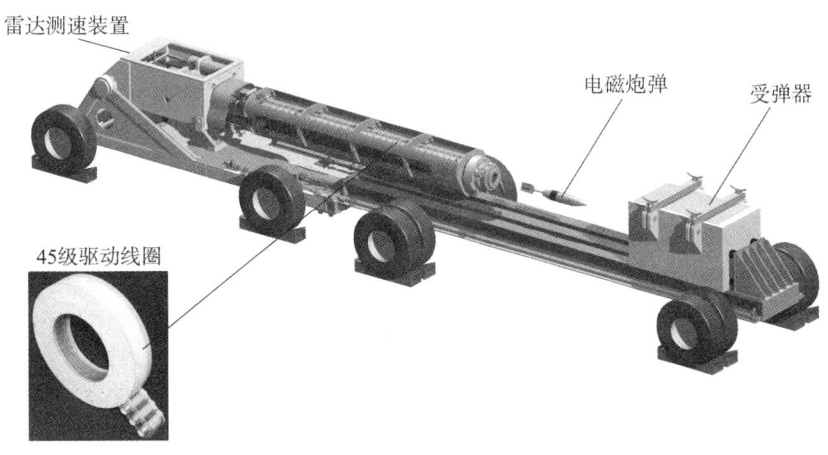

图 1-15 电磁轨道式迫击炮与电磁线圈式迫击炮的设计构想

（a）电磁轨道式迫击炮；（b）电磁线圈式迫击炮

1.5.2 辅助加速装备

目前航空母舰主要采用蒸汽弹射飞机，由于蒸汽可控性差，而且加速过程不稳定，效率只有5%左右，因此在未来大型航母的建造中，需要采用新型飞机弹射技术。线圈发射技术可以用于发射大质量载荷，而且载荷的形状不受限制，还具有高可控性、高效率、高性能的优点，非常适合用于代替目前航空母舰上弹射飞机的蒸汽弹射系统，因此美军对电磁弹射器的可行性进行了研究和探索。其中通用原子公司所提出的 EMALS 系统方案被美军采用，并在福特号航母 CVN-78 上建造了电磁飞机弹射器系统，2011年9月，美国新泽西州联合基地，一架 E-2D 型预警机从全尺寸模拟航母甲板上设置的电磁弹射器成功弹射起飞。

导弹在发射过程中，通常会产生大量烟雾和火光，容易造成导弹发射阵地的暴露，不利于战场生存能力的提高。特别是在海军舰艇的导弹发射过程中，除了发射舱里会充满烟雾外，随着连续发射，还会造成发射舱的温度急剧升高，因此需要专门的温度或热量管理系统、烟雾排放系统来对发射产生的后效进行清理，从而增加了系统的复杂性。作为未来全电驱动的舰艇，可以采用电磁发射技术，先将导弹以较低的初速发射，当导弹离开舰艇一定距离后，然后再启动主发动机，推动导弹加速飞行，从而避免发射过程对舰艇产生的不利影响。目前，美国桑迪亚国家实验室和洛克希德马丁公司已经研制了电磁导弹发射装置，并进行了实际的发射试验，将 1 430 磅①的载荷发射到了 24 英尺②的高度，如图 1-16 所示。事实上，对于一般的战术导弹而言，其发射速度要求并不太高，用电磁发射导弹的方法是较容易实现的；而对战略导弹来说，其对发射速度的要求很高，因此用电磁发射的方法则比较困难。

此外，基于电磁发射原理，在常规火炮的炮口处加装电磁增程装置，可大大提高火炮射程，增强其远程打击能力。因此，美国拟将这项技术应用于现有火炮上，大幅提高其常规火炮射程，以增大战场压制火力的覆盖范围。

图 1-16 电磁弹射导弹演示试验

① 1 磅≈0.453 6 千克。
② 1 英尺≈0.3 米。

1.5.3 装备试验平台

在制式火炮系统发射的过程中，在炮膛内火药燃烧压力的作用下，炮弹将产生很大的加速度，使炮弹内的各组件在发射瞬间承受最大到上万个重力加速度的短时高过载，对弹载惯性器件、制导器件、火工元件和弹载电子设备等提出苛刻的要求，因此弹药在研制、定型或长期储存后一般需要进行元部件的耐高过载性能试验。利用电磁轨道发射原理，构建弹药元部件耐过载性能模拟试验装置，不仅可以准确模拟弹药发射过程中的峰值过载，而且可以模拟峰值过载的持续时间。由于系统采用全电控制，可控性和通用性强、试验精度高、场地需求小、成本低，可有效满足不同口径弹药及其元部件的高过载环境模拟试验需求，为弹药装备的研制和质量监控提供有效的方法手段。轨道发射式弹药元件抗过载性能模拟试验装置的基本结构如图 1-17 所示。

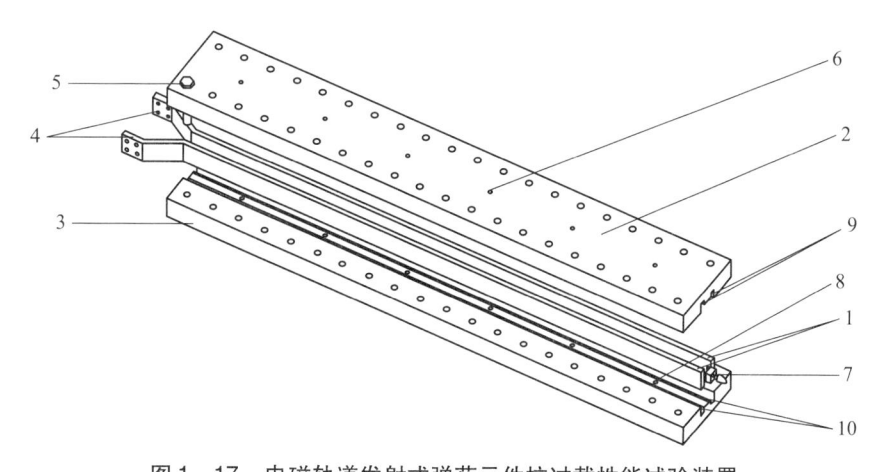

图 1-17 电磁轨道发射式弹药元件抗过载性能试验装置

1—平行放置的金属轨道；2—上防护板；3—下防护板；4—汇流排；5—螺栓；
6—发射光纤安装孔；7—试验弹；8—接收光纤安装孔；9，10—卡槽

随着材料技术的发展，高强度、低密度材料被广泛应用于战斗机、坦克等武器装备的防护结构，以减轻自身质量、提高自身威力和机动性。作为装备的组成部分，这些防护结构对冲击性能要求较高。因此这些装备的防护材料在应用之前，要进行高速冲击载荷下的响应特性测试。目前冲击载荷测试方法主要采用高压压缩气体膨胀做功来加速弹丸，为试验提供冲

击载荷。但是由于产生的高压气体膨胀做功能力有限，因此发射弹丸的质量、速度会受到诸多限制。如果采用小型电磁轨道发生器作为冲击载荷源，不仅可以实现冲击载荷的灵活控制，满足较广范围的质量、速度取值，还可以通过设计弹托，实现一次发射多发质量、体积不同的子弹丸，大大提高新型防护装备材料的抗冲击载荷试验效率，同时提高试验的精准度。

第 2 章　电磁轨道炮基本理论

从电磁轨道炮概念的提出到今天,已有逾百年的历史。在长达百年的时间里,轨道炮的发展可谓是历经沧桑,几度夕阳。今天的电磁轨道炮,各方面的技术都已日趋成熟,尤其是能够把 10 kg 级的弹丸加速到 2.5 km/s 以上及重复发射性能已经满足战技指标基本要求,但其工程复杂,距离实际的应用还有一段路要走,有待于更深层次的探索和研究。

电磁轨道炮从结构上看,一般可以分为简单轨道炮和复杂轨道炮。通过分析简单轨道炮的机电模型和特性,可以为研究复杂轨道炮提供重要参考,为此本章将重点对简单轨道炮的基本理论进行研究和分析。

2.1　电磁轨道炮基本结构

轨道炮又称导轨炮,简单的轨道炮由两条平行的金属轨道、一个电枢、弹丸和高功率脉冲电源组成。两金属轨道为耐烧蚀耐磨损的良导体,且有良好的机械强度和刚性,通常它们被镶嵌在高强度的复合材料绝缘筒内,共同形成电磁轨道炮的炮管。电磁轨道炮的轨道除传导大电流外,还对电枢和弹丸的运动起导向作用,横截面为扇形的轨道可构成圆膛炮,如图 2-1 所示;横截面为矩形的轨道可构成方膛炮,如图 2-2(a)所示。电枢位于两轨道间,由导电物质构成,可以是固态金属块,亦可是等离子体,或者是二者组成的复合电枢。高功率脉冲电源提供的脉冲电压在 10^4 V 量级,电流在 0.1~10 MA 量级,脉宽在几毫秒量级。闭合开关后,电流通过馈电母线、轨道、电枢,返回电源构成回路,并在回路内产生磁场(用磁感应强度 B 表示)。电枢电流 I 与回路磁场相互作用的结果是在电枢上产生电磁力 F:

$$F = I \times B \tag{2-1}$$

从式(2-1)可知,电枢将在电磁力推动下沿轨道加速,并推动弹丸以超高速飞出炮口。

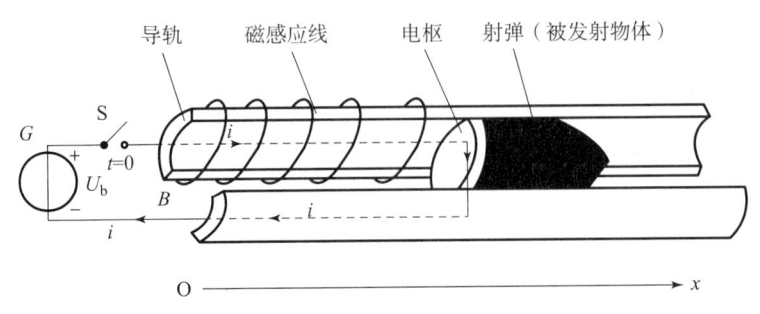

图 2-1　圆膛轨道炮工作原理及电路模型

在上述过程中，电枢起滑动开关和连续短路作用。由于电枢运动时需与轨道保持良好的电接触，故在超高速（>3 km/s）时常采用等离子体电枢。轨道炮中等离子体电枢常用气化金属丝或金属箔片并电离而形成。其工作过程为，电源、开关、两轨道、金属丝或金属箔形成闭合回路；当开关闭合后，电源为回路充电形成大电流；大电流的焦耳热使金属丝或金属箔很快气化并电离成等离子体电枢。作用在电枢上的力因电枢种类不同而在物理学上存在差异：使用固体电枢时，在物理学上称它为安培力；采用等离子体电枢时则是洛伦兹力。典型的方膛轨道炮和 U 形固体铝质电枢如图 2-2 所示。

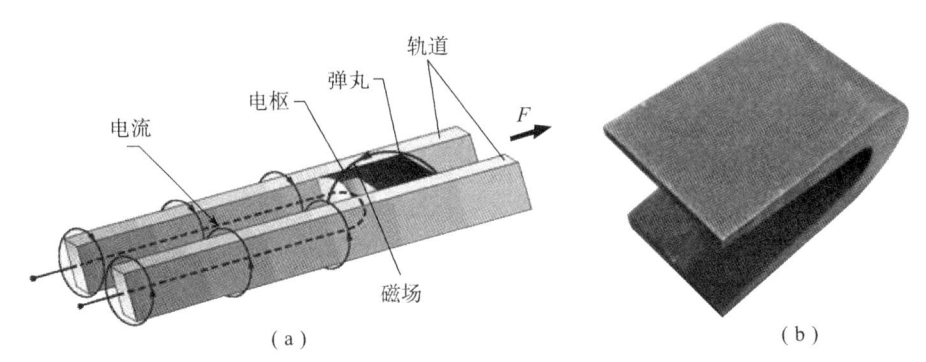

图 2-2　方膛轨道炮结构示意图及其典型 U 形固体铝质电枢

(a) 方膛轨道炮；(b) 典型 U 形固体铝质电枢

作为武器的射弹体，包含电枢、弹丸、弹托。弹丸位于两轨道间，处于电枢前面，根据不同情况可选用不同材料，若弹丸为金属材料，为了不让弹丸导电，则可在弹丸外包一层绝缘材料。通常情况下，还可采用弹托支撑不同形状的弹丸。比如美军研制的典型电磁轨道炮弹药，如图 2-3 所示。

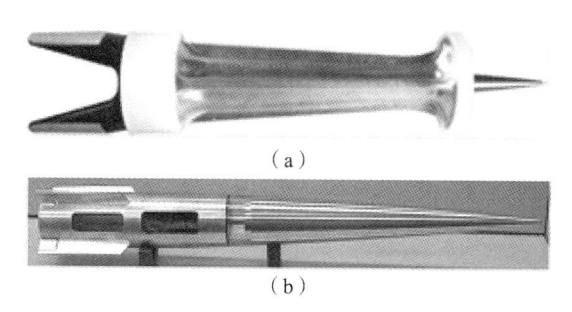

图 2-3 用于圆膛轨道炮的典型射弹与弹丸

(a) 射弹；(b) 弹丸

2.2 简单电磁轨道炮理论模型

2.2.1 简单轨道炮的力学模型

从电磁轨道炮的工作原理可知，高功率脉冲功率电源放电产生脉冲磁场，使得带有电流的电枢受到电磁力被发射出去。从式（2-1）可以看出，要想求得电枢受到的电磁力，需要了解放电回路的磁场和电枢中的电流。

磁场的大小可以根据毕奥-萨法尔定律求得。如图 2-4 所示，两根长方形轨道间距为 L，单根轨道宽为 $2R$，电流 I 从上轨道流入，经过电枢从下轨道流出，B 为两轨道电流所产生磁场的矢量和，F 是电枢电流在磁场 B 作用下的安培力。

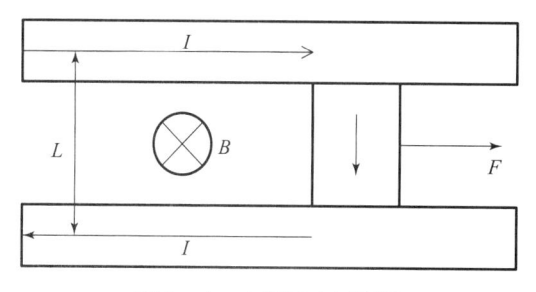

图 2-4 电枢受力示意图

首先在电枢距其一端为 x 处取电流元 Idx，其所在处的磁场可看成是两个半无限长直电流产生的磁感应强度的叠加，即：

$$B = \frac{\mu_0 I}{4\pi x} + \frac{\mu_0 I}{4\pi(L-x)} \qquad (2-2)$$

电流元 Idx 与 $\boldsymbol{B}$ 的夹角为 $90°$，根据安培定律可得电枢所受磁场力大小为：

$$F = \int_R^{L-R} IdxB = \int_R^{L-R} I\left[\frac{\mu_0 I}{4\pi x} + \frac{\mu_0 I}{4\pi(L-x)}\right]dx = \frac{\mu_0 I^2}{2\pi}\ln\frac{L-R}{R} \qquad (2-3)$$

从上面的电枢所受安培力表达式中可以看出，当轨道炮的结构参数一定时，电枢所受到的安培力大小与电流的平方成正比。

电枢受到电磁力推动弹丸加速前进，弹丸在炮口处能达到超高速。这就是电磁轨道炮的安培力（洛伦兹力）理论。安培力理论简单、直观明了，但在实际使用时却不方便。目前，电磁发射研究使用最多的是基于等效电路模型的能量平衡分析方法，即构建简单轨道炮的机电模型。

2.2.2 简单轨道炮的机电模型

从图 2-1 所示的简单电磁轨道炮结构可知，高功率脉冲电源的放电回路可以等效为 LR 回路，其等效电路如图 2-5 所示。图 2-5 中，R_r 和 L_r 为轨道炮系统的电阻和电感，R_a 为电枢电阻。根据简单轨道炮工作原理，电枢会沿着轨道运动，因此放电回路中的电阻和电感会发生变化，即 R_r 和 L_r 为随时间变化的变量。

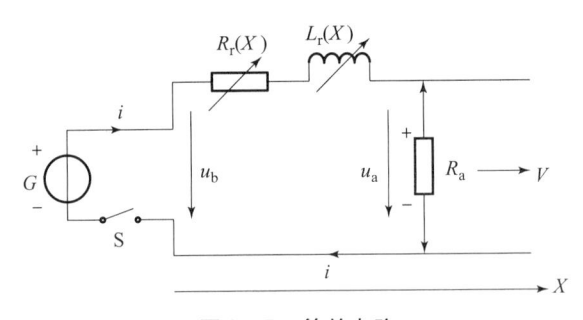

图 2-5 等效电路

根据基尔霍夫电压定律，图 2-5 所示的等效电路图中，轨道炮炮尾的电压方程可以表示为：

$$u_b = L_r\frac{di}{dt} + i\frac{dL_r}{dt} + iR_r + iR_a \qquad (2-4)$$

由电源传给电磁轨道炮的功率为：

$$P_e = iu_b = i\left(L_r \frac{di}{dt} + i\frac{dL_r}{dt} + iR_r + iR_a\right) \quad (2-5)$$

如果不计各种能量损失，由能量守恒定律可知，轨道炮系统能量 W_g 等于电磁炮的磁能 W_m 和动能 W_k 之和，即：

$$W_g = W_m + W_k \quad (2-6)$$

其中，电磁炮系统的磁能 W_m 主要储存在电感中，故磁能：

$$W_m = \frac{1}{2}L_r i^2 \quad (2-7)$$

电磁炮系统的动能 W_k 为：

$$W_k = 0.5mv_p^2 \quad (2-8)$$

式中，m 为加速组件的质量，由弹丸质量、电枢质量和弹托质量构成；若采用等离子体电枢，且并不使用弹托，m 即为弹丸质量；v_p 为加速组件的速度。

这样，电磁炮系统的能量可表示为：

$$W_g = 0.5L_r i^2 + 0.5mv_p^2 \quad (2-9)$$

它的变化率为：

$$\frac{dW_g}{dt} = L_r i \frac{di}{dt} + \frac{1}{2}i^2 \frac{dL_r}{dt} + mv_p \frac{dv_p}{dt} \quad (2-10)$$

由于轨道炮能量的变化率与电源输入电磁炮系统的电功率相等，即：

$$P_e = \frac{dW_g}{dt} \quad (2-11)$$

根据式（2-4）和式（2-9）~式（2-11）可得：

$$i\left(L_r \frac{di}{dt} + i\frac{dL_r}{dt} + iR_r + iR_a\right) = L_r i \frac{di}{dt} + \frac{1}{2}i^2 \frac{dL_r}{dt} + mv_p \frac{dv_p}{dt} \quad (2-12)$$

整理后可得：

$$\frac{1}{2}i^2 \frac{dL_r}{dt} + i^2 R_r + i^2 R_a = mv_p \frac{dv_p}{dt} \quad (2-13)$$

为进一步分析轨道炮的机电模型，基于以下两点假设：

（1）将轨道炮看成一个普通的平行板传输线，电阻和电感沿炮管长度分布。由于在发射期间电枢和弹丸运动，因此负载（回路）的总电阻和总电感随弹丸的位置坐标线性增加。

此时，简单轨道炮系统的电阻 R_r 和电感 L_r 分别为：

$$R_r(x) = R_0 + R_r' \cdot x \approx R_r' \cdot x$$

$$L_r(x) = L_0 + L'_r \cdot x \approx L'_r \cdot x \qquad (2-14)$$

式中，R_0 和 L_0 分别为回路连线（母线）等的寄生电阻和电感，其值很小，一般可以忽略；R'_r 和 L'_r 分别为轨道每单位长度的电阻和电感，分别称作电阻梯度和电感梯度。

将式（2-12）代入式（2-11），可得轨道炮系统的机电方程：

$$\frac{1}{2}i^2\frac{dL_r}{dx}\frac{dx}{dt} + i^2 R_r + i^2 R_a = mv_p\frac{dv_p}{dt} \qquad (2-15)$$

即

$$\frac{1}{2}i^2 L'_r v_p + i^2 R_r + i^2 R_a = mv_p\frac{dv_p}{dt} \qquad (2-16)$$

（2）当忽略轨道和电枢自身电阻时，有：

$$\frac{1}{2}i^2 L'_r = m\frac{dv_p}{dt} \qquad (2-17)$$

由于作用在加速组件上的力：

$$F = ma = m\frac{dv_p}{dt} \qquad (2-18)$$

根据式（2-17）和式（2-18）可得：

$$F = \frac{1}{2}i_r^2 L'_r \qquad (2-19)$$

电枢或加速组件受到的电磁力计算公式（2-19）是轨道炮机电模型的核心。

由电枢或加速组件受到的电磁力计算公式（2-19）可知，通过增加回路电流，可大幅度提高弹丸的加速力；同时，控制电流为恒流输入，可使电磁加速力恒定，此时弹丸做匀加速运动。

由上式可得到弹丸加速度、速度和行程位置的表达式：

$$a = L'_r i^2/(2m)$$

$$v_p = v_{p0} + \int_0^t a\,dt = L'_r g(t)/(2m)$$

$$x = x_0 + \int_0^t v_p\,dt = L'_r h(t)/(2m) \qquad (2-20)$$

式中，v_{p0} 为弹丸注入后膛的初始速度；x_0 为弹丸在轨道炮中被加速时的初始位置。

定义电流作用量积分：

$$g(t) = \int_0^t i^2 \mathrm{d}t \tag{2-21}$$

及函数：

$$h(t) = \int_0^t g(t) \mathrm{d}t \tag{2-22}$$

当输入电流为直流 I 时，弹丸以恒加速度运动，其各项物理参量为：

$$a = L_r' I^2 / (2m)$$
$$v_p = v_{p0} + L_r' I^2 t / (2m)$$
$$x = x_0 + v_{p0} t + L_r' I^2 t^2 / (4m) \tag{2-23}$$

在 $x_0 = v_{p0} = 0$ 的情况下，得到初速 v_g 所需的时间 τ 和炮管长度 l_g 为：

$$\tau = 2m v_g / (L_r' I^2)$$
$$l_g = m v_g^2 / (L_r' I^2) \tag{2-24}$$

对电枢受到的电磁力表达式进行积分，有：

$$\int_0^t F \mathrm{d}x = \int_0^t \frac{1}{2} i_r^2 L_r' \mathrm{d}x \tag{2-25}$$

由此可得：

$$\frac{1}{2} m v_p^2 = \frac{1}{2} i^2 L_r \tag{2-26}$$

从式（2-26）可以看出，在直流驱动的轨道炮中，加速组件获得的动能与电感中的磁能相等，即电源输出的能量仅一半转变成弹丸的动能，而另一半剩留在轨道炮的电感中。轨道炮使用直流时，最高的效率不会超过 50%。由于进行电磁力计算公式推导过程中，假设 $R_a = 0$、$R_r = 0$，而实际情况下，电阻在电路中仍然需要损耗能量，因此电磁炮的能量转换效率不可能达到 50%。

倘若使用非直流电为电磁轨道炮系统提供能源，在电枢或加速组件出炮口时刻电流降至零，轨道炮电感无剩留磁能，则其理论效率可大于 50%。

在推导轨道炮机电模型时，还采用了轨道平行板假设，从而得出电感随轨道长度线性增加的结果，对于某些结构的轨道炮来说，电感并非线性增加。此时，可采用有效电感梯度 L' 来表示：$L' = \Omega L_r'$，其中 Ω 称为电感梯度效率因子，该参数恒小于 1。此时，电枢或加速组件受到的加速力为：

$$F = 0.5 \Omega L_r' i^2$$

Ω 的具体数值与轨道炮的几何形状有关，一般认为 Ω 随 $2h/b$（h 为轨道宽度，b 为间距）的变化而变化。通常情况下，随着 $2h/b$ 的增加，Ω

增大。

通过对简单轨道炮的分析可知,简单轨道炮存在以下不足:

(1) 理想情况下,为使电枢或发射组件被均匀加速以得到恒加速度,需要在加速期间由电源向电炮系统提供矩形方波脉冲电流。

(2) 采用矩形方波电源作为轨道炮能源时,在电枢或发射组件出膛时电流很难恰好降至零,而只要有电流存在,电感就将储存许多剩留的磁能,从而将降低系统的能量利用效率。

(3) 轨道炮高初速发射时,通常由于电感梯度较低,需要增大回路电流。此时,电枢与轨道间的滑动电接触界面将由于局部大电流而产生熔化和变形,从而导致滑动电接触不可靠。

(4) 在轨道炮中,当电枢和发射组件的速度超过 3 km/s 时,一般使用等离子体电枢。此时,高温等离子体将产生炮管烧蚀现象;同时等离子体快速运动时,还将产生超高速边界层阻力现象。此外,在使用等离子体电枢时,还可能产生二次点火现象,即在主等离子体电枢后面某些等离子体区域,发生第二区域放电。二次点火将分流轨道电流,使流经主等离子体电枢的电流减少,从而使电枢和发射组件受到的推力减小,降低能量转换效率。

2.2.3 两种模型对比分析

从上一节对简单轨道炮机电模型的分析可以知道,电枢受到的电磁力 $F = 0.5L'I^2$,式中 L' 为电感梯度,假设取 0.5 μH/m,电流 I 是随时间 t 变化的函数。另外,根据轨道炮的力学特性,电枢所受安培力的表达式为:

$$F = \frac{\mu_0 I^2}{2\pi} \ln \frac{(L-R)}{R} \qquad (2-27)$$

一种力,两种不同的表达方式,它们到底有什么区别呢?其实只要给定电路的各个参数值,利用 MATLAB 仿真软件就可以得到两个 F 分别随时间变化的规律,如图 2-6 所示。

图 2-6 中,取系统的电阻 R 为 25 mΩ,系统的电感为 20 μH,电路电容为 10 000 μF,然后利用 MATLAB 编制相应代码进行仿真计算分析,得到两种方法下的电磁力曲线。虚线是根据机电模型得到的电磁力变化规律,实线是根据力学特性得到的电磁力随时间的变化规律,两条曲线基本上重合在一起并呈明显的振荡衰减趋势,两曲线在波峰处稍有偏离。两种模型

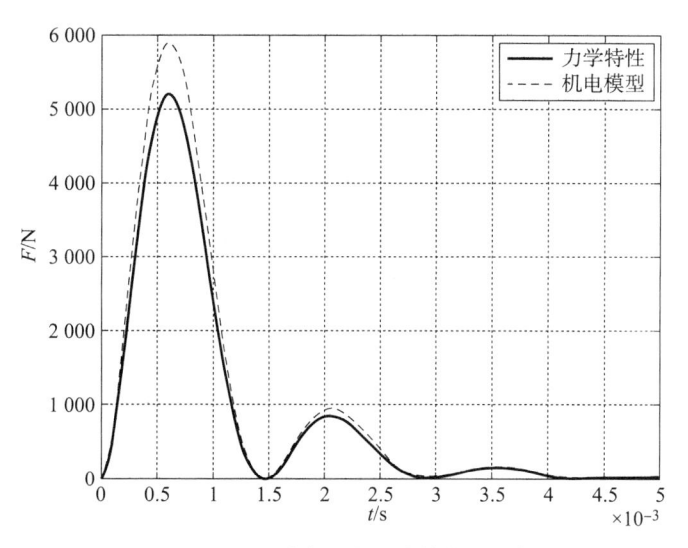

图 2-6 两种电磁力公式的曲线比较

的共同特点是忽略了电枢形状,把电枢假设为一段无尺寸的导线。这种假设势必造成一定的误差,如何避免这种误差,可以采用如下的磁场压强理论来解决问题。

2.3 简单轨道炮的磁场压强理论

以上关于电磁轨道炮的分析分别从电枢受力以及能量转化规律等角度来研究问题,它是研究轨道炮基本原理的最普遍的两种方法。下面从磁流体理论中磁场压强角度来对电磁轨道炮电枢受力进行分析。

2.3.1 磁场压强与磁场力

在磁流体力学中,磁流体在磁场作用下受到的磁场力可用洛伦兹力公式表示为:

$$f = j \times B \tag{2-28}$$

电流密度与磁感应强度的关系可以通过麦克斯韦方程来确定:

$$\nabla \times B = \mu j \tag{2-29}$$

所以,把式(2-29)代入式(2-28),经矢量运算得到:

$$f = \frac{1}{\mu_0}(B \cdot \nabla)B - \nabla \frac{B^2}{2\mu_0} \tag{2-30}$$

若选取一个以磁力线为坐标轴的局部坐标系,称其为磁场坐标系,如图 2-7 所示,其中 e_i ($i=1$,2,3) 分别表示沿磁力线切向、主法线方向(沿曲率半径方向)和副法线方向上的单位矢量,相应的坐标为 x_i ($i=1$,2,3),则在该坐标系里显然有:

$$\frac{1}{\mu_0}(\boldsymbol{B} \cdot \nabla)\boldsymbol{B} = \frac{1}{\mu_0}B\frac{\partial}{\partial x_1}(B\boldsymbol{e}_1) = \boldsymbol{e}_1\frac{\partial}{\partial x_1}\frac{B^2}{2\mu_0} + \frac{B^2}{\mu_0 R}\boldsymbol{e}_2 \qquad (2-31)$$

其中 R 是磁力线的局部曲率半径。

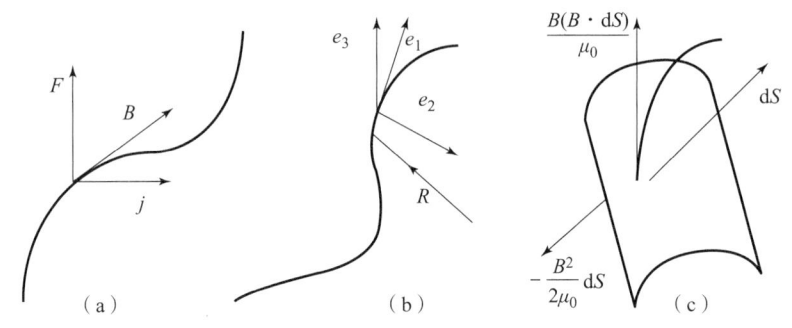

图 2-7 磁场坐标下的磁场力-磁场矢量图

将式 (2-31) 代入式 (2-30),得到:

$$\boldsymbol{f} = -\nabla_{\perp}\frac{B^2}{2\mu_0} + \frac{B^2}{\mu_0 R}\boldsymbol{e}_2 \qquad (2-32)$$

其中 $\nabla_{\perp} = \boldsymbol{e}_2\frac{\partial}{\partial x_2} + \boldsymbol{e}_3\frac{\partial}{\partial x_3}$ 是作用在与磁力线相垂直的平面上的梯度算符。

式 (2-32) 说明,洛伦兹力作用在与磁场相垂直的平面内,一部分表现为压强力,另一部分表现为磁场应力。横向压强力的存在,说明磁力线就好像流体一样横向上互相排斥;磁场应力的存在,说明磁力线受弯曲时产生一个指向曲率中心的恢复力,它类似于拉紧的橡皮筋受弯曲时产生的弹性恢复力。

实际上式 (2-30) 确定的洛伦兹力 f 还可用麦氏应力张量表示,首先把该式改写成:

$$\boldsymbol{f} = \frac{1}{\mu_0}\left(B_i\frac{\partial}{\partial x_i}\boldsymbol{B}\right) - \nabla\frac{B^2}{2\mu_0} \qquad (2-33)$$

于是在实验室坐标系里 f 的分量 f_j 的表达式为:

$$f_j = \frac{1}{\mu_0}\Big(B_i \frac{\partial}{\partial x_i} B_j\Big) - \frac{\partial}{\partial x_j}\frac{B^2}{2\mu_0} \tag{2-34}$$

考虑到 $\nabla \cdot B = 0$，可将上式改写成：

$$f_j = \frac{1}{\mu_0}\frac{\partial}{\partial x_i}\Big(B_i B_j - \frac{B^2}{2}\delta_{ij}\Big) = -\frac{\partial}{\partial x_i} T_{ij} \tag{2-35}$$

其中

$$T_{ij} = -\frac{1}{\mu_0}\Big(B_i B_j - \frac{B^2}{2}\delta_{ij}\Big) \quad (i,j = 1,2,3) \tag{2-36}$$

称其为麦克斯韦应力张量 T 的第 ij 分量，f 是该张量的负散度，即：

$$f = -\nabla \cdot T \tag{2-37}$$

而在磁场坐标系里，由于 $B = Be_1$，所以 $B_i B_j = B^2 \delta_{ij}$。因此，

$$\begin{aligned} T_{ij} &= \frac{B^2}{2\mu_0}(\delta_{ij} - \delta_{1i}\delta_{1j}) - \frac{B^2}{\mu_0}\delta_{1i}\delta_{1j} \\ &= T_\perp (\delta_{ij} - \delta_{1i}\delta_{1j}) + T_{/\!/} \delta_{1i}\delta_{1j} \end{aligned} \tag{2-38}$$

其中 $T_\perp = B^2/(2\mu_0)$，$T_{/\!/} = -B^2/(2\mu_0)$。因为在磁场坐标系里 e_1 的三个分量为 (0, 0, 1)，所以张量 T 可以表示为：

$$T = \begin{pmatrix} T_{/\!/} & 0 & 0 \\ 0 & T_\perp & 0 \\ 0 & 0 & T_\perp \end{pmatrix} \tag{2-39}$$

应用高斯定理，作用在流体体积上的力可转化为作用在流体表面上的力，即

$$\begin{aligned} F &= \int_v f \cdot dV = -\int_v \nabla \cdot T d\tau = -\int_S T \cdot dS \\ &= \int_S \frac{B(B \cdot dS)}{\mu_0} - \int_S \frac{B^2}{2\mu_0} dS \end{aligned} \tag{2-40}$$

从图 2-7 可以看出，式 (2-40) 所确定的合力分成两个部分，其中一部分是横向压力，另一部分是纵向拉力，系统合力为：

$$F = \int_S (p_{/\!/} - p_\perp) \cdot dS \tag{2-41}$$

$$p_{/\!/} = p_\perp = \frac{B^2}{2\mu_0} \tag{2-42}$$

式中，$p_{/\!/}$ 是平行于磁力线方向（与流体面元 dS 法向夹角小于 $90°$）的磁拉力；$p_\perp$ 是垂直于磁力线方向（与流体面元 dS 法向负方向夹角小于 $90°$）的磁压力。

2.3.2 磁场压强理论的特性与应用

为了分析方面，我们定义 p 为磁场力，也叫磁场应力或磁场压强，单位与压强单位相同，为 N/m^2。为了明确式（2-42），引进磁力线管的概念，如图 2-8 所示。

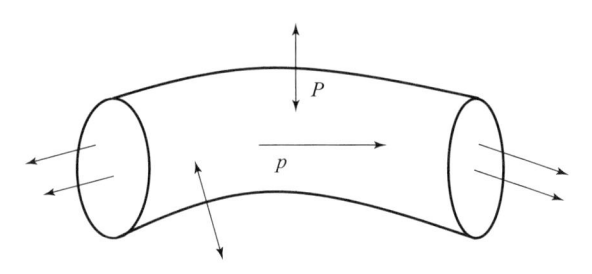

图 2-8 磁感应管表面磁场力方向图

在图 2-8 所示的磁力线管中，沿磁场空间一束磁力线切割出侧面 S_S，"截断"磁力线可获得顶面 S_T 和底面 S_B。磁力线管边界的每根磁力线都平行于侧面 S_S，且垂直于顶面 S_T 和底面 S_B。磁力线管内的每根磁力线端部都垂直于顶面和底面。

在磁力线管表面，侧面上受到的磁场压强为 $p_{//} = B^2/(2\mu_0)$，方向由外向内，好像要"挤粗"磁力线管。顶面和底面受到的磁场压强为 $p_\perp = B^2/(2\mu_0)$，方向由内向外，好像要"拉长"磁力线管。

对于磁场压强理论表达式（2-42），从形式上看，它比洛伦兹力公式要相对简化，仅与空间磁场分布有关，并将电流隐含在磁感应强度中，对于磁场中磁流体系统的受力由三维体积分转化为对磁流体的表面积分，降低积分的维数，给分析流体受力分布规律带来方便。

我们在解决电磁轨道炮问题时，只要根据有限元模拟得到磁感应强度的数值，根据磁场压强理论，就可以得到电枢局部的磁场压强；而磁场压强沿电枢表面的积分就是电枢受到的推力，弹丸就是在这个推力作用下获得加速度的。因此，利用上述磁场压强理论，也可以计算得到电枢受到的电磁力。

2.4 简单轨道炮电流分布特性

为了提高轨道的强度，其横截面通常具有一定的厚度。如果通过轨道截面的电流为恒流,会因为最短路径的原因造成轨道截面上局部电流的聚集;如果通过轨道截面的电流为脉冲电流,此时受趋肤效应的影响,使得电流分布在金属导体表面;在两种效应综合作用下,会使得电流在最短路径的金属导体表面产生最大的电流密度分布。因为,为研究简单轨道炮电流分布特性,将通过有限元法,分析静止条件下的轨道炮电流密度分布,并给出具有较均匀分布的电磁轨道炮模型。

2.4.1 三维瞬态场计算

为了分析电磁轨道截面电流密度分布特性,不适合采用二维场进行分析,因此基于三维瞬态场开展研究。

(一)三维瞬态场计算原理

对于低频瞬态场,麦克斯韦方程组可写成:

$$\begin{cases} \nabla \times H = \sigma E \\ \nabla \times E = \dfrac{\partial B}{\partial t} \\ \nabla \cdot B = 0 \end{cases} \quad (2-43)$$

在式(2-43)的基础上,可以构造出两个恒等式:

$$\begin{cases} \nabla \times \dfrac{1}{\sigma} \nabla \times H + \dfrac{\partial B}{\partial t} = 0 \\ \nabla \cdot B = 0 \end{cases} \quad (2-44)$$

在求解三维瞬态场时,其棱边上的矢量位自由度采用了一阶元计算,而节点上的标量位自由度采用二阶元计算。

在三维瞬态场计算中,可以调用电压源或电流源作为激励源。在 Ansoft 有限元软件中,激励源绕组分为绞线型绕组和实体绕组。实体绕组需要计算趋肤效应,施加电源时,需要进行绕组回路上的电压计算。实体线圈的电阻值与频率、材料等有关,在对实体线圈施加电压源的时候其交流电阻值需要按式(2-45)计算:

$$V_i = \iiint_{R_i} J_{01}(E + v \times B) \mathrm{d}R \quad (2-45)$$

如果是变化的磁场,还应按式(2-46)计算绕组的反电动势:

$$E_i = \iiint_{R_i} H_i \cdot B_i \mathrm{d}R \quad (2-46)$$

(二)四面体单元类型的基函数

有限元计算中,需要设定网格单元,在 Ansoft 有限元软件中,比较常用的是四面体单元,如图 2-9 所示。

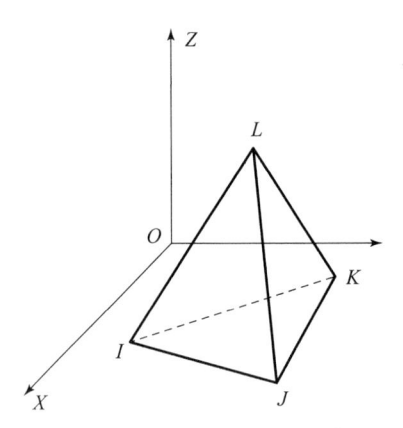

图 2-9 四节点四面体单元类型

四面体四个顶点上的坐标表示为 (x_I, y_I, z_I)、(x_J, y_J, z_J)、(x_K, y_K, z_K)、(x_L, y_L, z_L),四个顶点上的场量可以由坐标表示为:

$$\begin{cases} U_I = a + b \cdot x_I + c \cdot y_I + d \cdot z_I \\ U_J = a + b \cdot x_J + c \cdot y_J + d \cdot z_J \\ U_K = a + b \cdot x_K + c \cdot y_K + d \cdot z_K \\ U_L = a + b \cdot x_L + c \cdot y_L + d \cdot z_L \end{cases} \quad (2-47)$$

求解得到 a、b、c、d 四个系数的表达式为:

$$a = \frac{U_I \begin{vmatrix} x_J & y_J & z_J \\ x_K & y_K & z_K \\ x_L & y_L & z_L \end{vmatrix} - U_J \begin{vmatrix} x_I & y_I & z_I \\ x_K & y_K & z_K \\ x_L & y_L & z_L \end{vmatrix} + U_K \begin{vmatrix} x_I & y_I & z_I \\ x_J & y_J & z_J \\ x_L & y_L & z_L \end{vmatrix} - U_L \begin{vmatrix} x_I & y_I & z_I \\ x_J & y_J & z_J \\ x_K & y_K & z_K \end{vmatrix}}{\begin{vmatrix} 1 & x_I & y_I & z_I \\ 1 & x_J & y_J & z_J \\ 1 & x_K & y_K & z_K \\ 1 & x_L & y_L & z_L \end{vmatrix}}$$

$$b = \frac{-U_I\begin{vmatrix}1 & y_J & z_J\\1 & y_K & z_K\\1 & y_L & z_L\end{vmatrix}+U_J\begin{vmatrix}1 & y_I & z_I\\1 & y_K & z_K\\1 & y_L & z_L\end{vmatrix}-U_K\begin{vmatrix}1 & y_I & z_I\\1 & y_J & z_J\\1 & y_L & z_L\end{vmatrix}+U_L\begin{vmatrix}1 & y_I & z_I\\1 & y_J & z_J\\1 & y_K & z_K\end{vmatrix}}{\begin{vmatrix}1 & x_I & y_I & z_I\\1 & x_J & y_J & z_J\\1 & x_K & y_K & z_K\\1 & x_L & y_L & z_L\end{vmatrix}}$$

$$c = \frac{-U_I\begin{vmatrix}x_J & 1 & z_J\\x_K & 1 & z_K\\x_L & 1 & z_L\end{vmatrix}+U_J\begin{vmatrix}x_I & 1 & z_I\\x_K & 1 & z_K\\x_L & 1 & z_L\end{vmatrix}-U_K\begin{vmatrix}x_I & 1 & z_I\\x_J & 1 & z_J\\x_L & 1 & z_L\end{vmatrix}+U_L\begin{vmatrix}x_I & 1 & z_I\\x_J & 1 & z_J\\x_K & 1 & z_K\end{vmatrix}}{\begin{vmatrix}1 & x_I & y_I & z_I\\1 & x_J & y_J & z_J\\1 & x_K & y_K & z_K\\1 & x_L & y_L & z_L\end{vmatrix}}$$

$$d = \frac{-U_I\begin{vmatrix}x_J & y_J & 1\\x_K & y_K & 1\\x_L & y_L & 1\end{vmatrix}+U_J\begin{vmatrix}x_I & y_I & 1\\x_K & y_K & 1\\x_L & y_L & 1\end{vmatrix}-U_K\begin{vmatrix}x_I & y_I & 1\\x_J & y_J & 1\\x_L & y_L & 1\end{vmatrix}+U_L\begin{vmatrix}x_I & y_I & 1\\x_J & y_J & 1\\x_K & y_K & 1\end{vmatrix}}{\begin{vmatrix}1 & x_I & y_I & z_I\\1 & x_J & y_J & z_J\\1 & x_K & y_K & z_K\\1 & x_L & y_L & z_L\end{vmatrix}}$$

采用变量替代法，令：

$$V_e = \begin{vmatrix}1 & x_I & y_I & z_I\\1 & x_J & y_J & z_J\\1 & x_K & y_K & z_K\\1 & x_L & y_L & z_L\end{vmatrix}$$

$$p_I = \begin{vmatrix}x_J & y_J & z_J\\x_K & y_K & z_K\\x_L & y_L & z_L\end{vmatrix}, p_J = -\begin{vmatrix}x_I & y_I & z_I\\x_K & y_K & z_K\\x_L & y_L & z_L\end{vmatrix}, p_K = \begin{vmatrix}x_I & y_I & z_I\\x_J & y_J & z_J\\x_L & y_L & z_L\end{vmatrix}, p_L = -\begin{vmatrix}x_I & y_I & z_I\\x_J & y_J & z_J\\x_K & y_K & z_K\end{vmatrix}$$

$$q_I = -\begin{vmatrix} 1 & y_J & z_J \\ 1 & y_K & z_K \\ 1 & y_L & z_L \end{vmatrix}, q_J = \begin{vmatrix} 1 & y_I & z_I \\ 1 & y_K & z_K \\ 1 & y_L & z_L \end{vmatrix}, q_K = -\begin{vmatrix} 1 & y_I & z_I \\ 1 & y_J & z_J \\ 1 & y_L & z_L \end{vmatrix}, q_L = \begin{vmatrix} 1 & y_I & z_I \\ 1 & y_J & z_J \\ 1 & y_K & z_K \end{vmatrix}$$

$$r_I = -\begin{vmatrix} x_J & 1 & z_J \\ x_K & 1 & z_K \\ x_L & 1 & z_L \end{vmatrix}, r_J = \begin{vmatrix} x_I & 1 & z_I \\ x_K & 1 & z_K \\ x_L & 1 & z_L \end{vmatrix}, r_K = -\begin{vmatrix} x_I & 1 & z_I \\ x_J & 1 & z_J \\ x_L & 1 & z_L \end{vmatrix}, r_L = \begin{vmatrix} x_I & 1 & z_I \\ x_J & 1 & z_J \\ x_K & 1 & z_K \end{vmatrix}$$

$$s_I = -\begin{vmatrix} x_J & y_J & 1 \\ x_K & y_K & 1 \\ x_L & y_L & 1 \end{vmatrix}, s_J = \begin{vmatrix} x_I & y_I & 1 \\ x_K & y_K & 1 \\ x_L & y_L & 1 \end{vmatrix}, s_K = -\begin{vmatrix} x_I & y_I & 1 \\ x_J & y_J & 1 \\ x_L & y_L & 1 \end{vmatrix}, s_L = \begin{vmatrix} x_I & y_I & 1 \\ x_J & y_J & 1 \\ x_K & y_K & 1 \end{vmatrix}$$

由此，可得 a、b、c、d 的新表达式为：

$$\begin{cases} a = \dfrac{1}{V_e} \sum_{i=I}^{L} p_i \cdot U_i \\ b = \dfrac{1}{V_e} \sum_{i=I}^{L} q_i \cdot U_i \\ c = \dfrac{1}{V_e} \sum_{i=I}^{L} r_i \cdot U_i \\ d = \dfrac{1}{V_e} \sum_{i=I}^{L} s_i \cdot U_i \\ i = I, J, K, L \end{cases} \quad (2-48)$$

将式（2-48）代入式（2-47）中，可得到：

$$u_e(x,y,z) = \frac{1}{V_e} \sum_{i=I}^{L} (p_i + q_i \cdot x + r_i \cdot y + s_i \cdot z) U_i = \sum_{i=I}^{L} N_i^e \cdot U_i \quad (2-49)$$

其中

$$N_i^e = \frac{1}{V_e} \sum_{i=I}^{L} (p_i + q_i \cdot x + r_i \cdot y + s_i \cdot z) \quad (2-50)$$

N_i^e 称为插值基函数。在得到节点坐标和场数据后，都可以依据插值基函数计算得到单元内的各坐标点的场量。

（三）求解器分析

不同的计算模型所需的求解器不同，在 Ansoft 有限元软件中，主要有六大类求解器：静磁场、涡流场、瞬态场、静电场、交变电场和直流传导电场。

瞬态场求解器可以方便地求解任意波形电压、电流激励源下的直线和旋转运动问题，同时求解磁场、电路及运动等强耦合的方程。电磁轨道炮的发射过程属于暂态问题，因此选择瞬态场求解器进行分析计算。

三维瞬态求解器的一般步骤主要包括：选择求解器，建模，指定材料属性，指定激励源，划分网格，设定求解步长等时间参数，计算和后处理。对于网格划分，要充分考虑计算机的运算能力和所需结果之间的矛盾关系。网格划分得越细致，一般计算结果越精确，但计算时间越长；网格划分越粗糙，计算时间越短，但是计算结果偏差较大。三维瞬态求解器的计算过程如图2-10所示。

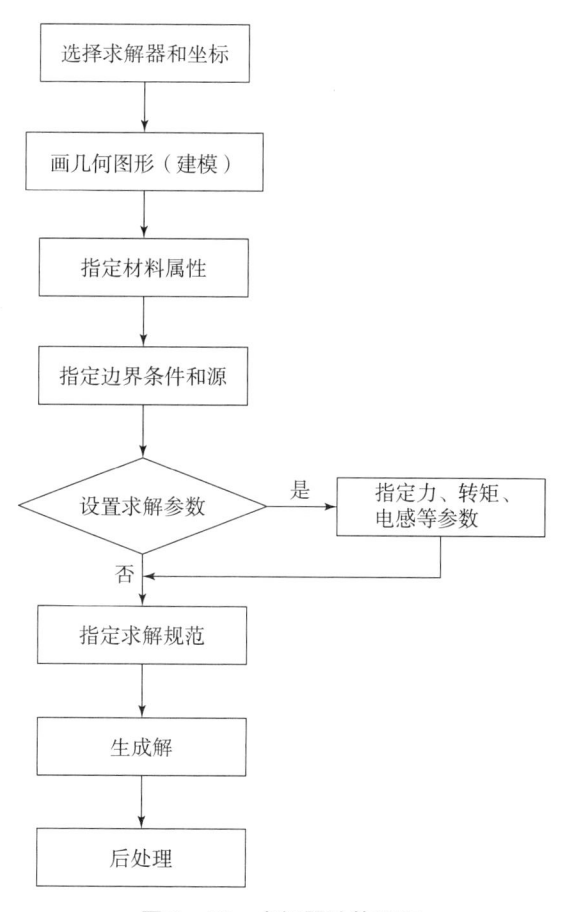

图2-10 求解器计算流程

2.4.2 静止条件下轨道炮电流密度分布

（一）恒流情况下电流分布

当激励电流为恒流时，根据静态电位分布规律，在轨道与电枢接触的拐角处是电路最短的路径，此处容易形成电流聚集，如图2-11所示。

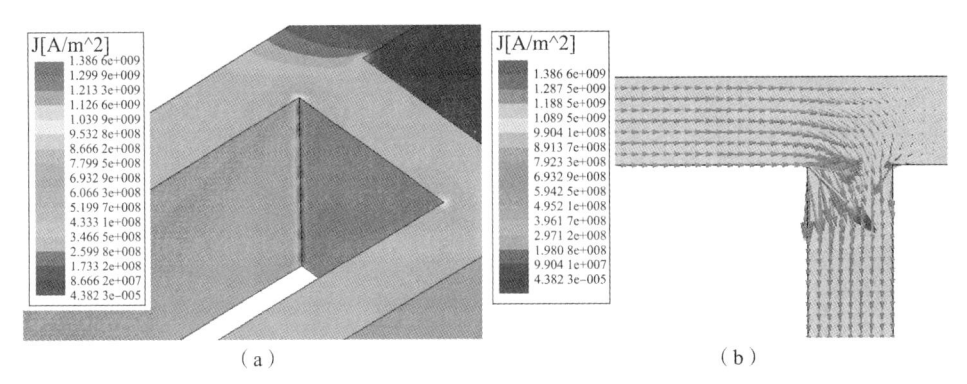

图2-11 恒流下轨道炮电流密度分布图（附彩插）
(a) 电流密度标量分布；(b) 电流密度矢量分布

从图2-11可以看出，当激励电流为恒流时，电流在轨道与电枢接触的内拐角处出现最大值，但是在垂直于枢/轨平面的方向上，电流密度没有变化；同时，在距拐角处较远的轨道和电枢上，电流较为均匀。

（二）脉冲电流时电流分布

当激励源电流为脉冲电流时，受趋肤效应的影响，电流会趋向于金属导体表面，如图2-12所示。

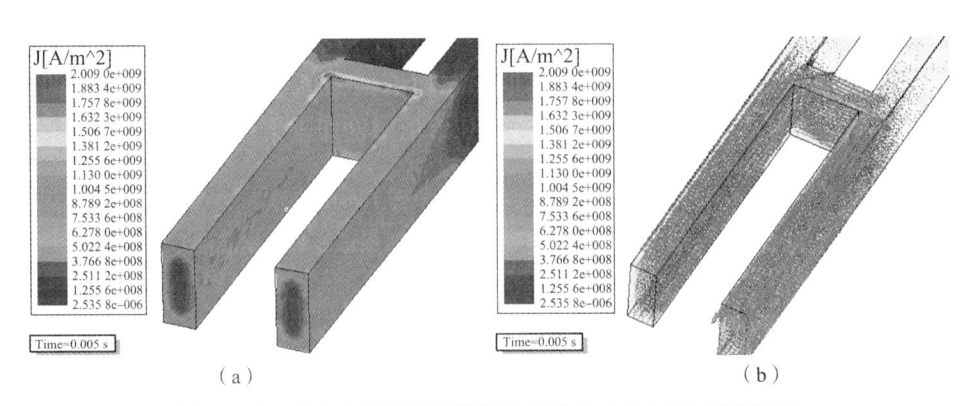

图2-12 脉冲电流激励下轨道炮电流密度分布图（附彩插）
(a) 电流密度标量分布；(b) 电流密度矢量分布

从图 2 - 12 可以看出，在脉冲电流的激励下，轨道中的电流分布有以下特征：一是电流在轨道上出现明显的趋肤效应，表现为电流大部分分布于轨道表面，而且曲率半径较小的棱角处，电流密度较大，轨道中心位置处的电流很小；二是在轨道与电枢接触处，电流集中于枢/轨接触点，而且在电枢棱角处出现较大的电流密度。

根据上述分析可知，电磁轨道炮的轨道 - 电枢结构产生电流聚集效应的原因，主要包括以下几个方面。

（1）静态电位分布特性。在轨道与电枢构成的拐角处是电路最短的路径，容易形成电流聚集。根据静态电位分布规律，在块状的轨道及电枢内，电流路径越短，电流密度越大，其数学表达式为：

$$U = \int \rho j dl \tag{2-51}$$

式中，U——炮尾电位；

ρ——电阻率；

j——电流密度；

l——积分路径。

从式（2 - 51）可以看出，炮尾电位 U 确定、电阻率 ρ 均匀时，路径越短，电流密度 j 越大；反之，路径越长，j 越小。

（2）脉冲电流的趋肤效应。矩形波脉冲电流按照傅里叶级数展开，第一项即为正弦函数。正弦振荡的电流趋向于金属导体表面，是为趋肤效应。

（3）速度趋肤效应。当电枢高速运动时，电枢与轨道接触界面的界面电流向电枢尾部聚集。速度越高，速度趋肤效应越显著。

2.4.3　不同截面轨道 - 电枢结构的轨道炮模型

由于电流在轨道表面分布不均匀，会造成轨道烧蚀，影响轨道的使用寿命，同时也会影响枢/轨接触性能。因此，需要分析不同截面轨道 - 电枢情况下的电流分布情况。对于几种截面的轨道 - 电枢结构模型，均通以正弦脉冲电流作为激励源，进行有限元计算。对计算结果进行分析研究，以获得较为理想的轨道炮模型，从而对轨道炮模型设计提供参考。

（一）仿真及加载条件

对于不同参数的电磁轨道炮，上面分析的产生电流聚集的三种因素，其作用效果（作用程度）可能不同。如对于小尺寸的电枢，静态电位分布的影响很重要；对于大尺寸的电枢和轨道，趋肤效应很重要；而对于高速发射，速度趋肤效应很重要。

本节重点考虑前两个因素对不同形状轨道-电枢的电磁轨道炮的影响。利用 Ansoft 仿真软件，采用电导率最大的铜材料，电枢速度为 0 m/s 的理想接触条件下，探究不同形状的轨道和电枢所形成回路内的电流分布规律，得到在承载最大电流相同的条件下，减小最大电流密度幅值的方法途径。

本节研究目的是考察不同形状轨道-电枢的实用化电磁炮在相同电流激励下的电流分布，尤其关注其最大值是否超过临界值。在研究中对所要分析的轨道炮模型进行如下简化：

(1) 为避免速度趋肤效应影响，电枢速度取零值，即电枢处于静止状态。由于电枢速度为 0 m/s，可以忽略电枢和轨道间滑动电接触的微观点接触问题，将轨道电枢间看作理想的平面电接触。

(2) 为了尽可能减弱静态电位分布造成的电流不均匀性，电枢后部表面的曲率半径要尽可能大。抛弃传统的 U 形电枢，电枢分别采用长方体或上述截面的 180°回转体。不考虑工程上弹丸长径比 >1.5 的一般原则，所采用回转体电枢的长径比 <1.5。

(3) 为了降低欧姆加热，轨道和电枢全部采用高电导率的铜。针对几种典型的不同形状轨道-电枢模型进行分析。轨道长度为 800 mm，轨道截面采用矩形、跑道形、圆形、椭圆形以及 D 形，其形状和尺度如图 2-13 所示。

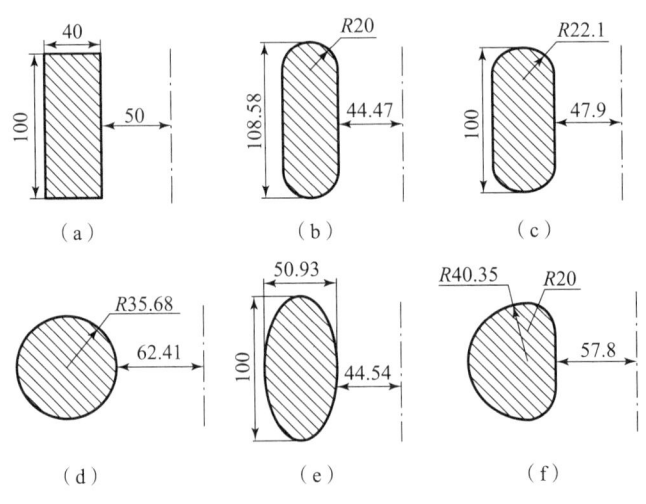

图 2-13 几种轨道截面

(a) 矩形截面；(b) 跑道形截面 1；(c) 跑道形截面 2；
(d) 圆形截面；(e) 椭圆形截面；(f) D 形截面

(4) 电流施加在电磁轨道炮模型炮尾，除铜轨道和铜电枢，其余区域均为真空。在图 2-13 中，各种形状轨道截面的截面积（阴影部分）均为 4 000 mm²。每个截面中的点画线为炮口对称轴，炮口面积均为 10 000 mm²。电枢分别采用长方体或上述截面的 180°回转体。

(5) 加载电流波形为幅值 3 MA 的半正弦波脉冲，脉宽为 10 ms。10 ms 脉宽矩形电流波的傅里叶级数的一级近似即半周期正弦波，如图 2-14 所示。

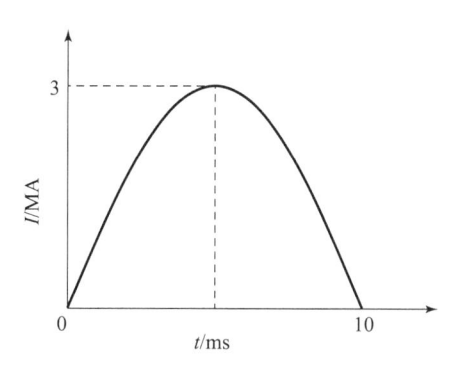

图 2-14 模拟用的脉冲电流波形

根据上述假设，构建的矩形截面轨道炮和跑道形截面轨道炮经过网格划分后，如图 2-15 所示。

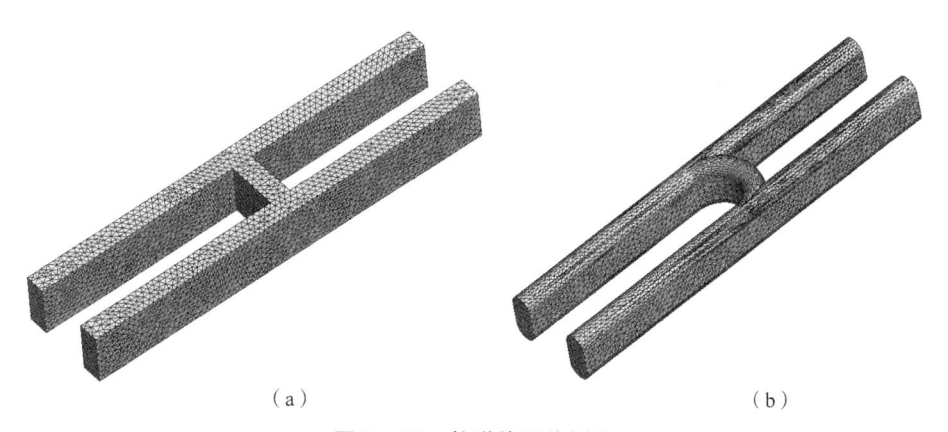

(a)　　　　　　　　　　　　(b)

图 2-15 轨道炮网格划分

(a) 矩形截面轨道炮；(b) 跑道形截面轨道炮

（二）计算结果

对于矩形截面的轨道，采用长方体电枢和截面矩形的180°回转体电枢，在加载3 MA 脉冲电流后，在5 ms 时刻的电流密度云图如图2－16（a）和图2－16（b）所示。

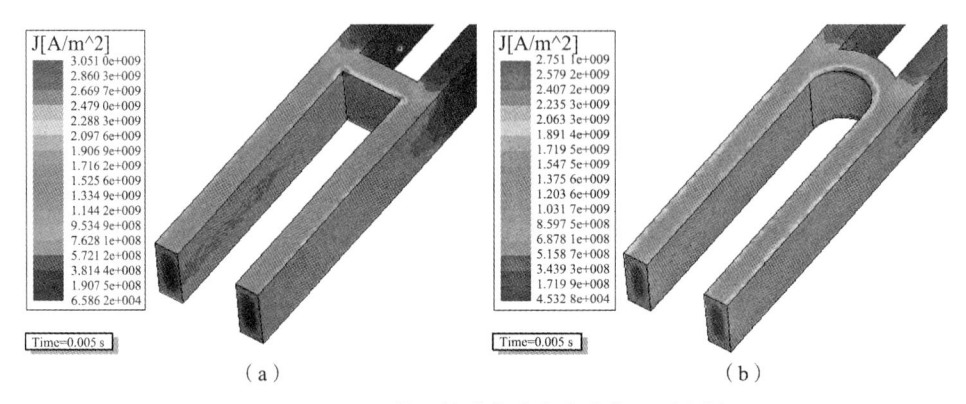

图2－16 矩形截面轨道电流密度分布（附彩插）

(a) 长方体电枢；(b) 180°回转体电枢

在图2－16（a）所示的矩形截面轨道的电流密度分布中，对于长方体电枢，最大电流密度为 $2.86 \times 10^9 \sim 3.05 \times 10^9 \text{ A/m}^2$，且最大电流密度分布在棱角和内拐角处。外棱角处电流聚集是由于电磁振荡的趋肤效应，而内拐角处是由于导体内电位分布导致的电流选择最短路径造成的。图2－16（b）采用了矩形截面的180°回转体电枢，与图2－16（a）对比，在一定程度上避免了电位分布的最短路径聚集，最大电流密度降低至 $2.58 \times 10^9 \sim 2.75 \times 10^9 \text{ A/m}^2$。

为了进一步降低由于电磁振荡趋肤效应带来的电流在棱角处的聚集，保持轨道面积和炮口尺寸面积不变，把图2－16（b）所示的结构进行了加粗和倒圆角，获得了跑道形截面的轨道-电枢结构。图2－17（a）所示轨道炮是保持轨道截面的宽度不变，延长轨道截面的高度形成相同面积截面。图2－17（b）所示轨道炮是保持轨道截面长度不变，扩展轨道截面的宽度形成相同面积截面。对于电枢，则采用了相同的跑道形截面的180°回转体，如图2－17 所示。

与图2－16（b）对比，图2－17（a）所示的静态轨道炮电流密度云图中，最大电流密度幅值降低至 $2.38 \times 10^9 \sim 2.54 \times 10^9 \text{ A/m}^2$。图2－17（b）所示的静态轨道炮电流密度云图中，最大电流密度幅值降低至 $2.14 \times 10^9 \sim$

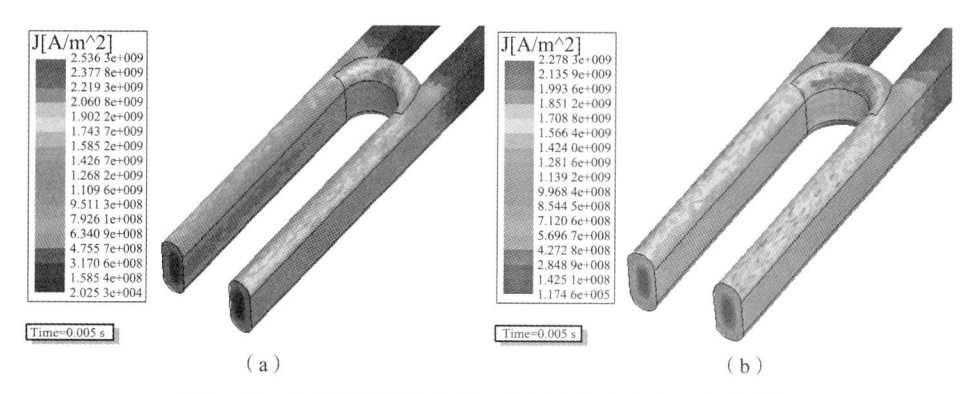

图 2-17 跑道形截面的轨道-电枢电流密度分布（附彩插）

(a) $R=20$ mm 的轨道；(b) $R=22.1$ mm 的轨道

2.28×10^9 A/m^2，电流密度最大值分布在电枢内部曲率半径最小处。

为进一步分析不同形状轨道截面的表面电流密度分布，仿真得到了椭圆和圆截面的静态轨道炮电流密度分布，如图 2-18 所示。

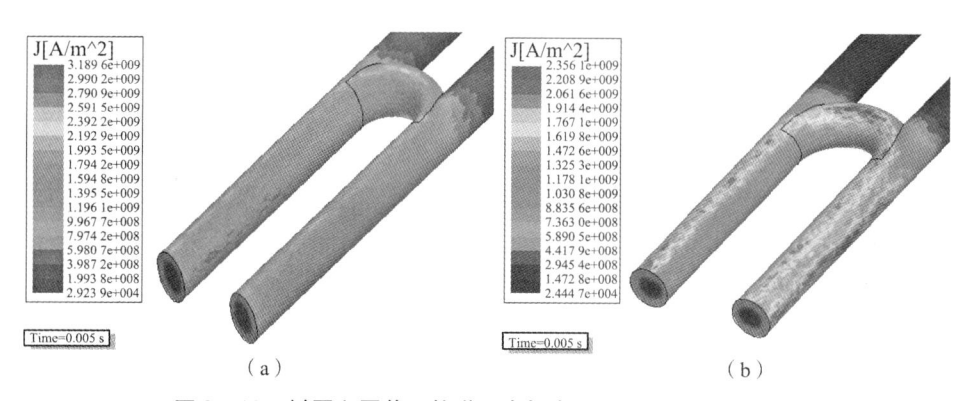

图 2-18 椭圆和圆截面轨道-电枢电流密度分布（附彩插）

(a) 椭圆截面的轨道；(b) 圆截面的轨道

在图 2-18 (a) 所示的椭圆截面轨道炮结构中，电枢采用相同截面 180°回转体，其最大电流密度为 $2.39 \times 10^9 \sim 2.59 \times 10^9$ A/m^2，分布于轨道和电枢的曲率半径最小处。图 2-18 (b) 所示的圆截面轨道的轨道炮结构中，电枢为圆截面 180°回转体，其最大电流密度大部分集中为 $2.21 \times 10^9 \sim 2.36 \times 10^9$ A/m^2，均匀性较好。

保持轨道截面的最小半径为 $R=20$ mm，并保持轨道截面积及炮口面积不变，对比分析 D 形截面轨道，D 形和倒 D 形 180°回转体电枢两种轨道-

电枢结构的轨道炮，分析结果如图 2-19 所示。

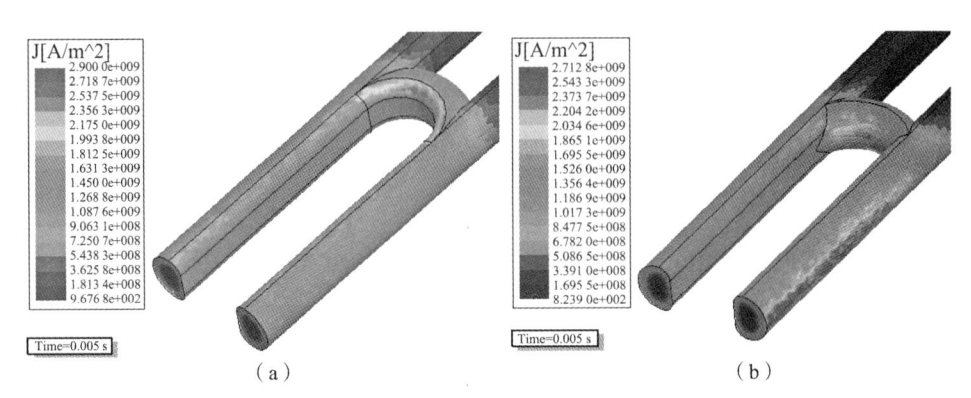

图 2-19　D 形截面轨道-电枢结构电流密度分布（附彩插）

（a）D 形 180°回转体电枢；（b）倒 D 形 180°回转体电枢

图 2-19（a）中，电枢采用与轨道平滑过渡的回转体。对其进行仿真分析，得到其最大电流密度为 $2.72 \times 10^9 \sim 2.90 \times 10^9$ A/m²，最大电流分布于电枢内侧 $R = 20$ mm 的电枢表面。图 2-19（b）中，180°回转体电枢内侧为半圆形，这种倒 D 形 180°回转体电枢的轨道-电枢结构的轨道炮的最大电流密度为 $2.54 \times 10^9 \sim 2.71 \times 10^9$ A/m²，分布于轨道的外侧表面与电枢的内侧表面。

对于倒 D 形的 180°回转体电枢的轨道-电枢结构的轨道炮外侧电流密度较大，由于电枢内侧曲率半径较小，使得电枢内的电流向电枢内侧集中；同时依据电位分布的原则，使得轨道外侧电流密度较大。

2.4.4　不同轨道-电枢截面电流密度分布对比分析

综合对比分析图 2-16 ~ 图 2-19 所示的 8 种电磁轨道炮结构，可以看出其电流分布特性具有如下特征：

由于导体内电位分布和趋肤效应的影响，矩形截面轨道-长方体电枢的轨道炮，在轨道与电枢接触的转角表面的棱角处对应于最大的电流密度；矩形截面-回转结构电枢的轨道炮最大电流密度位于半圆电枢的内侧棱角处，这是由于电枢的内侧表面是电流流经的最短路径及趋肤效应共同作用的区域。对于跑道形截面轨道-电枢结构的轨道炮，最大的电流密度分布于电枢圆角的内侧部位，即曲率半径最小处。椭圆形截面轨道-电枢结构的轨道炮最大的电流密度分布于轨道和电枢上、下两侧；圆截面轨道-圆截面回转体电枢结构轨道炮的电流密度分布相对均匀,但是向轨道外侧有增大的趋势。D 形截面轨道-回转体电枢结构轨道炮的最大电流密度仍分布于电枢内侧表面曲率半径最小处,而倒 D 形截面轨道-回转体电枢结构轨道炮轨道外侧电流密度最大。

为有效说明轨道炮承载电流的能力和效率,定义品质因数如下:

$$q_{\text{ind}} = \frac{I^3}{S_{\text{bore}} \cdot S_{\text{rail}} \cdot I_{\text{max}}} \quad (2-52)$$

式中,I——所通正弦脉冲电流峰值,MA;

S_{bore}——两轨道之间的面积,10^{-2}m^2;

S_{rail}——轨道截面积,10^{-2}m^2;

I_{max}——表面电流密度最大值,10^9A/m^2。

根据式(2-52),计算 8 种轨道-电枢结构轨道炮的最大电流密度和品质因数,结果如表 2-1 所示,得到的对比矩形图如图 2-20 所示。

表 2-1 8 种轨道-电枢结构轨道炮参数

轨道-电枢结构	$I/$ ($\times 10^6$ A)	$S_{\text{bore}}/$ ($\times 10^{-2} \text{m}^2$)	$S_{\text{rail}}/$ ($\times 10^{-2} \text{m}^2$)	$I_{\text{max}}/$ ($\times 10^9 \text{A/m}^2$)	$q_{\text{ind}}/$ ($\times 10^{13} \text{A}^2 \cdot \text{m}^{-2}$)
图 2-16(a)	3	1	0.4	3.051	22.123 89
图 2-16(b)	3	1	0.4	2.751	24.536 53
图 2-17(a)	3	1	0.4	2.536	26.616 72
图 2-17(b)	3	1	0.4	2.278	29.631 26
图 2-18(a)	3	1	0.4	3.190	21.159 87
图 2-18(b)	3	1	0.4	2.356	28.650 25
图 2-19(a)	3	1	0.4	2.900	23.275 86
图 2-19(b)	3	1	0.4	2.713	24.880 21

由于轨道与电枢之间的放电烧蚀是限制和阻碍轨道发射技术进展的关键问题之一,在回路电流不变的前提下,减小轨道炮局部电流密度最大幅值是抑制轨道炮烧蚀的重要途径。通过对 6 种轨道、8 种结构的轨道炮施加脉宽 10 ms 的半周期正弦脉冲电流,得到了其电流密度分布,主要结论如下:

(1)由于电磁振荡的趋肤效应,最短线度为 40 mm 的轨道和电枢出现空芯现象,电流主要分布在轨道的外表面。对于非圆截面的轨道表面,曲率半径小的地方电流密度大;圆截面直轨道表面电流密度分布更加均匀。

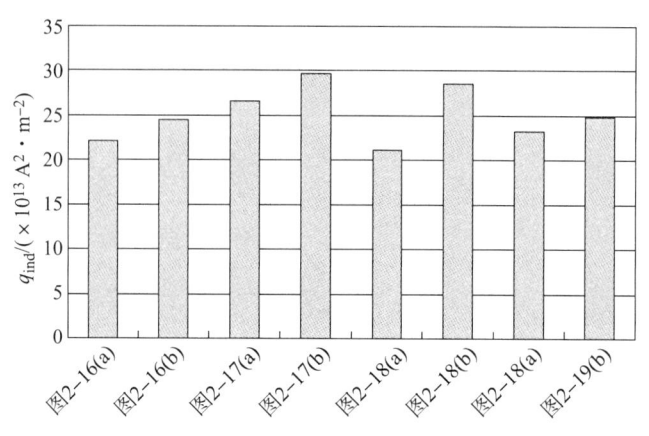

图 2-20 8 种典型轨道-电枢结构轨道炮的品质因数 q_{ind}

(2) 制约电流密度分布的另一因素是导体内电位分布造成的电流路径就近原则，使得电枢内侧电流密度较大，采用回转体结构可以改善电枢内表面的电流分布。

(3) 对比现有典型的 8 种结构，较宽的跑道形截面的轨道配合跑道形截面回转体电枢结构具有最均匀的电流分布，矩形轨道和立方体电枢的轨道炮电流分布最不均匀。

2.4.5　不同激励电流波形分析

(一) 轨道炮模型

为分析不同电流波形激励下，各个时刻轨道炮电流密度的分布情况，对以下的轨道炮模型进行了研究，重点研究对相同的轨道炮模型施加不同的激励时，得出的所对应电流密度分布。

根据上一节分析，选取具有最均匀的电流分布特征的跑道形截面轨道、回转体电枢结构的轨道炮模型和有最不均匀的电流分布的矩形轨道的轨道炮模型，通过施加 4 种激励，分析在不同激励情况下轨道炮电流分布特性。

分析过程中采取与上一节相同的网格划分，并且采用的电流激励源峰值为 3 MA，分别给出 4 种激励电流波形进行对比分析。

(二) 结果及分析

通过有限元计算，选取不同时刻的轨道炮电流密度的最大值，绘制如图 2-21 所示的脉冲电流（左侧）及其激励下的表面电流密度峰值曲线（右侧）。

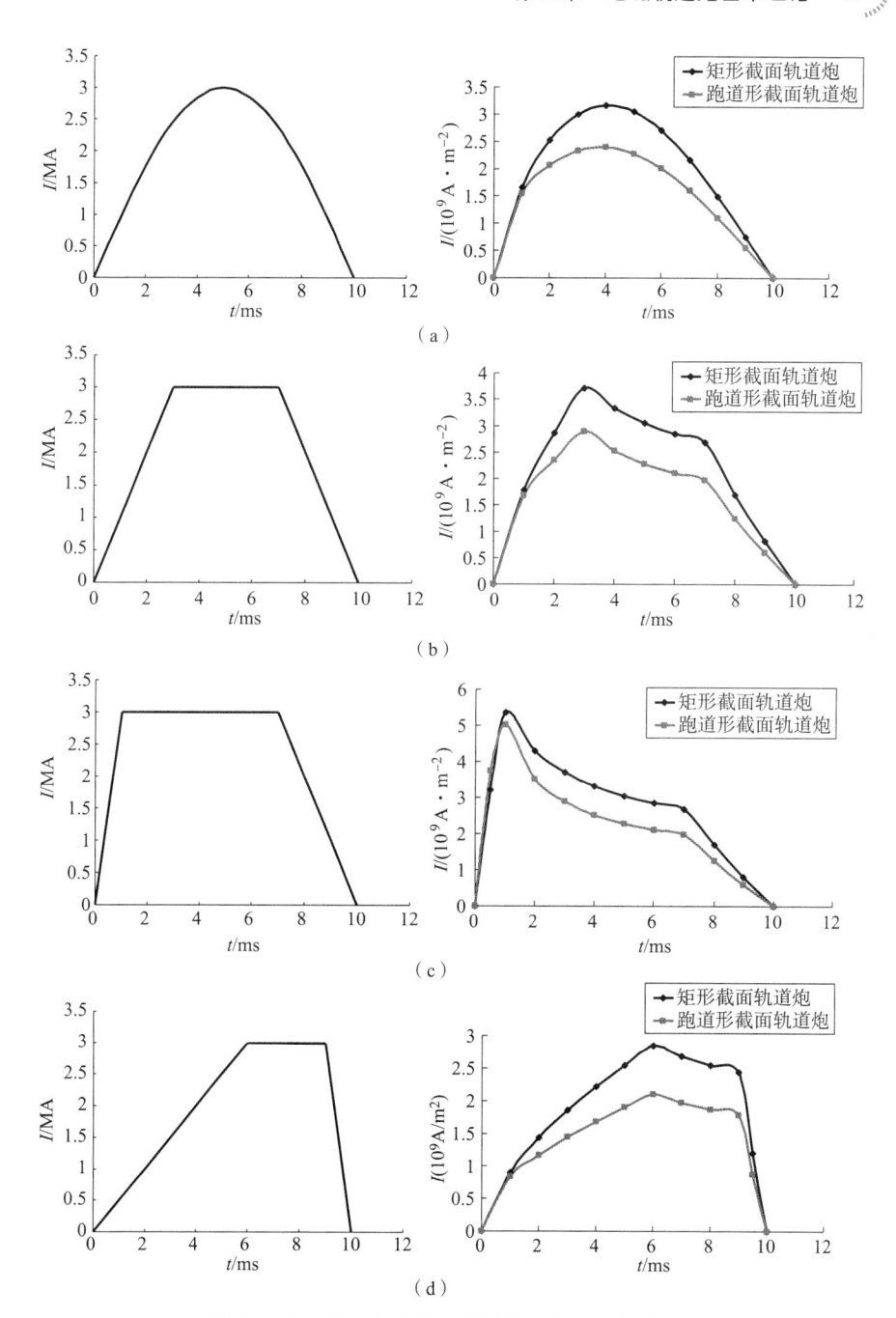

图 2-21 脉冲电流及其激励下的表面电流密度

(a) 正弦脉冲电流（左）及其激励下的表面电流密度（右）；(b) 梯形脉冲电流（左）
及其激励下的表面电流密度（右）；(c) 短上升沿梯形脉冲电流（左）及其激励下的
表面电流密度（右）；(d) 长上升沿梯形脉冲电流（左）及其激励下的表面电流密度（右）

从图 2-21 可以看出，激励电流上升沿时间越短，最大电流密度越大；下降沿越陡，发射效率将越高，即轨道炮在发射过程中一直处于大电流状态，而最大电流密度不会过大。同时，通过两种不同结构形式轨道炮的对比分析可以看出，虽然跑道形截面的轨道炮可以有效地降低最大电流密度，但是在抑制短上升沿激励源引起的电流密度过大的问题上没有明显的优势。因此，针对短上升沿引起的电流密度过大的问题，需要通过延长电流的上升前沿时间降低最大电流密度。

通过上述分析可知，对于特定的轨道炮和特定的放电时间，应该设计对应的电流激励波形，使得轨道炮既不发生烧蚀，又能够获得较高的发射效率。

2.5 电磁轨道炮的速度趋肤效应

上一节在分析轨道炮电流分布特性的时候，只考虑了导体内电位分布造成的电流聚集效应和脉冲电流产生的趋肤效应。实际上，除了上述两种因素之外，由于电枢和轨道之间的滑动电接触，还会产生速度趋肤效应。速度趋肤效应是指电枢的运动使得电流分布集中于电枢与轨道交界面的尾部，使得该局部区域温度增加，进而引起电枢尾部熔融与烧蚀的现象。通常情况下，速度越大，速度趋肤效应越明显。本节主要分析电枢运动使得轨道上脉冲电流上升沿变陡，进而引起的速度趋肤效应。此外，由于电枢与轨道间的滑动电接触增大了枢/轨接触面间的接触电阻，会使得速度趋肤效应更加明显。

2.5.1 速度趋肤效应理论分析

（一）不同频率下的趋肤深度

设 $f(x)$ 是周期为 $2t$ 的周期函数，它在 $[-t, t]$ 上的表达式为：

$$f(x) = \begin{cases} 0, -t \leq x < 0 \\ k, 0 \leq x < t \end{cases} \quad (2-53)$$

将 $f(x)$ 展开成傅里叶级数，可得：

$$f(x) = \frac{k}{2} + \frac{2k}{\pi}\left[\sin\frac{\pi x}{t} + \frac{1}{3}\sin\frac{3\pi x}{t} + \frac{1}{5}\sin\frac{5\pi x}{t} + \cdots\right] \quad (2-54)$$

$$1 = \frac{4}{\pi}\left[\sin\frac{\pi x}{t} + \frac{1}{3}\sin\frac{3\pi x}{t} + \frac{1}{5}\sin\frac{5\pi x}{t} + \cdots\right] \quad (2-55)$$

从式（2-55）中可以得出，幅值为1的方形脉冲电流可以看作是角频率逐渐增大，幅值逐渐减小的一系列正弦波的叠加。

对于角频率为 ω 的脉冲电流来说，其通过轨道时，趋肤深度可以表示为：

$$\delta = \sqrt{\frac{2}{\omega\mu\sigma}} \qquad (2-56)$$

式中，μ 为磁导率，取 $\mu = 4\pi \times 10^{-7}$；$\sigma$ 为材料的电导率；δ 的单位取 mm。

设 $t = 1$ ms，通过式（2-56）可知，各级频率对应的铜材料的趋肤深度如表2-2所示。

表2-2 不同角频率下的趋肤深度

角频率 $\omega/(\times 1\,000\pi)$	1	3	5	7	9	11	13
趋肤深度 δ/mm	3.18	1.84	1.42	1.20	1.06	0.96	0.88

（二）速度趋肤效应公式表达

在电磁轨道炮超高速发射过程中，电枢尾部与轨道相接处会发生局部烧蚀，且速度越大，烧蚀越严重，这就是速度趋肤效应引起的。分析其原因，速度趋肤效应与某段轨道承载脉冲电流时，电流波形的上升前沿陡度有关。

假设枢/轨接触面长 l，电枢运动速度恒为 v，则某段轨道承载脉冲电流的上升沿时间 $\Delta t = l/v$。另外，可以把上升前沿 Δt 看作锯齿波的上升沿。

把锯齿波进行傅里叶级数展开，其周期与上升前沿的关系满足：

$$\Delta t = \frac{T}{4} = \frac{1}{4f} \qquad (2-57)$$

再由式（2-56）和 $\omega = 2\pi f$ 得：

$$\begin{cases} \delta = \sqrt{\dfrac{2}{\omega\mu\sigma}} \\ \omega = 2\pi f \\ \Delta t = \dfrac{T}{4} = \dfrac{1}{4f} \\ \Delta t = \dfrac{l}{v} \end{cases} \qquad (2-58)$$

经过整理后，可得：

$$\delta = 2\sqrt{\frac{l}{\pi\mu\sigma v}} \tag{2-59}$$

这就是速度趋肤效应的表达式。由该式得到：枢/轨接触面越短，电枢速度越大，趋肤深度越小，电流聚集越严重，速度趋肤效应就越显著。

2.5.2 不同速度下的速度趋肤效应

（一）模型构建

1. 等效激励电流分析

如图 2-22 所示，对于一定长度的轨道，假设电流按图 2-23 所示的规律均匀地从轨道流向电枢。电枢长度为 l，t_1 时刻，电枢速度为 v_1，取此时刻电枢右侧 Δl 长度的轨道为研究对象，经过 $\Delta t = t_2 - t_1$，电枢行进 Δl 位移后速度为 v_2，此刻 Δl 长度的轨道位于电枢左侧；t_3 时刻，电枢速度为 v_3，此刻通过 Δl 长度的轨道截面的电流恒定为 I。（$\Delta t \ll t_3 - t_2$）

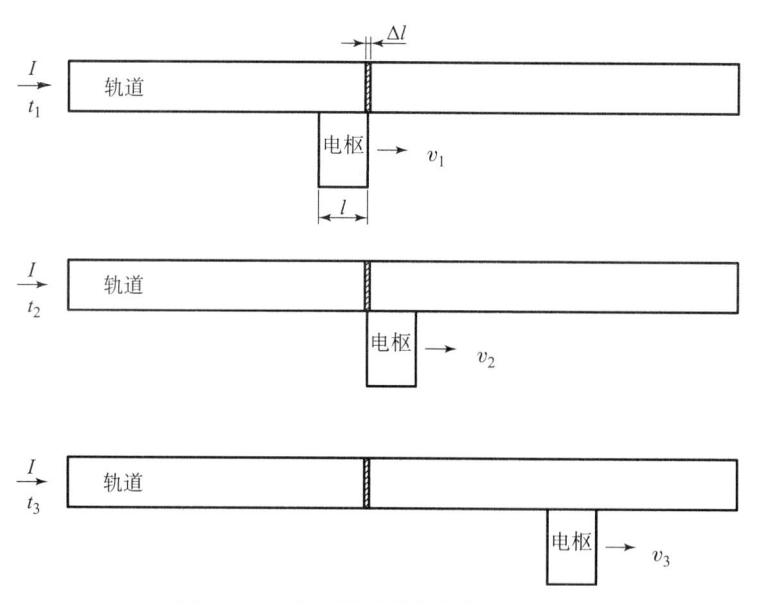

图 2-22 电枢滑过某轨道截面示意图

对于 Δl 长度的轨道来说，t_1 时刻电枢位于其左侧，其电流密度近似为 0，t_2 时刻以后通过的电流为 I。若将电流视为均匀地通过轨道与电枢截面，则从 t_1 到 t_2 时刻，通过 Δl 长度的轨道的电流匀速地从 0 增加至 I，如图 2-24 所示。

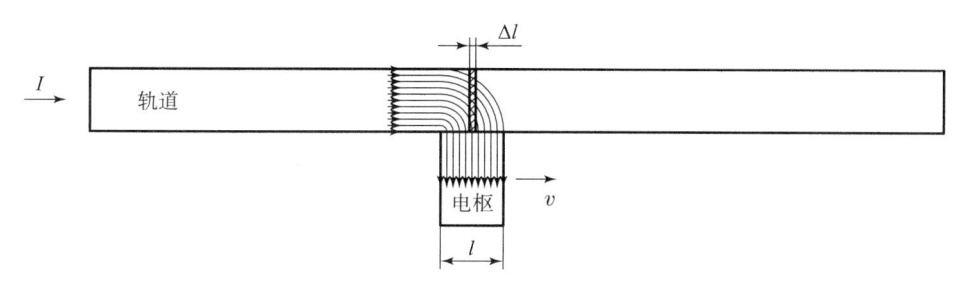

图 2-23 电枢与轨道接触面的均匀电流分布

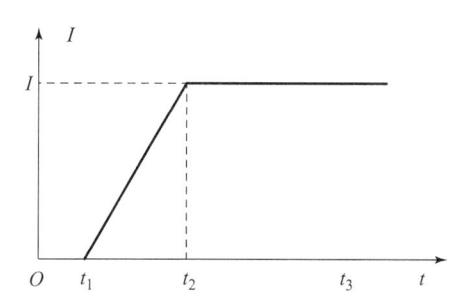

图 2-24 均匀电流下轨道截面的电流波形

假设电流 $I = 2$ MA，电枢长度 $l = 0.4$ m，$t_1 = 0$ ms，电枢运动时间 10 ms，t_1 到 t_2 时刻内的电枢速度不变，即 $v_1 = v_2$。电枢速度分别在 0.5 km/s、1.0 km/s、1.5 km/s、2.0 km/s、2.5 km/s 速度下运行 Δl 长度所需的运动时间可以表示为：

$$\Delta t = t_2 - t_1 = \frac{l}{v} \tag{2-60}$$

根据式（2-60）可知，所需的时间分别为 0.8 ms、0.4 ms、0.27 ms、0.2 ms 和 0.16 ms。

根据电枢 Δl 长度所需的运动时间作出 5 种速度下轨道截面所承载的电流激励波形，如图 2-25 所示。通过施加 5 种速度下的激励电流，并对 5 种激励电流下的轨道炮模型进行有限元计算，查看其电流密度分布情况。

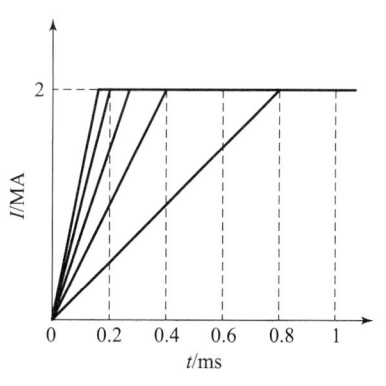

图 2-25 5 种速度下轨道截面的电流波形

2. 轨道炮模型构建

轨道炮模型选取上一节的图 2-15（a）所示的模型，网格划分如图 2-26 所示。研究相同电流激励下不同轨道模型的电流密度分布与不同电流激励下相同轨道模型的电流密度分布，后者主要研究电流密度的变化规律。

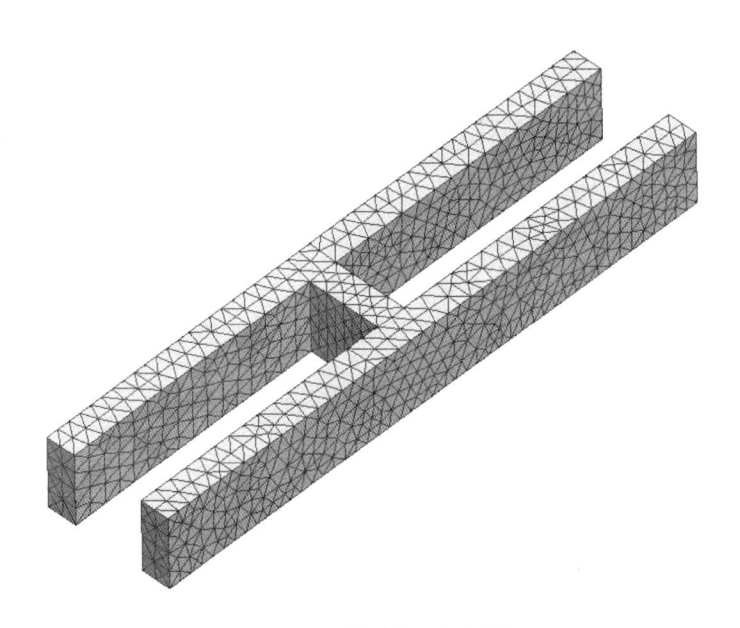

图 2-26 轨道炮网格划分

（二）仿真结果分析

通过有限元分析，得到不同电枢速度下轨道炮最大电流密度。图 2-27 是电枢在不同速度（2.5 km/s、2.0 km/s、1.5 km/s、1.0 km/s、0.5 km/s）情况下，轨道截面最大电流密度随时间的变化规律。

从图 2-27 可以看出，激励电流达到最大值时，轨道截面的最大电流密度也达到最大，以后将逐步趋于稳定值；当电枢速度在 2.5 km/s 时，

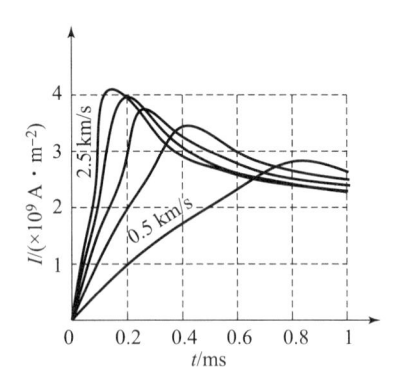

图 2-27 不同速度下轨道炮最大电流密度曲线

电流密度最大约为 4.1×10^9 A/m²，而当速度在 0.5 km/s 时，电流密度最大约为 2.8×10^9 A/m²。

因此，从上述分析可知，电枢速度越大，峰值电流枢/轨接触界面（轨道部分）承载电流波形的上升前沿越陡，对应于傅里叶变换的振荡频率越高，趋肤效应越明显。

电枢尾部一直与最大电流密度的轨道部分相接触，因此电枢的尾部电流密度最大，且随着电枢速度增大而增大，最终将导致电枢尾部会率先熔化。

2.5.3 电流密度随速度变化规律研究

（一）最大电流密度随速度变化规律

为了得出轨道最大电流密度随速度变化的趋势，选取表2-3所示的速度值，得到电流波形。通过有限元计算，得到每个速度下的最大电流密度值，绘制最大电流密度随速度变化曲线，如图2-28所示。

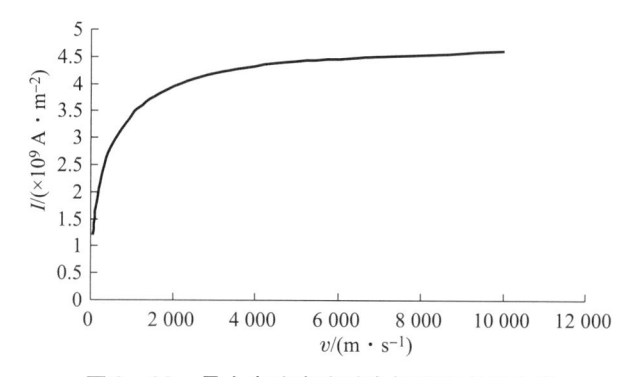

图2-28 最大电流密度随电枢速度变化曲线

从图2-28可以看出，最大电流密度随速度的增大而增大，且增大的速率不断减小，最后趋于稳定。

将上升前沿的时间等效为0.25个周期的正弦脉冲电流，可以得到各个正弦电流的等效频率，由等效频率计算出各个速度所对应铜材料的趋肤深度，如表2-3所示。

表2-3 不同速度情况下4 cm长电枢所对应的等效频率和趋肤深度

电枢速度/(m·s^{-1})	10 000	5 000	2 000	1 000	500	200	100	50
上升沿时间/ms	0.04	0.08	0.2	0.4	0.8	2	4	8
等效频率 ω/kHz	25	12.5	5	2.5	1.25	0.5	0.25	0.125
趋肤深度/mm	0.901	1.274	2.014	2.848	4.028	6.368	9.006	12.74

根据表 2-3，得到铜材料的趋肤深度和电枢速度之间的变化曲线，如图 2-29 所示。

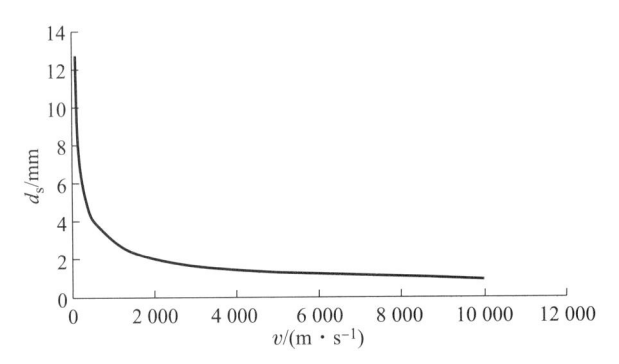

图 2-29 趋肤深度随速度变化曲线

从图 2-29 中可以看出，趋肤深度随速度的增大而逐渐减小，速度越小，趋肤深度越大，电流密度越均匀；速度越大，趋肤深度越小。

选取 10 km/s、5 km/s、2 km/s、1 km/s、0.5 km/s、0.2 km/s、0.1 km/s、0.05 km/s 所对应的电流上升沿结束时刻的电流密度标量分布图，如图 2-30 所示。

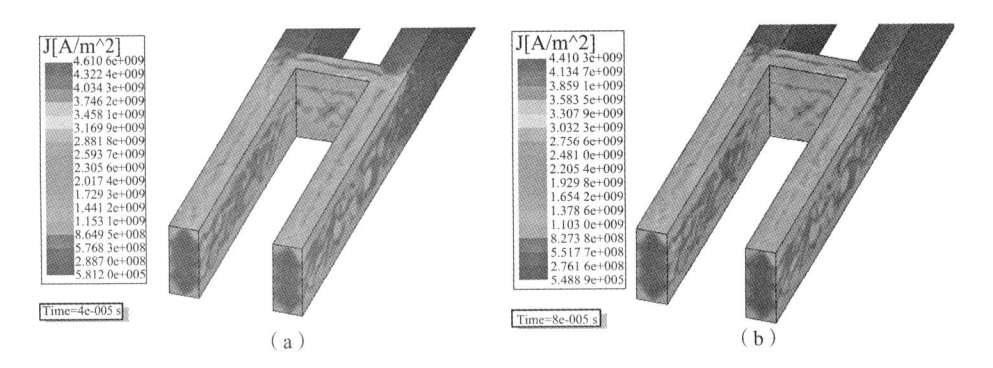

图 2-30 不同电枢速度所对应的最大电流密度云图（附彩插）
(a) 10 km/s；(b) 5 km/s

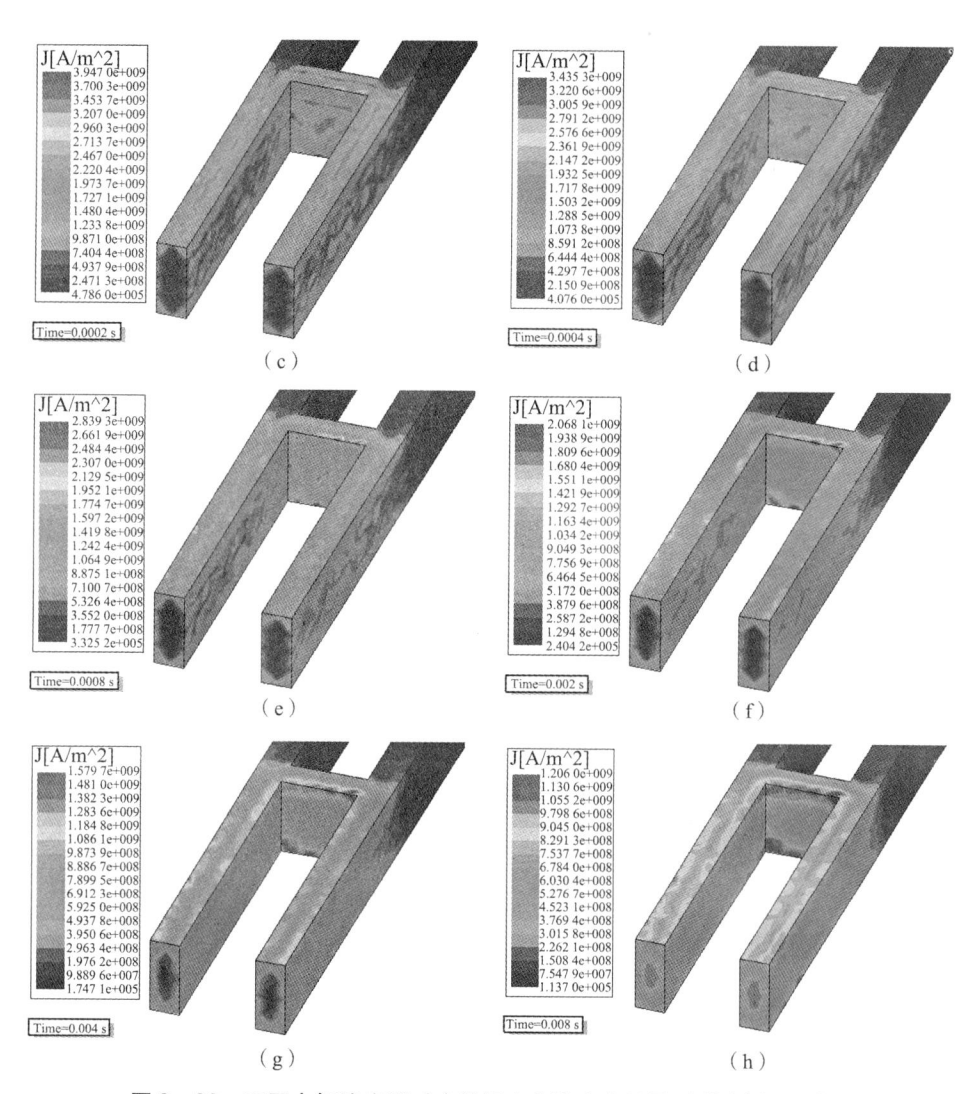

图 2-30 不同电枢速度所对应的最大电流密度云图（附彩插）（续）

(c) 2 km/s; (d) 1 km/s; (e) 0.5 km/s; (f) 0.2 km/s; (g) 0.1 km/s; (h) 0.05 km/s

由图 2-28、图 2-29 和图 2-30 看出，速度从 10 km/s 到 1 km/s，最大电流密度和趋肤深度变化不明显；从 1 km/s 到 0.05 km/s，最大电流密度下降明显，趋肤深度明显增大；电枢速度为 0.05 km/s 时，其电流分布云图上的电流密度已经比较均匀。

（二）不同电流分布的激励电流分析

在上述分析中，图 2-25 所示的电流波形是以图 2-24 为基础，并假设电流在枢/轨接触面上均匀分布而得到的激励电流波形。实际上，电流在接触界面上分布并不均匀，在电枢尾翼处会产生聚集，如图 2-31（a）所示。因此实际得到的激励电流波形应如图 2-32（a）所示。也就是说，在速度较小时，所得到的激励电流的上升沿比较陡，从而使得其等效频率会更大些，趋肤深度更小。因此，图 2-28 所示的电流密度-速度曲线和图 2-29 所示的趋肤深度-速度曲线应该向左移动。

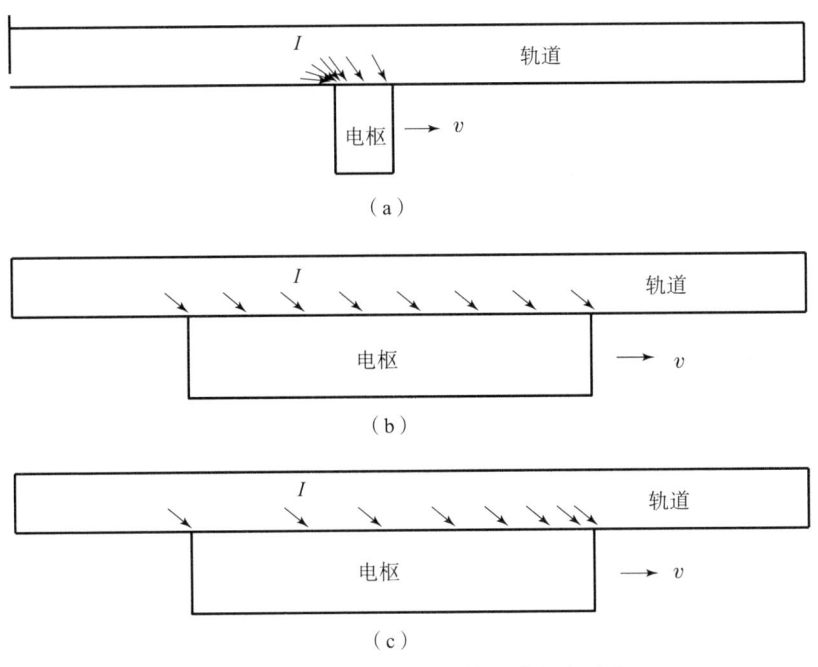

图 2-31 枢/轨接触面上的三种电流形式

假设电流密度在枢/轨接触面上均匀分布，如图 2-31（b）所示，或者电枢头部电流密度大，尾部电流密度相对较小，如图 2-31（c）所示，则激励电流分别如图 2-32（b）和图 2-32（c）所示。此时，电流的脉冲前沿将变得缓和，等效频率减小，电流密度将显著地降低。此外，从式（2-59）和式（2-60）可以看出，如果电枢长度增长一个数量级，则等效频率减小一个数量级，趋肤深度增大为原来的 3.3 倍。

对于图 2-32（c）所示的电流波形，在其上升沿初期，电流上升较快，其等效频率较高，但是电流的幅值较低，整体电流密度不大；上升沿后期，虽然电流幅值较大，但是其等效频率较小。而对于图 2-32（a）所示的电

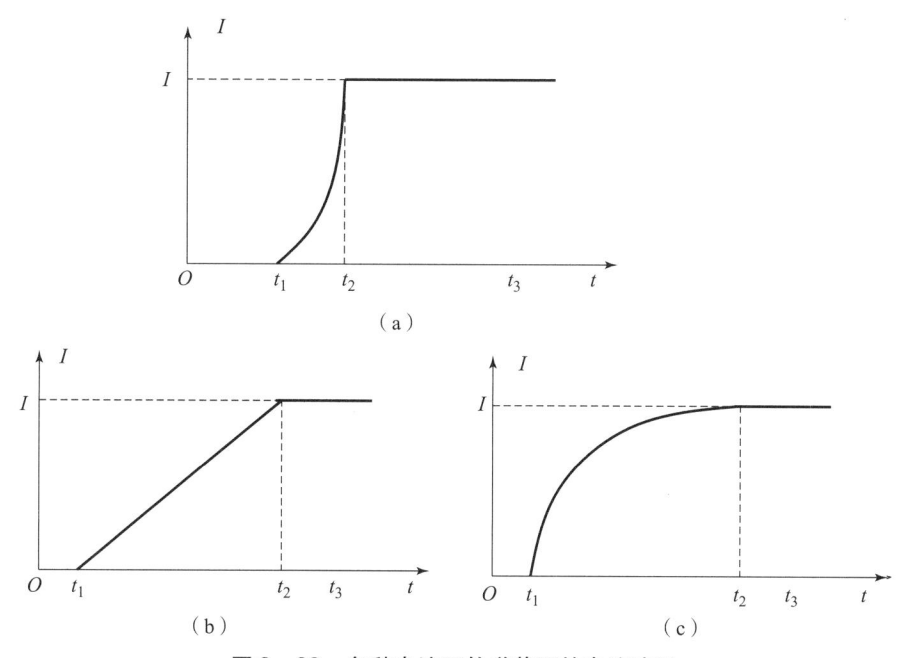

图2-32 各种电流下轨道截面的电流波形

流波形,在其上升沿初期,电流上升较慢,其等效频率较低,电流的幅值较低,导体电流密度很小;上升沿后期,电流幅值较大,电流上升较快,其等效频率较高,使得电流密度突然增大。

因此,要想减小电流密度,应设计比较长的枢/轨接触面,并要求电流在枢/轨接触面上,比较均匀地从轨道流向电枢。

(三)**滑动点接触影响**

上述分析均是在电枢和轨道理想接触的情况下进行的,但电枢与轨道的实际接触表面并不是光滑的,而是凹凸不平的。在静止条件下,通过施加法向压力使得轨道与电枢接触紧密。在运动过程中,电枢与轨道是高速滑动的电接触状态,接触界面承受高电流密度和滑动摩擦产生的热量,会不断地热熔,并伴随放电烧蚀和刨削,枢/轨接触表面不断恶化。

由于电枢的运动使得枢/轨接触界面由静止条件下的紧密接触,变为有速度条件下的滑动点接触。滑动点接触相对于静止接触,会使得接触界面的接触电阻增大,相同的电流密度下产生的热量会更多,同时伴随的滑动摩擦也会产生摩擦热。由于接触界面的接触电阻增大,使得电流更趋向于流经最短路径,即流经电枢的尾部,使得局部电流密度进一步上升。

为了探索滑动界面点接触载流情况,将轨道与电枢的接触界面,视为由许多厚度为 1 mm 圆点产生的点接触,如图 2-33（a）所示。基于该点接触模型,施加电流峰值为 3 MA 的半周期正弦脉冲激励,得到如图 2-34（b）和图 2-34（c）所示的电流密度云图。对比图 2-34（a）所示的有良好接触的轨道炮电流密度云图可以看出,点接触的轨道炮模型的电流密度会显著增大。这与滑动电接触微观电流分布特性、铝电枢接触界面的液化润滑湿摩擦、接触力的"1 g/A"法则等观点是一致的。

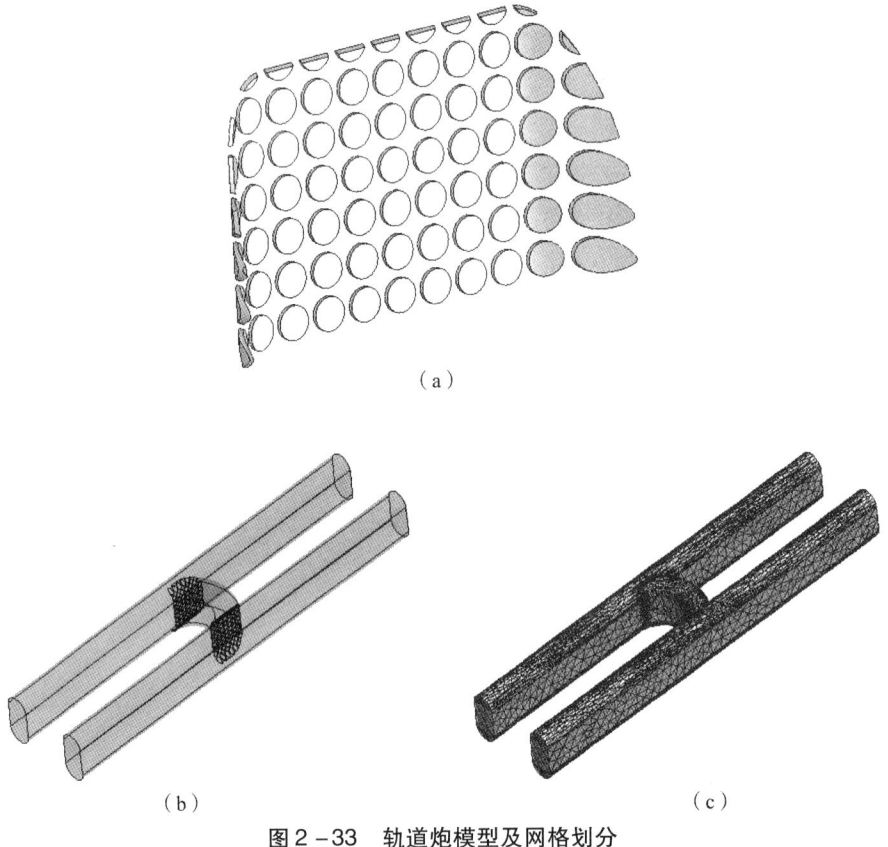

图 2-33 轨道炮模型及网格划分

通过上述分析可知,轨道炮发射过程中,枢/轨接触界面电流分布无论在宏观还是在微观角度都是不均匀分布的,这种滑动接触界面电流不均匀分布将有两个方面的影响。如果控制得好,铝电枢接触界面被电流欧姆加热至熔化,导致滑动摩擦力降低、液化膜接触状态良好,有利于电磁轨道炮发射。如果控制不好,容易导致枢/轨脱离接触和严重的烧蚀甚至刨削等不良现象。

(a)

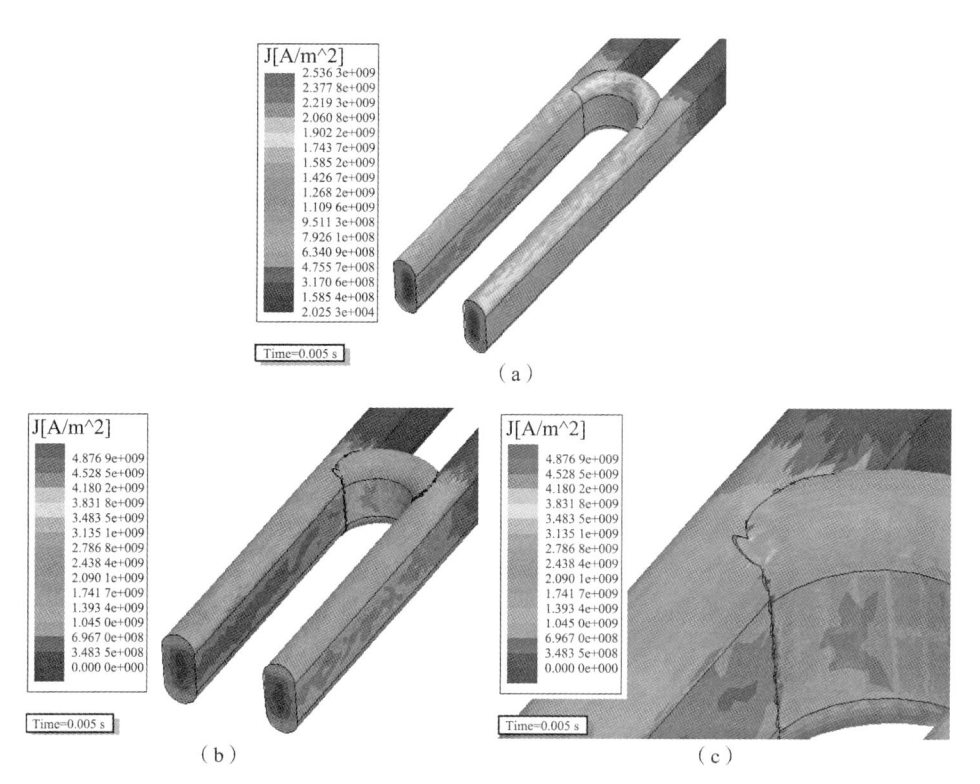

(b)　　(c)

图 2-34　接触良好和点接触的电流密度云图（附彩插）

第3章 电磁轨道炮发射器技术

从简单电磁轨道炮基本原理可以看出，电磁轨道炮包括轨道、电枢、电源等几部分。对于工程实际来说，电磁轨道炮系统包括脉冲功率电源、电磁轨道发射器、射弹组件、武器化平台等。其中电磁轨道发射器主要包括导电的轨道、绝缘结构、固定支撑结构、炮尾汇流结构、炮口消弧结构，以及武器化（如反后坐力、调节射角）结构等。

下面以发射器材料、发射器结构、发射器要达到的滑动电接触目的三个方面介绍电磁轨道炮发射器技术。

3.1 发射器材料

3.1.1 轨道材料

轨道是电磁轨道炮身管的核心部件之一，在电磁轨道发射条件（高电压、大电流、高速滑动摩擦以及意外电弧烧蚀）下，在轨道表面会出现划痕、烧伤、刨削和槽蚀等现象，对轨道的使用寿命产生较大影响。因此，长期以来各国围绕电磁轨道炮轨道材料的选取和制备开展了大量研究工作。主要选取过的轨道材料包括铝合金、铜合金（紫铜、黄铜、铬青铜、铍青铜、钨铜、氧化铝弥散强化铜）、不锈钢等。

（一）铝合金轨道材料

由于轨道炮电枢材料多选用铝制材料（铝质电枢的特性在后续章节中介绍），因此采用铝制轨道也成为轨道炮实验室研究阶段的一个选择，与其他金属材料相比，铝合金具有以下一些特点。

（1）密度小。铝及铝合金的密度接近 2.7 g/cm³，约为铁或铜的1/3，可大幅降低发射器的重量。

（2）机械强度较高。经过一定程度的冷加工可强化铝的机械强度，部分牌号的铝合金还可以通过热处理进行强化处理。

(3) 导电导热性好。铝的导电导热性能仅次于银、铜和金。

(4) 耐腐蚀性好。自然环境下，铝的表面能够生成一层致密牢固的 Al_2O_3 保护膜，能很好地保护基体不受化学腐蚀。

(5) 易加工。添加一定的合金元素后，可获得良好铸造性能的铸造铝合金或加工塑性好的变形铝合金。

此外，从初步研究结果来看，当轨道与电枢采用相同材料时接触电阻最小，且发射后的轨道表面状态最好，因此，只从电接触性能角度出发，铝合金也是一种可能的轨道材料。

但是，铝合金材料导电性能低于铜材料，硬度、耐磨性和高温性能较差，不满足轨道发射条件下滑动电接触要求。特别是铝合金材料的硬度、耐磨性差是其在轨道应用上的致命缺陷，因此，基本上只在电枢材料上选用铝合金，而轨道不选用铝合金材料。

(二) 铜合金轨道材料

铜合金就是指在纯铜的基础上加入一种或几种其他元素所构成的合金。目前铜合金是轨道炮轨道材料的主要选择。

1. 紫铜

紫铜是含铜量最高的一类铜合金，铜含量达到了 99.5% ~ 99.95%，其他元素则为一些杂质，因此也可以称之为纯铜。从外观上看，紫铜呈玫瑰红色，氧化后颜色为紫色。紫铜的牌号组成一般为 T + 顺序号（顺序号的含义为：铜含量随着顺序号的增加而减少），例如 T1、T2、T3 等，无氧铜则用 TU1、TU2 等表示。

在性能方面，紫铜可塑性及导电、导热性很好，但由于硬度较低，因此不适用于轨道材料，但可用于轨道炮中对结构强度要求不高的场合，如部分导电桥接件等。另外，即使做过冷处理的高硬度紫铜轨道在经历电磁轨道发射过程与电枢接触闪温后，机械性能也迅速下降。

2. 黄铜

黄铜是由铜和锌所组成的合金，仅由铜、锌组成的黄铜叫作普通黄铜，如果是由两种以上的元素组成的多种铜合金则称为特殊黄铜。

对于普通黄铜而言，黄铜的牌号一般为 H + 铜含量（百分比数），例如 H59、H90 等。复杂一些的黄铜则会使用 H + 第二元素化学符号 + 除锌以外的元素含量（用"-"隔开），例如 HPb89 - 2 等。

在性能方面，其含锌量变化范围较大，性能也表现出一定差异。黄铜有较强的耐磨性能，价格较低，在对发射性能要求不高的试验平台上也可采用黄铜作为轨道开展发射试验。

3. 铬锆铜

铬锆铜是一种耐磨铜，具有较好的导电性、导热性、强度和耐磨性，目前已常用于高强、高导领域。铬锆铜主要有以下性能特点：

（1）具有优良的导电性和导热性，电导率≥80% IACS（International Annealed Copper Standard，国际退火铜标准，即标准退火纯铜导电率定义为100%）。

（2）抗应力松弛性能高，热稳定性好，时效范围宽，成品率高，可在较高温度下使用。

（3）力学性能较好。抗拉强度为 540～640 MPa；硬度为 78～88（HRB）、140～180（HV）。

（4）良好的耐蚀性能。

（5）无毒性。

（6）良好的加工性能。车床、磨床、铣床、冲压等加工设备均可对其加工，电镀性能也比较好。

由于铬锆铜以上的优良性能，使得其非常适用于作为轨道炮轨道材料，也是现在研究机构制作轨道炮试验平台的主要选择。目前，美国研究的高强、高导和耐高温的 C18200 铬锆铜合金轨道炮轨道已经可以达到数百发的使用寿命，并完成了 10～14 m 长电磁轨道炮轨道的制备和试验。

4. 其他铜合金

相较于以上典型的铜合金材料，铍青铜相比铬青铜，强度高导电性低、高温性能以及耐磨性能优于铬青铜，但无法进行大长细比的轨道坯料制备。钨铜高温性能优于铬青铜，导电性能适中、硬度高、耐烧蚀、易碎裂，无法制备大件坯料。氧化铝弥散强化铜是一种新型铜合金，在电磁炮研究领域受到广泛关注，其强度、导电性及软化温度可以满足电磁轨道炮轨道的使用要求，但现有的氧化铝弥散强化铜大多处在实验室研究阶段，还未达到量产和大长细比材料的制备，并且氧化铝弥散铜价格高昂，无法满足现阶段电磁轨道炮应用研究的需要。

（三）不锈钢轨道材料

在电磁轨道炮发射技术中，从导体载流能力、电流欧姆损耗、系统效率角度出发，一般认为轨道需要高电导率的铜合金材料。但是由于脉冲电流的趋肤效应和高速滑动界面间电流的速度趋肤效应,轨道炮使用的高电导率材料实际载流能力、欧姆损耗等参数远远不如预期。另外,钢材的硬度、耐磨性等均高于铜合金,因此在考虑机械性能时钢材也是一种值得探索的轨道材料。

在电磁轨道炮的电磁理论、电热理论、加速理论中,小体积配合低电阻率的小炮与等比例大体积配合高电阻率的大炮具有某种内在的相似性,高电阻率的大体积轨道炮也是值得探索研究的对象。因此,高强度、较高电阻率的不锈钢也曾是电磁轨道炮轨道材料的选取对象。

(四) 高硬度耐磨衬层材料

电磁轨道炮结构中,轨道可以采用复合结构,具体地,轨道本体导电可采用高电导率的铜合金材料;而电枢/轨道之间的滑动电接触可采用高硬度、耐摩擦衬层,该衬层材料的电阻率可以适当高些。实际上,低电阻率的轨道本体材料配合高电阻率的衬层材料,不仅可以降低发射过程中界面电流的速度趋肤效应,改善接触的可靠性,而且可以从机械磨损角度延长轨道的使用寿命。高硬度耐磨损轨道衬层是电磁轨道发射器研究的一个重要方向。

3.1.2 绝缘支撑材料

轨道绝缘支撑材料作为电磁轨道炮研究的辅助材料,对轨道炮的结构特性、电磁分布特性同样具有较大影响。目前,常用的绝缘支撑材料有玻璃纤维增强环氧树脂复合材料(主要选用型号为 G10 等),其典型的特点为耐高温、低密度、高绝缘性、高强度、抗冲击等。

环氧树脂泛指分子中含有两个或两个以上环氧基团的有机高分子化合物,除个别树脂外,它们的相对分子质量都不高。环氧树脂板是环氧树脂、纤维纱、脱膜剂、固化剂拉挤成型后的产品。固化后的环氧树脂体系是一种具有高介电性能、耐表面漏电、耐电弧的优良绝缘材料。

玻璃纤维是一种性能优异的无机非金属材料,种类繁多,优点是绝缘性好、耐热性强、抗腐蚀性好、机械强度高,但缺点是性脆、耐磨性较差。玻璃纤维在环氧树脂复合材料中起到了增强作用,所以多数环氧树脂板均为玻璃纤维增强环氧树脂复合材料,其典型特点就是相对密度小、比强度高、相对密度为 1.6~2.0,比最轻的金属铝还要轻,而比强度比高级合金钢还高。玻璃纤维增强环氧树脂复合材料还具有很多与环氧树脂相一致的共同特点,例如,它是一种良好的电绝缘材料,它的电阻率和击穿电压强度两项指标都达到了电绝缘材料的标准。它不受电磁作用的影响,不反射电磁波,微波透过性好。除此外,还有保温、隔热、隔音、减振等性能。

由于玻璃纤维增强环氧树脂复合材料的绝缘性能高、结构强度大和密封性能好等许多独特的优点,已在高低压电器、电机和电子元器件的绝缘及封装上得到广泛应用,发展很快。因此,它也是轨道炮绝缘结构材料的首选。

玻璃纤维环氧树脂板材型号很多,从外观上看,大多为黄色或水绿色,也有褐色、红色等其他颜色,如图 3-1 所示。从规格型号上来看,常用的有 3240 环氧板、FR4 环氧板、G10 环氧板等型号。

图 3-1 外观不一的环氧板材 (附彩插)
(a) 黄色、红色板材;(b) 水绿色板材;(c) 黑色板材

(一) 3240 环氧板

3240 环氧板是酚醛改性环氧树脂预浸的玻璃布通过高温压制的板状绝缘材料,属于 UL94HB 等级的耐热性复合材料。其具有以下特点:

(1) 在高温下具有高机械强度。
(2) 常温常湿下优异的绝缘性能。
(3) 普通干燥环境下优异的电气性能。
(4) 最高长期工作温度达到了 130 ℃。
(5) 优异的绝缘性,绝缘等级 B 级。
(6) 满足 UL94HB 阻燃标准。
(7) 产品性价比高。

基于以上特性,该型环氧板适合用于电气和电子领域的高绝缘结构部件,并且 3240 环氧板价格相对便宜,在要求不高的轨道炮结构材料中也常选用 3240 环氧板。

但是，3240环氧板的加工材料是含卤素的，它们可以起到阻燃作用，但是有毒。燃烧时，它们会散发二噁英、苯并呋喃和其他有害气体，并且具有浓烟和异味，容易引起癌症和损害。因此，现在已不提倡使用该型环氧板。

（二）FR4 环氧板

FR4 环氧板是环氧树脂预浸的玻璃布通过高温压制的板状绝缘材料，属于 UL94 V-0 等级的高耐热性复合材料。

FR4 环氧板是 3240 环氧板的改良版，既有黄色，也有水绿色。它基本具有 3240 环氧板的所有性能优点。同时，与 3240 环氧板相比，它的绝缘性更好，因此，也可作为轨道炮绝缘支撑材料的选择之一。

（三）G10 环氧板

与 FR4 环氧板一样，G10 也是环氧树脂预浸的玻璃布通过高温压制的板状绝缘材料。最初是用来作为航空器的材质，可以承受极大的力量而不会破坏变形，不会被水汽、液体所渗透，具备绝缘、耐酸碱的特性。通常，G10 环氧板呈水绿色，也有黑色、红色、蓝色、绿色等颜色，与 FR4 环氧板相比，G10 环氧板综合性能更好，是轨道炮结构材料的主要选择。当然，由于环氧板生产厂家不一样，受原材料、技术水平的影响，产品的技术参数值也有所不同，表 3-1 所示为典型的 G10 环氧板技术参数值。

表 3-1 典型 G10 环氧板技术参数测试值

测试项目		单位	典型值
耐电压强度	Z-方向	kV/mm	54
	X, Y-方向	kV/mm	28
绝缘电阻	原始样	MΩ	$10^6 \sim 10^8$
	蒸煮后	MΩ	$10^4 \sim 10^6$
体积电阻		MΩ·cm	$10^7 \sim 10^9$
表面电阻		MΩ	$10^6 \sim 10^8$
相对介电常数（1MHz）			$4.2 \sim 4.7$
介电损耗（1MHz）			$0.030 \sim 0.035$
耐电弧性		s	$120 \sim 140$
漏电痕指数		V	$175 \sim 250$
弯曲强度	Y-方向	MPa	$400 \sim 500$
	X-方向	MPa	$450 \sim 550$

续表

测试项目		单位	典型值
压缩强度	Y-方向	MPa	340~440
	X-方向	MPa	290~390
抗拉强度		MPa	250~350
弯曲模量		MPa	21560~24500
层间结合力		kN	8.0~10.0
罗氏硬度		HRA	120~125
缺口冲击强度	X-方向	J/cm	5.4~6.4
玻璃转化温度	DSC	℃	135
吸水性	1.0 cm 厚度	%	0.1~0.8
密度		g/cm³	1.95
热膨胀系数	X, Y-方向	ppm/℃	11~14
	Z-方向	ppm/℃	45~50
		ppm/℃	250~260
阻燃性	UL94		HB
相对温度指数（RTI）		℃	130
耐热性			130℃/2 h（通过）
绝缘等级		等级	B

虽然环氧材料在轨道炮结构材料中扮演着重要角色，但是其应用的缺点也十分明显，如：抗烧蚀性能较差，在多次射击之后会有烧蚀现象；具有较大的弹性，在炮膛中经过多次轨道扩张回弹的冲击力后，容易出现对轨道固定不稳的现象。

除采用环氧材料作为支撑材料外，为解决内膛烧蚀问题，国内外研究机构已有采用陶瓷绝缘支撑材料来满足工程化身管的使用要求，但目前传统 Al_2O_3 陶瓷还无法满足电磁轨道炮身管的使用要求，陶瓷的脆性和表面铝沉积物的附着导致其使用效果不佳，因此，选用陶瓷方案还处于研究阶段，采用环氧材料作为绝缘支撑材料仍然是主流选择。

3.1.3 结构约束材料

结构约束材料主要包括金属约束与紧固材料。现在实验室电磁轨道炮的结构约束与紧固材料主要包括型钢、螺杆、螺丝等。未来的轨道炮外层约束材料也可能是钢管。

当然,由于钢的密度大,重量也大。电磁轨道炮的结构约束材料也可以选用高强纤维和环氧树脂浇注成型,其纤维材料主要是高强度的玻璃纤维或碳纤维。

3.2 结构设计

在弹丸发射的过程中,电磁轨道炮身管在 ms 时间量级内承受 MA 量级的电流,以及强大的电磁作用力,并且在瞬时电磁力的作用下,轨道出现强烈的振动。因此,特殊的工况条件使得轨道炮炮管的力学特性、温度特性等均与常规火炮极为不同。为研制工程化的电磁轨道炮,必须依据轨道炮自身的结构特点,对其力学特性、轨道与电枢接触特性、炮管内温度场、电磁场等进行深入研究,以实现合理的炮体结构设计。

3.2.1 设计要求

为推动电磁轨道炮向实用化发展,达到实战应用的目标,在轨道炮结构设计方面,应考虑以下要求。

(1) 威力要足够。对于轨道设计来讲,就是要有足够的通流能力,能够在短时间承受大电流而不会出现轨道的软化和变形。

(2) 要有足够的结构强度。尤其是炮管的径向强度,应防止炮管的横向偏移;并进行炮管的预紧,尽量减小横向的振动。

(3) 结构与电磁特性的匹配。不同的结构特征决定了不同的磁感应强度分布,在结构设计时,应使得轨道炮的电感梯度越高越好(一般不低于 $0.4~\mu H/m$),以提升轨道炮的威力和能量利用效率。

(4) 炮体的可靠性。尤其是对于高威力轨道炮,在大电流、高初速条件下,更应关注轨道刨削、磨损、烧蚀等损伤问题,确保电磁轨道炮的威力一致性。

(5) 寿命。指炮管不需整修而可承受的发射次数。现有的轨道炮系统寿命通常从几发到几百发,与常规火炮相比寿命较短,因此在轨道炮寿命提升方面仍有很大的发展空间。

(6) 维修性。因现有技术下,轨道炮寿命较低,因此必须考虑到炮管应易于拆卸以更换损坏的炮膛部件,维修前后轨道炮性能参数稳定。

(7) 电磁环境适应性。在电磁发射过程中,伴随有强磁场的产生,因此必须考虑轨道炮本体与整个武器系统的电磁兼容性。

3.2.2 力学条件分析

电磁轨道炮发射时,脉冲电流由一侧的轨道流入,经过电枢,然后由另一侧轨道流出,构成了闭合回路。其中强电流在经过轨道的同时,在其周围产生了强大的电磁场,与电枢中的电流相互作用而产生电磁力,推动电枢和弹丸沿着轨道做加速运动。这是电枢受力与加速过程,此过程电磁场分布与电枢受力示意图如图 3-2 所示。

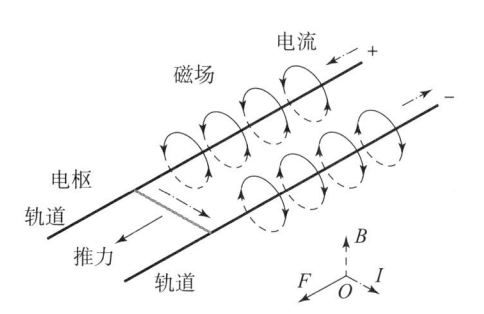

图 3-2 电枢受力示意图

在电磁发射过程中,两轨道同样受到横向电磁扩张力作用,作用效果是使两轨道相互远离。为避免两根轨道的相互远离,需要附加机械固定结构以约束两轨道位置。两轨道受到的电磁扩张力的空间分布包括三段:电枢后部 4 倍口径长度内,是不均匀的;电枢后部 4 倍口径长度外的轨道受力是近似均匀的;在炮尾汇流处,又是不均匀的。而且这个电磁力作用时间是在 ms 量级内完成的,轨道受横向电磁力后产生横向振动,并纵向传递形成自振横波。

除了电磁扩张力,轨道还要经受来自电枢的局部接触压力。电枢/轨道之间要保持滑动电接触,就要承受 1 g/A 的接触压力。对于 1 MA 的滑动接触电流,接触压力约为质量 1 t 物体的重力,约 9.8 kN;如果 9.8 kN 作用在 10 cm×10 cm 的接触面积上,则接触界面的宏观压强可达 9.8 MPa。电枢/轨道间的局部接触压力随电枢的运动而运动,可称为接触压力波。

当电枢运动达到一定速度时,电枢/轨道接触力波与轨道自振横波产生共振现象,形成刨削条件,影响发射性能。因此,要考虑动力学条件下的轨道炮发射过程的力学状态,尤其是避免刨削发生的临界速度问题。

为保证轨道在电磁力的作用下不变形,试验轨道炮都采用坚固的紧固约束装置对轨道进行固定约束和支撑。因此,对轨道炮发射过程中的受力分析,可以避开身管的复杂结构,将轨道作为安放在弹性底座上的横梁进行模拟,如图3-3所示。

如图3-3所示,炮尾设置在坐标原点,将轨道等效为弹性基础上的自由梁,绝缘支撑和紧固部件等效为弹性支撑。轨道上受力包括电枢对其施加的作用力 $F_a(t)$ 和另一侧轨道的斥力,其集度用 $q(t)$ 表示。

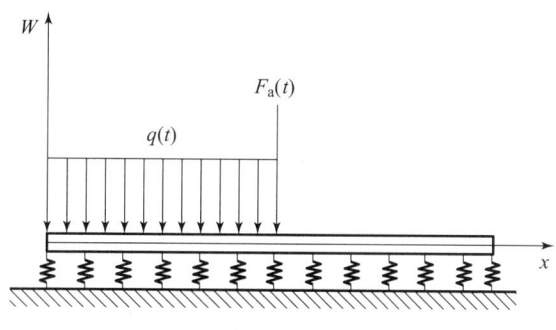

图3-3 轨道的弹性基础梁模型

通常在计算过程中,为简化计算,忽略趋肤效应,假设电流均匀地穿过轨道的横截面,则一侧轨道受到另一侧轨道的排斥力可以由平行导体之间的电磁力求出,轨道之间的斥力集度 $q(t)$ 可以表示如下:

$$q = \frac{\mu_0 I^2}{\pi b}\arctan\left(\frac{b}{2(d+h)}\right) \quad (3-1)$$

式中,b 为轨道高度;h 为轨道厚度(参见图3-5);d 为两轨道之间的距离。

电枢在轨道内超高速滑动时,为了保证良好的电接触,轨道还要受到电枢的预压力作用,预压力和轨道对电枢的电磁力可以由"1 g/A"的经验法则估算得出,此外,电枢会在内部的热量作用下产生对轨道的膨胀力作用。总之,电枢对轨道的作用力是靠电枢和轨道变形综合形成的,而电枢在轨道上超高速滑动时,由于摩擦磨损,接触面表层材料会不断流失,直至发生烧蚀时,电枢/轨道间几乎没有接触。因此,电枢对轨道的作用力是非常复杂的计算过程,通常,电枢受热应变在电枢发射过程中仅为 μm 量级,相对于电枢尾翼设计的过盈量可以忽略,因此,电枢对轨道的作用力 F_a 可以表示为:

$$F_a(t) = F_a(1+k) \quad (3-2)$$

式中,k 为电枢接触层的磨损率,是随时间变化的一个量。

在这样的移动载荷下,轨道横向形变 $\omega(x,t)$ 的通用动力学控制方程就可以写为:

$$EI_y\frac{\partial^4\omega(x,t)}{\partial x^4} + \rho A\frac{\partial^2\omega(x,t)}{\partial t^2} + K_f\omega = p(x,t) \quad (3-3)$$

式中,$\omega(x,t)$ 是位置为 x 的梁做弯曲振动时,中心线的横向位移;$\omega(x,t)$ 也称为梁的挠曲线,它代表同一横截面上各点的横向位移,t 代表时间;E 为轨道材料的杨氏模量，K_f 为弹性基底的弹性系数；A 为轨道的横截面面积；对于试验所用矩形截面轨道，$A = hb$；ρ 为轨道材料密度；I_y 为轨道横截面惯性矩，可以表示为：

$$I_y = \frac{1}{12}bh^3 \qquad (3-4)$$

$p(x,t)$ 代表轨道上所受的移动载荷，可以表示为：

$$p(x,t) = F_a(t)\delta[x - l(t)] + q(t)[1 - H(x - l(t))] \qquad (3-5)$$

其中，$l(t)$ 是电枢距离起始位置的距离。$\delta[x - l(t)]$ 和 $H(x - l(t))$ 分别是 Dirac 函数和 Heaviside 函数，即：

$$q(t)[1 - H(x - l(t))] = \begin{cases} 0, & x > l(t) \\ q(t), & x < l(t) \end{cases} \qquad (3-6)$$

$$\delta(x - l(t)) = \begin{cases} 0, & x \neq l(t) \\ 1, & x = l(t) \end{cases} \qquad (3-7)$$

根据以上数学模型，结合具体的边界条件，就可以对轨道的振动情况进行求解。

设电枢未移动前，轨道两端没有振动，其边界条件为：

(1) 两端的挠度为零。即：

$$\omega(0,t) = \omega(L,t) = 0 \qquad (3-8)$$

(2) 两端的弯矩为零。即：

$$\begin{cases} M(0) = EI_y \dfrac{\partial^2 \omega(0,t)}{\partial x^2} = 0 \\ M(L) = EI_y \dfrac{\partial^2 \omega(L,t)}{\partial x^2} = 0 \end{cases} \qquad (3-9)$$

(3) 初始条件为：

$$\begin{cases} \omega(x,0) = 0 \\ \dfrac{\partial \omega(x,0)}{\partial x} = 0 \end{cases} \qquad (3-10)$$

针对典型的轨道炮结构，对轨道的挠度响应形变进行数值计算，轨道材料为黄铜，电枢为铝，选用典型的材料、结构参数、电参数和初始预紧力，利用 MATLAB 编写计算程序，对轨道的变形进行数值计算，可以求得轨道上各点随时间和滑动距离的变化情况如图 3-4 所示。

从图 3-4 中可以看出，轨道上接近炮尾部分的形变要大于接近炮口部分的形变，且轨道上的变形出现一定的振荡。

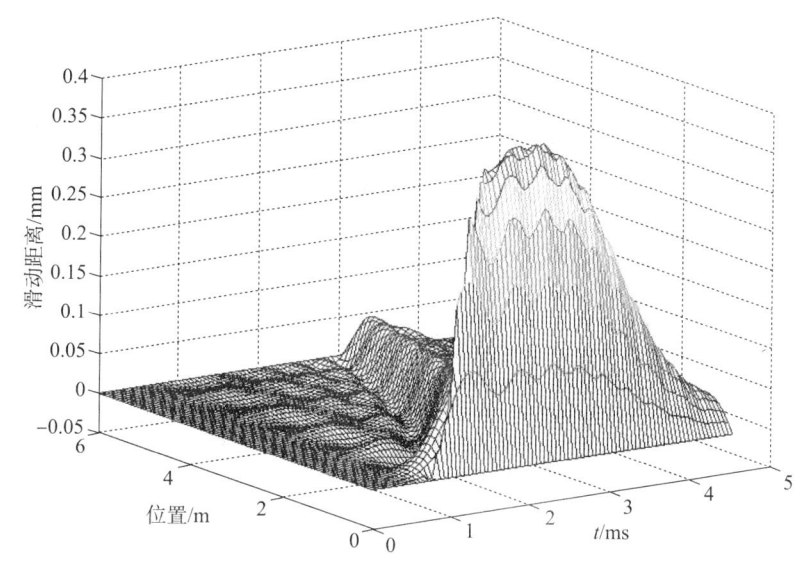

图 3-4 轨道振动随时间的和滑动距离的三维图

当激扰频率接近于固有频率时,强迫振动振幅可能达到非常大的值,这种现象称为共振。由于电枢速度的瞬时性,共振只会引起一个相对较大的挠度响应值,而不是无穷大。产生共振时的移动载荷速度(即电枢速度)称为临界速度。电枢达到临界速度时,会在所经过的轨道处产生高幅值的应力和应变,因此,轨道炮炮管设计中,为了避免过大的动力响应,应尽量使电枢的出口速度限制在临界速度之内。

在距离炮尾 x 的轨道上取微元 $\mathrm{d}x$,可得到该微元的横向运动控制方程如下:

$$\rho A \mathrm{d}x \frac{\partial^2 \omega(x,t)}{\partial t^2} = Q - \left(\frac{\partial Q}{\partial x}\mathrm{d}x + Q\right) - K_f \omega(x,t)\mathrm{d}x + p\mathrm{d}x \quad (3-11)$$

式中,Q 为微元左端的剪力,$\frac{\partial Q}{\partial x}\mathrm{d}x + Q$ 为微元右端剪力。对上式中 $\omega(x,t)$ 采用分离变量法化解,可以求出电枢的临界速度公式为:

$$v_{\mathrm{cr}} = \sqrt[4]{\frac{4EI_y K_f}{(\rho A)^2}} \quad (3-12)$$

从式(3-12)可以看出,临界速度不受发射时所加的接触力和其他因素的影响,它是系统的固有参数,跟轨道的结构有关,对于特定的材料,轨道的惯性矩是决定电枢临界速度的关键参数。因此提高轨道的惯性矩可以作为一种提高电枢临界速度、降低轨道振动的有效方法。

3.2.3 轨道截面与通流能力分析

电磁轨道炮发射过程中,轨道上承载着数百 kA 甚至 MA 级的电流,在不发生烧蚀的前提下,要求轨道具备更大的通流能力。因此,不同横截面轨道的表面电流密度均匀性也成为轨道是否最优的另一参考标准。轨道的通流能力与轨道截面形状和尺寸相关。

受趋肤效应和邻近效应影响,对轨道内电流分布情况不能简单地以通流大小值除以截面面积进行计算,而通常采用数值方法,利用仿真软件开展运算,本节以常见的矩形、凸形和凹形截面轨道为例,以仿真的方法分析其通流情况,其轨道横截面示意图如图 3-5 所示。

图 3-5(a)中,h 和 b 分别代表矩形截面轨道的厚度和宽度,电枢的滑动方向垂直于纸面。图 3-5(b)中,凸起部位的圆心为 O_1,半径为 R,拱高为 r,弧度为 2θ 的弓形部分。同样图 3-5(c)是矩形块减去上述的弓形部分所剩下的凹槽。

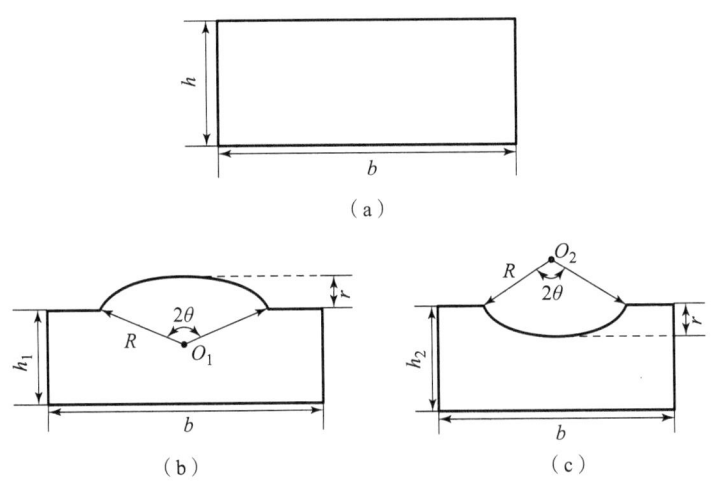

图 3-5 不同类型轨道的横截面形状

(a) 平面;(b) 凸面;(c) 凹面

按照以上参数的设置,弓形的面积为:

$$A_{\text{arch}} = R^2\left(\theta - \frac{1}{2}\sin 2\theta\right) \tag{3-13}$$

则平面、凸面和凹面轨道的横截面面积分别为:

$$A_{\text{rectangular}} = hb \tag{3-14}$$

$$A_{\text{convex}} = h_1 b + A_{\text{arch}} \tag{3-15}$$

$$A_{\text{concave}} = h_2 b - A_{\text{arch}} \tag{3-16}$$

针对以上三种不同类型的轨道,在相同约束条件下(轨道宽度相同、横截面积相同、弓形对应弧度均为 π/2,半径相同)开展分析,轨道截面参数如表 3-2 所示。

表 3-2 不同类型轨道的参数

轨道类型	2θ	R/mm	r/mm	h/mm	b/mm	I_x/mm^4
平面	0	0	0	10	40	3 333
凸面	π/2	20	5.85	7.15	40	4 380
凹面	π/2	20	5.85	12.85	40	4 395

根据表 3-2 中的轨道结构参数,建立简化的电磁轨道炮三维模型,三种模型具有相同的发射器横截面尺寸、电枢高度、轨道长度。

基于有限元仿真软件 LS-DYNA 进行了电磁-结构耦合仿真,轨道材料采用了紫铜,而电枢材料采用了 6061 铝合金。计算中未考虑结构的变形,均认为电枢和轨道为刚体,而只考虑了电枢在电磁力作用下的平移运动。图 3-6 所示为仿真中用到的输入电流波形,其中峰值电流为 700 kA,脉宽为 0.8 ms。

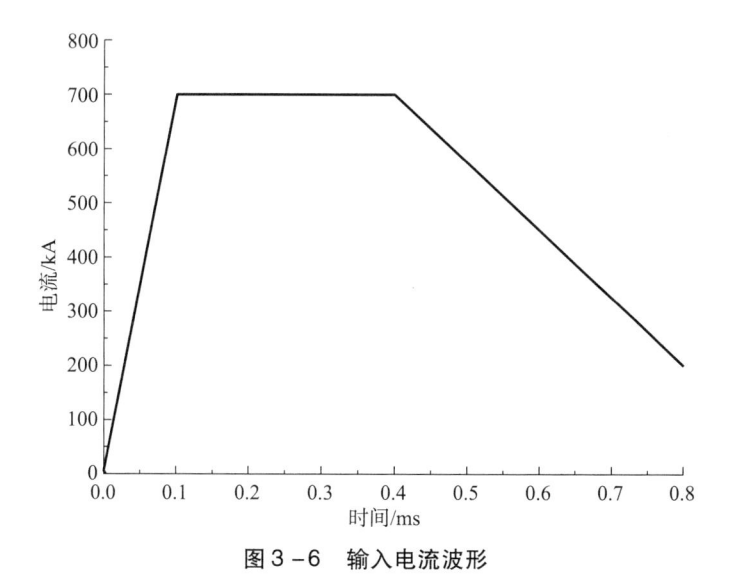

图 3-6 输入电流波形

三种不同类型发射器在 0.06 ms 时刻(电流上升沿)、0.3 ms 时刻(电流平台段)和 0.5 ms 时刻(电流下降沿)的电流分布云图分别如图 3-7、图 3-8 及图 3-9 所示。为了便于比较分析,图中设置了相同的刻度值,即

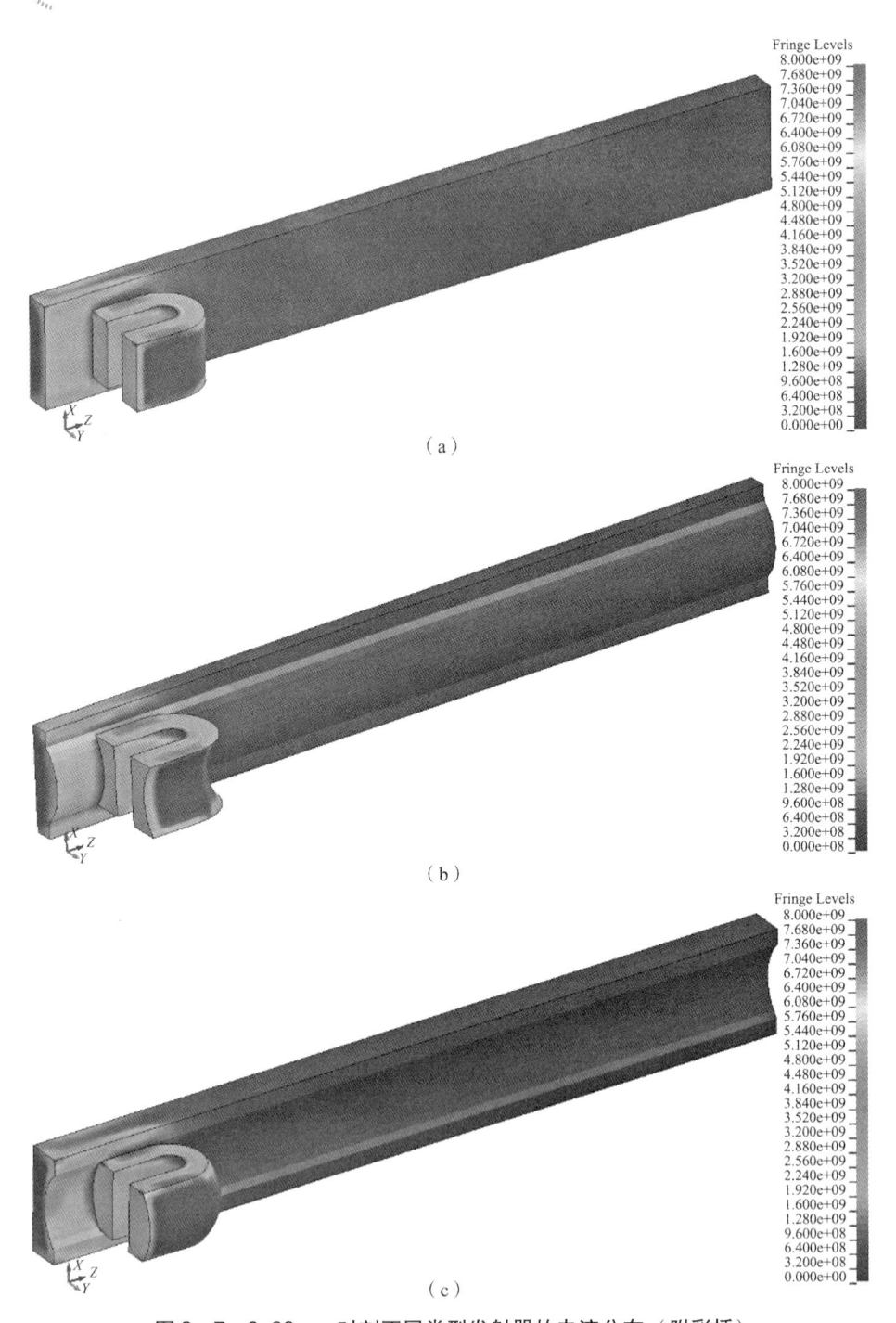

图 3-7　0.06 ms 时刻不同类型发射器的电流分布（附彩插）

(a) 平面；(b) 凸面；(c) 凹面

以 0 为最小、8×10^9 A/m² 为最大，并且在视图中隐藏了一根轨道。在枢/轨接触界面上，由于脉冲电流的趋肤效应，大部分电流集中在接触界面的外边缘处，而且界面尾部边缘处的电流密度大于头部边缘和侧边缘。

图 3-7 显示，在驱动电流的上升沿阶段，电流主要集中在电枢内表面拐角处。在凸面轨道发射器中，电枢内表面拐角处电流密度集中区域的面积大于其他两种发射器，但是枢/轨接触界面上尾部边缘和侧边缘连接处最高电流密度的幅值小于其他两种发射器。

在图 3-8 所示的 0.3 ms 时刻，驱动电流处于平台阶段。电流分布云图显示，此刻轨道内表面的电流密度大于轨道外表面。平面和凹面轨道发射器中，电流主要集中在电枢尾部附近的轨道内表面边缘处，而且其幅值大

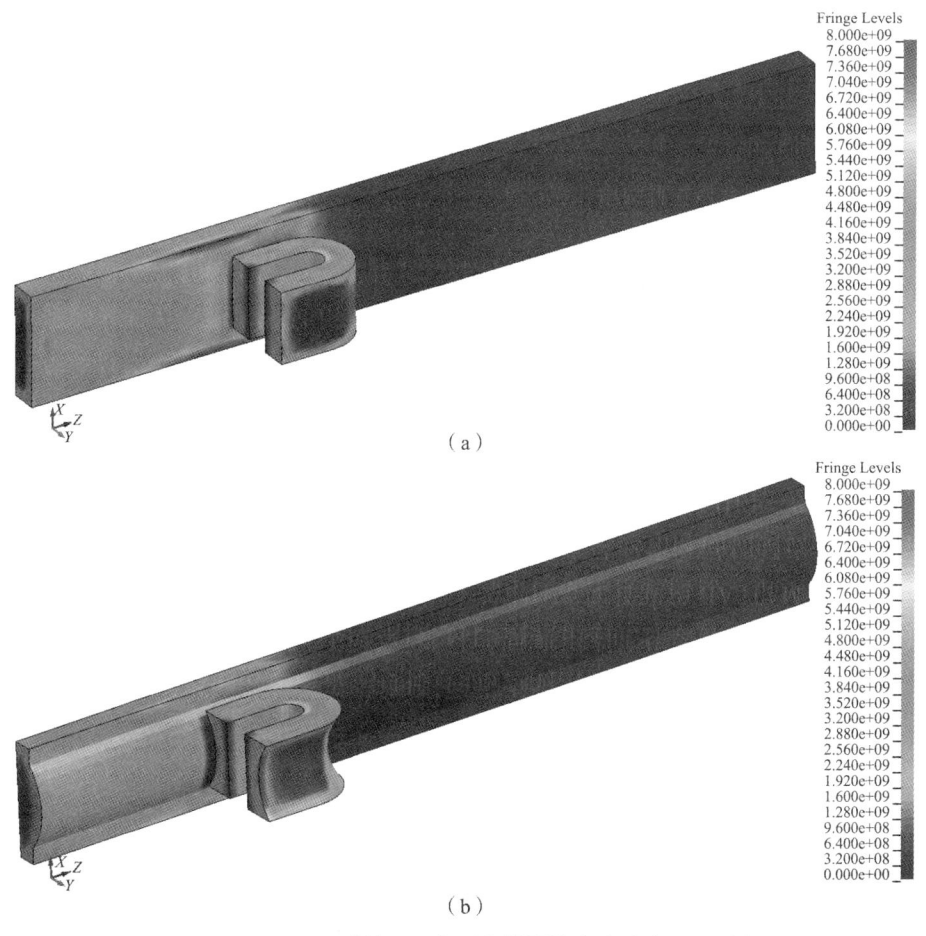

图 3-8　0.3 ms 时刻不同类型发射器的电流分布（附彩插）
（a）平面；（b）凸面

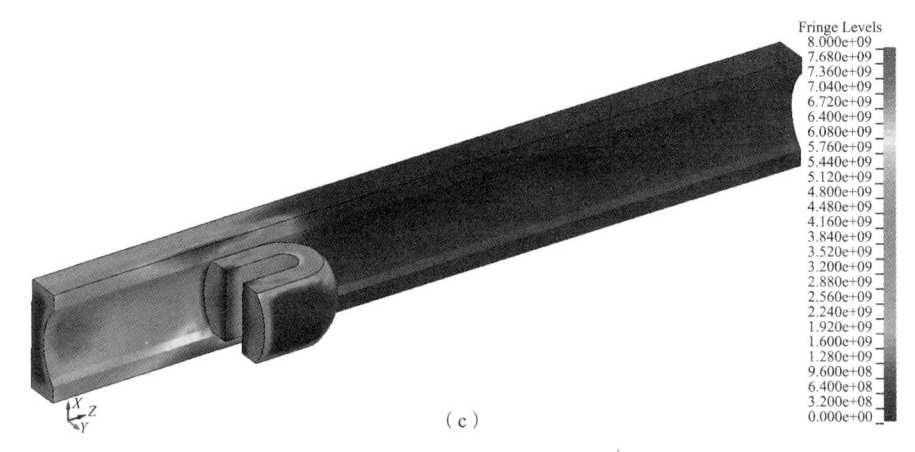

图 3-8　0.3 ms 时刻不同类型发射器的电流分布（附彩插）（续）

(c) 凹面

于凸面轨道发射器中对应位置处的电流密度。然而在枢/轨接触界面上，凸面轨道发射器的电流密度大于其他两种发射器，而且在电枢尾部边缘处尤为明显。

图 3-9 所示为 0.5 ms 时刻在驱动电流的下降沿阶段发射器的电流密度分布。在电流的下降沿阶段，发射器中电流密度的整体分布规律类似于图 3-8 中显示的电流平台阶段。与平面和凹面轨道发射器相比，凸面轨道发射器的轨道内表面处电流密度相对较小，然而在枢/轨接触界面上电流密度大于其他两种发射器。

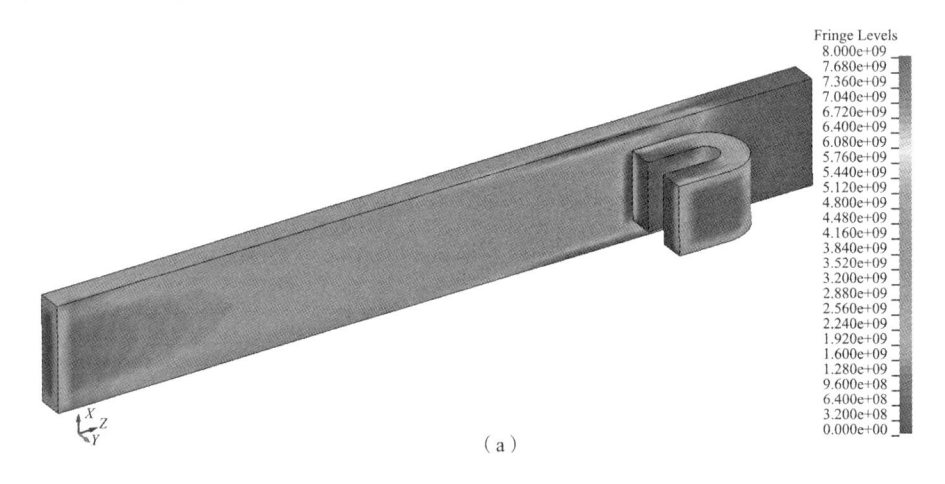

图 3-9　0.5 ms 时刻不同类型发射器的电流分布（附彩插）

(a) 平面

第 3 章 电磁轨道炮发射器技术 79

(b)

(c)

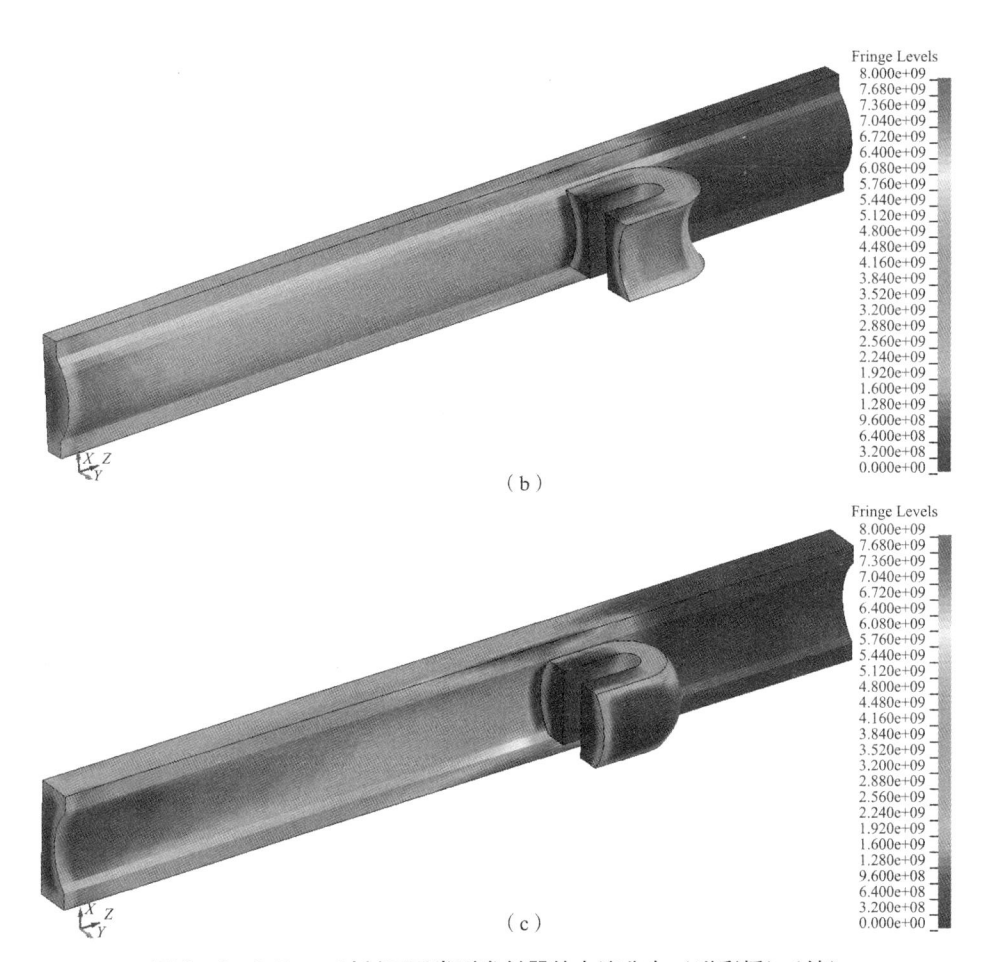

图 3-9 0.5 ms 时刻不同类型发射器的电流分布（附彩插）（续）
(b) 凸面；(c) 凹面

本节仿真分析了三种典型截面形状轨道发射器的电流分布，结果表明，轨道截面形状不同，电流聚集程度不同，这也意味着发射器的通流能力不同。因此，在轨道炮设计之前对轨道开展电磁分布特性计算和仿真是轨道炮设计的重要环节，依据最大电流密度值的大小、位置和持续时间可初步估计轨道炮易发生损伤的部位和发生概率，基于发射威力需求，优化轨道设计，提升轨道通流能力。

3.2.4 轨道发射器的典型结构

(一) 轨道截面

通过以上分析可知,轨道的惯性矩与轨道截面形状密切相关,截面的形状也直接影响了轨道的通流能力,因此,对轨道开展设计的重要一点就是选择轨道的截面形状。

当前,最常见的轨道截面形状有矩形、凸形和凹形截面,如图3-5所示。凸形和凹形轨道横截面惯性矩大于矩形轨道,从力学角度分析,略优于矩形轨道,但是会存在设计复杂、加工不方便等问题。

此外,还有T形截面轨道、圆形截面轨道等多种形式,在设计过程中,应综合考虑发射电枢的结构形式、轨道炮设计要求等因素。

(二) 炮体约束结构设计

在电磁轨道炮的发射过程中,轨道受到移动的电磁排斥力作用而发生振动和变形,炮膛尺寸也会发生相应的变化。这样,轨道内表面的平面度、直线度等动态精度会影响发射器的发射精度和枢/轨接触性能。因此,电磁轨道发射器需要约束结构提供足够的约束强度来控制轨道形变量。这样,电磁轨道发射器的结构,尤其是约束结构的设计也至关重要。目前常用的约束结构形式有螺栓预紧结构、纤维增强包覆结构,此外还有层压钢炮管结构、液压预紧炮管结构等。

1. 螺栓预紧结构

目前在实验室环境下,普遍采用环氧树脂等非金属材料和不锈钢等金属材料作为外围支撑材料,并通过螺栓对各部件进行连接和加固,其典型结构如图3-10所示。

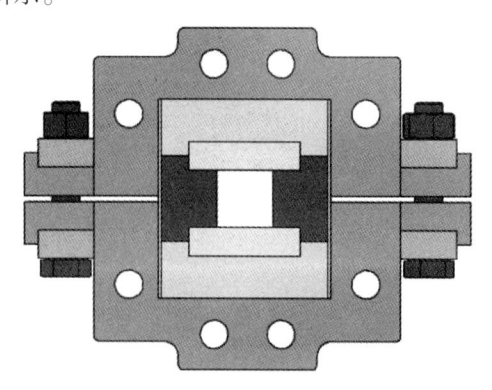

图3-10 螺栓预紧轨道炮约束结构尾部视图

1989年，Maxwell公司设计的90 mm圆膛单发射击轨道炮就是典型的螺栓预紧钢约束结构，其结构样式如图3-11所示。炮膛为直径为90 mm的圆形，轨道采用铜合金，轨道截面为梯形上的圆弧切割；绝缘支撑材料为G10玻璃增强树脂复合材料；一部分的G10材料与轨道配合，形成了圆膛；主方向的约束结构是T形截面钢板和螺杆螺丝等，次方向的约束结构是矩形钢板（预留主方向螺杆穿孔）和螺杆螺丝。其典型特点是结构简单，具有较好的绝缘和密封性能及结构约束的可靠性。

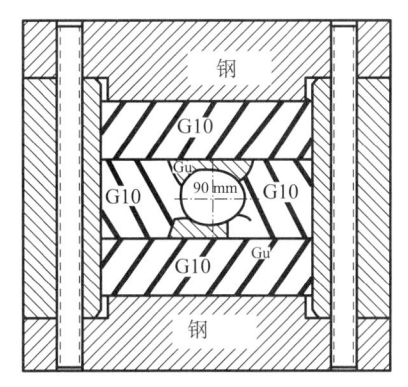

图3-11 Maxwell公司90 mm单发射击轨道炮结构

2. 纤维增强包覆结构

以电磁轨道炮工程化应用为背景的高强度、长寿命、轻便灵活的发射器技术是目前电磁轨道炮的关键技术之一。采用碳纤维或玻璃纤维增强包覆的方法可以大大减轻身管重量，成为工程化轨道炮身管的一项重要选择。

根据多层套装筒体力学特性表明，当材料弹性模量呈现"内软外硬"特征时，可使筒体应力沿径向分布更均匀，提高整体结构强度；当材料弹性模量呈现"内硬外软"特征时，则可以最大程度利用高模量内环材料承压，降低整体结构的径向形变。为获得较高的横向刚度，轨道炮身管需采用高模量内部绝缘支撑，同时采用更高模量的外部封装。因此，常常为了保证结构力学特征，而采用多层封装。主要设计参数为各层厚度、缠绕角及叠放次序。法德合作的圣路易斯研究所试制的一种50 mm圆口径身管便是一种典型的多层封装结构形式，如图3-12所示。图3-12中，两层绝缘玻璃纤维和一层碳纤维构成了增强包覆约束结构，陶瓷为支撑结构，陶瓷结构和铜合金轨道围成了炮膛。

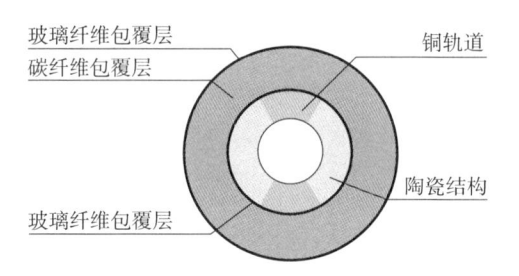

图 3-12 纤维增强包覆轨道炮典型结构图

此外，该型结构的典型代表还有得克萨斯大学机电中心研制的两种 90 mm 轨道炮身管，分别如图 3-13 所示。图 3-13（a）所示为老旧炮管结构，其外壁为厚钢套，10 m 长的炮管质量为 32 300 kg，平均线质量为 3 230 kg/m。图 3-13（b）所示为新炮管结构，从内到外的结构和材料为：由两根相对的铜轨道和两个相对的拉拔玻璃纤维增强环氧绝缘组件构成的圆形内膛、填充玻璃的环氧衬套、轴向多层 301 不锈钢衬套和玻璃纤维/环氧外包封套。由于更多地采用了玻璃纤维增强材料，外层包覆也由钢结构替换为了复合包覆外套，质量大大减轻，7.5 m 长总质量是 3 295 kg（线质量约为 439.3 kg/m），体积是老旧炮管的 1/6。

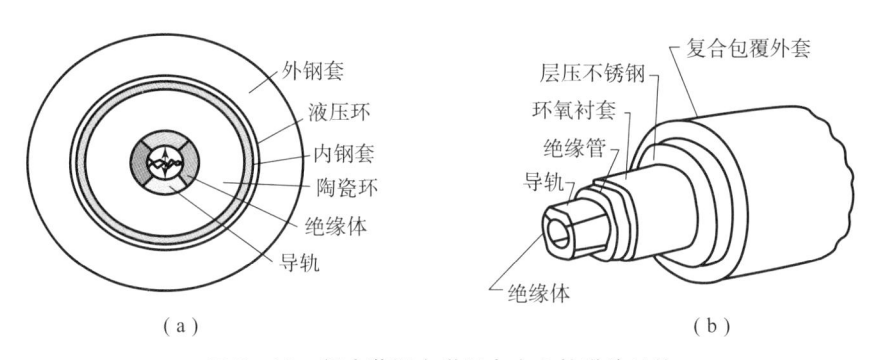

图 3-13 得克萨斯大学机电中心轨道炮结构
（a）老旧版结构；（b）新版结构

当然，在电磁轨道炮身管工程化研究探索过程中，面临着一些新的挑战和问题。

（1）电磁轨道炮复合身管工艺问题。根据美国研究的外形看，电磁轨道炮身管为碳纤维缠绕复合身管，如何保证轨道和绝缘支撑组合成的身管缠绕后的内膛直线度和复合身管挠度，是工程化过程中必须解决的工艺难题。

（2）金属外壳可以通过螺栓预紧来实现对轨道所受电磁扩张力的约束，复合身管缠绕层如何实现缠绕固化过程中对轨道所受电磁扩张力的预紧约束，也是复合身管缠绕过程中面临的问题。

（3）工程化身管研究过程中，还面临纤维材料、纤维缠绕层复合材料缠绕预紧力的计算等问题。

3.3 电枢/轨道间滑动电接触理论与技术

在轨道设计相关研究发展的同时，由于更复杂的物理现象是出现在枢/轨接触界面上，因此，对轨道炮发射器研究更多地集中在了针对界面现象的技术研究。枢/轨滑动电接触过程中主要会衍生出几种滑动现象或效应：电接触磨损、转捩烧蚀、超高速刨削、速度趋肤效应。速度趋肤效应已经在第2章介绍了，槽蚀现象和速度趋肤效应有关，是一种多次发射的积累损伤。超高速刨削是纯粹的机械冲击造成的，不通电状态下的超高速滑动也会出现刨削。

3.3.1 电枢/轨道间滑动电接触状态描述

滑动电接触存在于大部分电能－动能转换设备中，旋转发电机为最普遍的滑动电接触应用，电流收集器（电刷）沿集电环滑动形成导电通路，轨道交通中电动列车与供电电网之间同样存在着滑动电接触问题。因此，对滑动电接触的研究由来已久。

电磁轨道发射也具有类似的特征，电枢沿轨道滑动，同时兼顾传导电流和转换动能的角色。而不同于常规电器中的电接触，固体电枢电磁轨道发射中，枢/轨滑动电接触具有大电流和高滑动速度的典型特征，幅值MA量级的脉冲大电流和2 km/s的目标发射速度在枢/轨滑动接触中会产生极大的应力冲击和热量冲击，引起以电枢为主要对象的张力变形、材料软化、熔化和以轨道为主要对象的转捩电弧烧蚀、刨削冲击和熔融物沉积等现象，这些现象作用于界面能量传递，极大地影响了电磁轨道的发射效率和轨道寿命。

（一）机械接触压力

良好的机械接触是电气传导的基础，考虑实际接触发生在一系列的微观粗糙峰上，微观实际接触面积远小于宏观接触面积。快速导流可能引起微观接触斑点的气化，在接触面形成驱使接触脱离的磁悬浮力，因此枢/轨界面要求足够的接触压力，这就是所谓的"1 g/A"经验法则。

对于电磁轨道炮，在高功率的电能输入需求下常采用 ms 级的脉冲电流进行馈电，初始阶段电枢尾翼处扩张电磁力不足以提供合适的枢/轨接触力，因此需要枢/轨初始机械接触，以保证起始阶段的良好接触，通常以 U 形电枢尾翼接触臂与轨道的过盈配合提供这种初始接触力。在系统馈流快速增大后，作用于电枢尾翼上的横向扩张电磁力也快速增大，与初始机械过盈接触力共同支撑枢/轨良好传导所需要的接触压力。通流稳定阶段，作用于接触界面的磁力在枢/轨接触中占据主导，其幅值大大超过预置的机械过盈接触力。其后，膛内滑动时预置接触压力受材料温度影响会发生衰减，而磁力则与各时刻的通流值密切相关。最后，在电枢出膛阶段，机械过盈接触压力大幅衰减，同时回路电流下降导致的横向扩张电磁力不足，接触不再可靠。

（二）枢/轨界面导体载流特性

鉴于电磁轨道发射的电气特征，一直以来研究人员对发射器的电磁场性能尤为关注。早期研究以电枢上电磁推力的影响因素和优化为主要研究目标，基于 Maxwell 方程的简化解析求解和电枢静态下通流的膛内磁场测量，确定了磁场主要分布在电枢后部区域，并提出了合适电枢初始位置的 4 倍口径法则。研究初期，受制于计算手段，大部分研究都是在二维简化模型中开展。

得益于大型计算程序的开发，电磁轨道发射系统中导体的三维载流特性的研究得以更全面地开展。研究表明，枢/轨导体载流分布并不均匀，枢/轨导体的电流分布主要表征为沿着轨道内表层运动，电流从电接触界面尾部进入电枢，并沿内表层运动。影响电流及磁场扩散的主要因素有三个：导体流向的短路径效应、时变电磁场的趋肤效应和邻近效应、电枢运动的速度趋肤效应。这部分内容在第 2 章有详细说明。

（三）滑动接触阻抗 – 能耗

实际的滑动接触界面不是理想的光滑平面，微观上以离散粗糙峰的相互作用支撑宏观上两物体的接触，因此界面特性并不同于均匀导体内的材料特性。接触电阻是非理想电接触（ImPEC）状态的综合表征量，主要影响界面的电热特性，并关联枢/轨的接触状态、界面的电流传导品质及系统能量的有效使用率。为了在理想枢/轨电接触电磁场扩散中考虑接触电阻的影响，Hsieh 和 Kim 等人将接触电阻 R_c 建立为宏观接触面积 A_n 与平均电阻率

ρ_a、较软材料硬度 H_{soft}、接触压强 P 和两个常数 c、m 之间的函数,为:

$$R_c A_n = \rho_c l_c = \rho_a c \left(\frac{H_{\text{soft}}}{P}\right)^m \quad (3-17)$$

依靠静态电接触试验参数曲线拟合得到 c 和 m 的估算值,在稳态条件下可得到 $R_c A_n$(即 $\rho_c l_c$)。以假设接触层的厚度值 l_c 和相应的接触层电阻率 ρ_c 在枢/轨界面建立起模拟接触层,如图 3-14 所示,并给出了附加接触电阻引起的表面热源 $S_c = \rho_c l_c J^2$,讨论了实际电接触界面对枢/轨电磁扩散的影响,得到实际电接触会比理想接触下电流分布更均匀、电磁力更大、温升更强等结论。

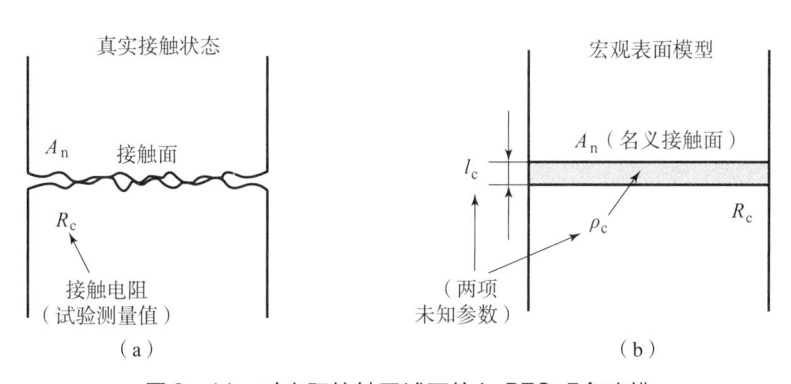

图 3-14 对实际接触区域下的 ImPEC 现象建模

3.3.2 枢/轨电接触磨损

载流磨损是枢/轨滑动电接触典型现象中必然发生的一种,与常规磨损不同,强电流滑动接触下的磨损主要表现为瞬态高温作用下的熔化特征。以热为主要特征的枢/轨载流磨损包含三种典型现象:电枢表面熔化侵蚀、轨道表面遗留沉积物和初始边缘(非接触)槽蚀。

电枢表面是膛内发射过程中持续受热部件,在 ms 级的膛内作用过程中,电枢表面受到瞬态高温发生软化、熔化甚至气化。滑动界面瞬态高温来源于两个方面:由高速滑动摩擦引起的摩擦热和滑动电接触阻抗引起的焦耳热。基于"Wear Pin"磨损测量技术,IAT 测试了纯摩擦和接近 1 MA 载流下的电枢滑动磨损的区别,结果表明纯摩擦下界面平均压强达到载流摩擦下的 12.9~17.0 倍时,两种磨损率才接近相当((0.7±0.05)mm/m)。结合不同速度的试验分析,他们得到结论:低速(<1 km/s)时,对电枢磨损起

主要作用的是电热,而随着速度升高摩擦热也增大,对磨损的影响比重也逐渐上升,但形成金属熔融液态层时摩擦热的作用又进一步削弱。

针对膛内发射过程中电枢接触界面的熔化过程,主要以熔化波理论模型和观察回收电枢表面熔蚀形貌开展了研究。传统观点认为速度趋肤效应将电流聚集于枢/轨界面外围和尾端,尾端边缘材料在欧姆热作用下熔化并被轨道表面黏滞或气化,从而造成尾部逐渐增大的间隙,间隙电阻率超过固态值时,聚集于尾部的电流流通区域会向前移动,这种由接触尾部开始熔化、材料损失后熔化区向前移动的机理称为"熔化波"模型,常被用至转捩的预测。转捩是指轨道/电枢的固体/固体接触转变为固体 - 等离子体 - 固体的接触,典型表现是电压陡升和后续的放电烧蚀。熔化波模型普遍假设枢/轨全面接触,并保持合适的接触压强,尾部自然从开始就受到电流的严重侵蚀,然而在不同机构呈现的回收电枢熔蚀表面检测中,电枢的熔蚀并不全集中在电枢接触表面的尾端,如图 3 - 15 所示。IAT 通过在不同电流线密度下的回收电枢发射试验设计,观察到与传统熔化波模型不一样的熔蚀结论,结果显示表面熔化侵蚀主要发生在电枢边缘(见图 3 - 15),并且随发射条件的改变相同电枢的最深熔蚀位置也会改变,电枢速度和电流强度对熔化规模具有类似线性的关联性。IAT 的结论表明,考虑三维电接触特性,电枢表面的熔蚀区域与电流、温度和压强分布相关,其扩散过程也必然与界面的接触、传导和产热息息相关。

图 3 - 15　IAT 低速回收电枢中的边缘熔蚀现象

电枢表面熔化过程涉及多因素耦合作用,虽然其熔蚀扩散机理尚未明晰,但是可以肯定的是,高能高速目标下的膛内发射过程中,枢/轨接触界面必然发生比低速下更大规模的材料熔化,这种在试验后轨道表面出现显著普遍分布沉积物的现象(见图 3 - 16)被广泛认可。

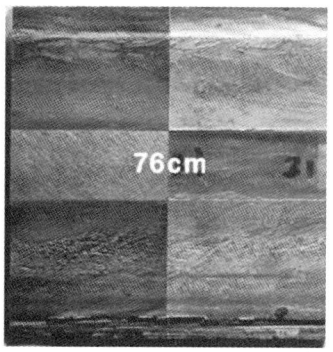

图 3-16　IAT 高速试验后轨道表面沉积物

由于发射过程的短时性和炮膛的封闭性，熔融金属液化层在枢/轨滑动界面的作用机理和凝固过程很难实时观测，相关研究主要以试验后轨道表面沉积物检测为主。以高效长寿为发展目标，美国海军研究实验室和 IAT 对不同条件、不同发数下的试验后轨道进行了丰富的检测研究。检测研究结果包含：①沉积物材料以铝、氧、铜为主，结构为含有孔质结构的多层薄膜；②沉积物规模随试验发数增加具有累积效应，在 1 MA 峰值电流 20 发重复发射条件下，沉积物最大厚度可达 400 μm；③沉积物的累积效应体现在厚度和分层上，但均不存在线性关系，并且随着发数增加沉积物规模趋于稳定；④分层现象不仅在多发重复发射中存在，单发试验后轨道表面沉积物中也存在，这种现象被研究人员推测为液态层的重叠流动；⑤分层结构中，上层结构铜含量和孔径都大于底层沉积物；⑥孔的来源起初被认为是液态铝与水汽反应生成的氢气，Hsieh 则通过不会与水汽反应的银、铋轨道和钢电枢发射试验后观察到相同的孔质沉积物结构，推测沉积物的孔质结构来源于电枢快速滑动引起的空气卷入。

然而限于不同发射条件（包括脉冲电流、枢/轨结构、发射器口径/长度等差异），不同报道中的沉积物的分布和均匀程度存在较大差异，公开文献中对沉积物的检测也只呈现了局部区域取样的检测分析特征。

还有，轨道边缘槽蚀（Grooving）作为大电流下初始滑动阶段的一种载流磨损也得到关注，其典型形貌特征如图 3-17 所示。槽蚀现象最初由 Gee 和 Persad 在 IAT 的轨道炮试验中发现，在 940 kA 峰值电流条件下进行，10 发试验后，轨道上出现了 70 μm 深的槽蚀。槽蚀从电枢的起始位置开始发生，沿着电枢的滑动方向，以由窄到宽的趋势逐渐延伸；具有累积效应，在 NRL 的 1.5 MA 电流下超过 20 发试验后，其损伤开始影响轨道的使用寿命；清洗表面沉积层后的槽蚀表面，出现了轴向细犁沟现象。根据试验和检测分析结果，研究人员总结槽蚀是因铜轨道材料被侵蚀而形成，并给出了物理侵蚀和化学侵蚀两种假说。

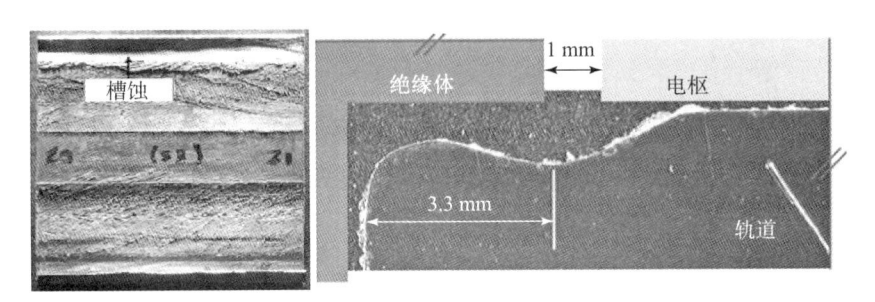

图 3-17 轨道边缘槽蚀示意图

3.3.3 枢/轨电接触转捩

电磁轨道炮膛内发射过程中，枢/轨接触从低电压陡然变为高电压的过程，称为"转捩"（Transition to Arc Discharge），其本质是良好的金属接触（包括固/固金属接触或固/液金属接触）失效，引发等离子体放电，形成电弧接触。转捩的影响是造成接触电压降突增。接下来枢/轨表面承受等离子体电弧持续的烧蚀（Erosion），特别是轨道在电弧烧蚀作用下寿命将大大降低，界面耗能增大、系统效率降低。自电磁轨道炮采用固体电枢以来，转捩的抑制就成为研究人员持续关注解决的重要课题，为此先后提出了多种转捩产生机理或模型，较典型的有基于速度趋肤效应（VSE）的熔化波模型、电动转捩（液态层扰动）理论、磁吹分离机理和基于试验统计的下降沿转捩机制。

James 提出的熔化波模型以速度趋肤效应（VSE）将电流聚集于电枢接触尾端为基础，认为尾部局部导流区域在电枢表面熔化和气化作用下会向前移动，并以此定义了电流波，在二维模型的电磁、热计算下导出了与平均磁压强 p_0、枢/轨电阻率 ρ_r/ρ_a、电枢材料气化能量密度 E_v、场形态常数 S 和电枢速度 v_a 相关的电流波的运动速度 v_i，如式（3-18）所示，以电流波运动到电枢接触臂前端为转捩发生点，预测了转捩时的电枢速度。

$$\frac{v_i}{v_a} = 0.87\left[\frac{p_0\rho_r}{E_v S^2 \rho_a}\right] \quad (3-18)$$

基于优化的 U 形电枢，Stefani 等人认为电枢表面的熔化侵蚀程度可以降低，枢/轨界面会形成一层具有自维持性能的液化膜，然而快速下降的电流会引起液态层扰动，可能引发转捩。电流下降阶段，导体表面感应出与驱动电流反向的环形电流（或涡流），从而在界面形成与发射力相反的感应磁力，这种界面感应磁力并不稳定，当下降电流变化速度足够快时，可能引发液态层从尾部甚至边缘向外喷射，从而造成接触损失引发转捩。

Barber 等人则从磁吹力的角度提出了转捩的可能性。在不考虑预置接触力下，分析了磁吹力大于电磁接触压力的可能性，并且提出熔化侵蚀形成的电流聚集和接触区域缩小可能进一步增大磁吹力，从而驱使枢/轨分离，引发转捩。而 Merrill 对这种接触侵蚀增大表面磁斥力进行了进一步计算，结果表明，接触区域缩小 98% 以上，磁斥力才会引起接触分离引起转捩。同时他们也都指出，接触磁吹力可能并不是转捩的主导因素，只是转捩发生前最后的加快因素。

前期的转捩机理研究并未能完整解释转捩出现的时间和速度，Barber 在对多种机理对转捩的贡献研究后，认为转捩无法用单一的机理或模型解释，其发生包含多重机理共同作用。

然而 Satapathy 通过统计 IAT 近十年不同条件下的发射数据，发现绝大部分转捩都发生在脉冲电流下降沿电流为 80% 峰值的附近。通过分析发现，随着电流下降，接触表层首先出现反向的局部电流和体磁力，并逐渐向导体内部扩散。当驱使枢/轨压力的磁力下降至无法抵抗界面通流引起的磁吹力时，枢/轨接触脱离，随之发生转捩。这种机理没有考虑液态层的存在，是磁扩散下的纯动力效应。

3.3.4 枢/轨电接触机械刨削

超高速刨削是电磁轨道发射中轨道表面可能出现的另一种严重损害形式，它的出现不仅严重损害轨道表面，缩短轨道寿命，还大大降低系统发射效率，减小射弹发射精度。刨削是枢/轨接触面发生的一种特殊接触，这一作用过程非常短暂，而且刨坑处物理现象与正常接触轨道也有着明显的不同。

首先明确的是：刨削现象是纯机械的高速小角度冲击现象。在不带电的高速滑动过程中也存在刨削现象，很可能与材料局部应力集中区的硬核及小角度高速冲击等有关。在电磁轨道炮发射过程中，转捩烧蚀后常常伴随着周期性摇摆（zig-zag）刨削的发生，这是因为等离子体电弧放电过程中电枢与轨道间的机械接触和接触力已经失效，电枢在炮膛内加速过程中出现左右周期性碰撞性摆动，在轨道上形成周期性的刨削痕迹。

1978年，Marshall首次报告了电磁发射中的刨削现象，轨道表面出现的刨坑，形状多为尖部朝炮尾、弧部朝炮口的液滴状，表面尺寸可达数厘米，深度可达数毫米，其典型形状如图3-18所示。

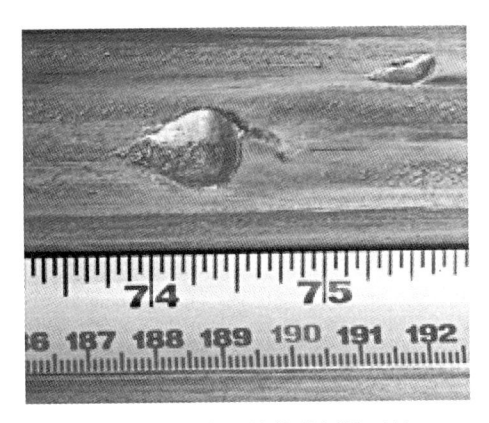

图3-18 典型的轨道刨坑形状

关于刨削的形成机理目前没有完善的合理解释。Barker猜测刨坑可能是由于铝电枢上熔化的微滴以很小的迎角碰撞并熔蚀在轨道上形成粗糙峰，然后在电枢的滑动挤压作用下刨削轨道造成的。由于刨削形成过程包含了平行滑动和极度的热力学现象，所以，Barker将这种作用过程称为平行冲击热力学（Parallel Impact Thermo-dynamics）。从微观角度上讲，枢/轨间的相对滑动接触实际上是表面粗糙峰之间的相互作用，粗糙峰的高速冲击引起局部远大于轨道材料的屈服强度的瞬态强冲压。此时，电枢和轨道都受到冲击而发生形变，在轨道上体现为小的刨坑，刨坑的前端在电枢滑动作用下堆积起驼包，如图3-19所示，图中将微小的熔滴放大为一个球状的颗粒。在电枢滑动与驼包作用下，刨坑逐渐扩大直到电枢尾部离开扩散区或间隔气体的空间足以释放高压，最终形成刨坑。

Barber等人则提出另一种可能发生的现象，他们认为粗糙峰之间的碰撞类似于一种局部能量快速释放的微爆炸机制。爆炸在轨道上产生小的刨坑，并且爆炸中心点的膨胀速度大约为滑块移动速度的一半。由于滑块的滑动，便形成了一个泪滴状的刨坑，图3-20详细地阐述了这一现象发生的过程。

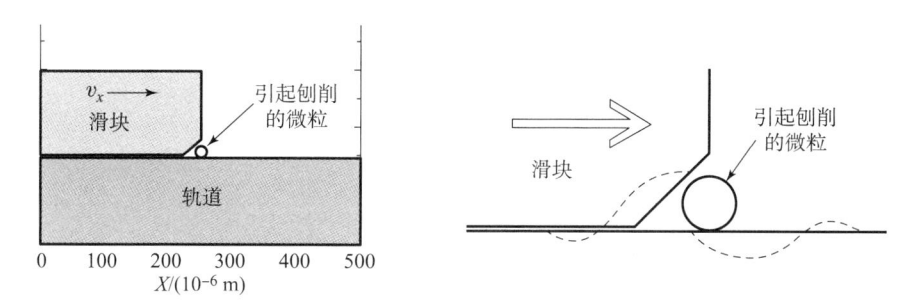

图3-19 Barker猜想的颗粒碰撞刨削模型

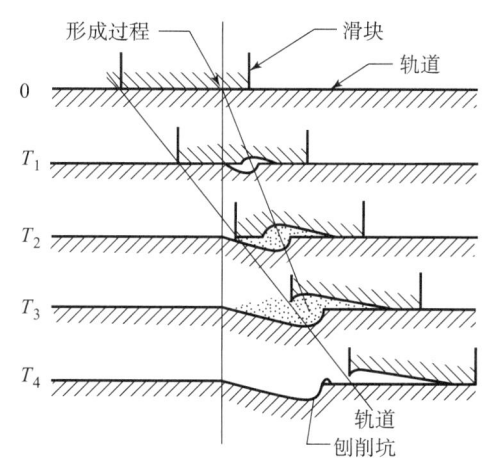

图3-20 Barber的微爆炸刨削模型

在这种微爆炸机理作用过程中，爆炸产生了局部的高强度应力。由于初始碰撞有一倾斜角度，因此应力的法向分量载荷为刨削提供动力，而切向分量则转化为滑动界面的摩擦力。

由于与之相似的损伤形式在火箭橇和氢气炮装置中都发现过，其共同特点都是发生在高速滑动界面，因此，高速成为刨削的一个重要特征，刨削阈值速度也成为这种损伤机理和抑制的一个最主要研究方向，通过长期试验总结，Laird等人总结了刨削阈值速度与材料屈服强度/密度的近似线性关系，如图3-21所示。另外，通过对刨削坑材料的检测和成型形貌观察，可以得到冲击作用和热效应是刨削产生的两个重要特征，基于这两个特征，研究人员开展了一系列刨削机理和数值模拟的计算。

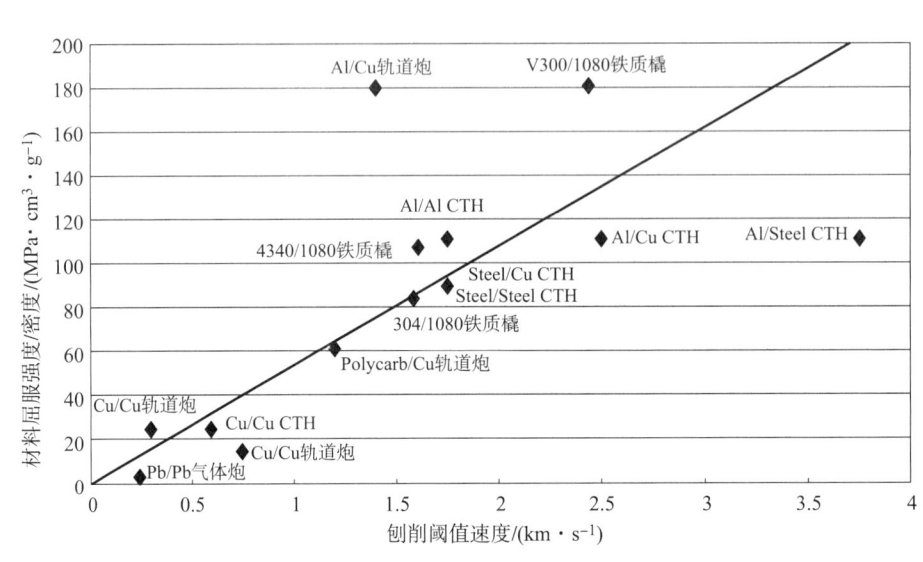

图 3-21 刨削阈值速度与材料屈服强度/密度的关系

基于刨削阈值速度的试验总结和刨削产生机理的建模计算研究，研究人员提出了许多刨削抑制手段和方法，也取得了一定成效，主要包括：①提高接触材料（主要是轨道材料）的屈服强度，有效推迟了刨削的发生；②在轨道表面采用预加涂层技术，减弱了刨削损伤；③采用分层电枢和轨道结构，缩小了刨槽面积。目前尚不能完全消除刨削对轨道的危害，对其机理的研究也仍在不断深入中。

3.4 其他技术

3.4.1 炮尾汇流技术

炮尾汇流排是电源与轨道之间的桥接装置。由于脉冲功率电源多采用电容器形式，单个电容器储能规模有限，且多个电容器之间存在放电时序问题，对于大威力电磁轨道炮来讲，通常采用的都不是一个电容器供能，而是几十个，甚至上百个。因此，必须有专门的汇流排设计，保证电源与轨道的可靠电连接。汇流排主要有以下两种形式。

（1）独立式。即单独设置的汇流排，用以对一组电容器进行汇流后再接入轨道炮。典型的结构形式有西安机电工程研究所设计的 MA 级盘式汇流排，如图 3-22 所示。每一根同轴电缆连接一个电容器电源，汇流到两块金属板（正负极）上，这两块金属板再分别连接到位于轨道炮炮尾的两根轨道上。

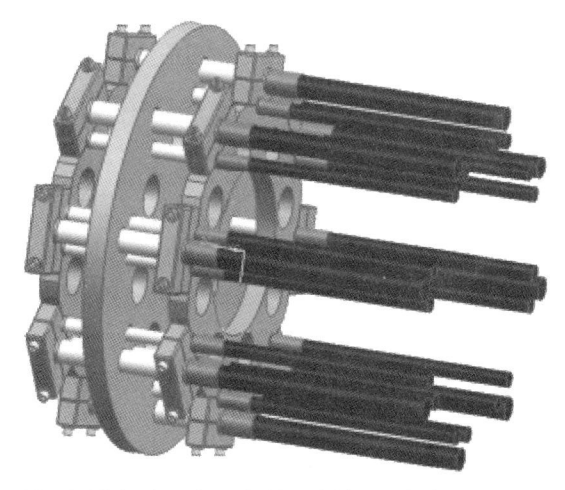

图 3-22　西安机电工程研究所设计的 MA 级盘式汇流排方案图

（2）炮尾式。炮尾式汇流排与轨道直接相连，用以将独立式汇流排传递过来的电能馈入轨道，或直接将脉冲功率电源的电能馈入轨道，这是任何轨道炮设计都需要考虑的，如图 3-23 所示的美国 BAE 提供的 32 MJ 炮口动能的工程化样炮，就可以明显地看到炮尾的汇流排结构。

图 3-23　BAE 提供的轨道炮

对汇流排的设计通常需要考虑以下几点：

（1）足够的通流能力。汇流排是多个电源模块与轨道炮的桥接件，承受的电流较高，采用的材料必须有足够的电导率和结构强度，还需要有较好的结构设计和一定的结构尺寸。既要避免因电阻因素造成的电能在汇流排上的过多消耗、因电感因素对原有的电流波形的干扰，也要防止欧姆热对汇流排造成的损伤。

（2）结构件的可靠绝缘。正负极间要有足够的绝缘强度，避免在炮尾处出现电弧、火花等现象而对轨道系统造成损坏。

（3）可靠的电接触。包括汇流排与轨道之间的可靠电接触，以及汇流排与电缆之间的可靠电接触。

（4）优良的机械性能。当大电流通过汇流排时，由于电磁力的作用而形成较强的内应力，若材料机械强度不够，则会损伤汇流排及炮尾结构。

此外，根据设计需要，对汇流排的可维修性、可靠性等均有不同程度的要求。

3.4.2 炮口消弧或引弧技术

轨道发射过程中，当电枢飞离炮口时，意味着电枢与轨道的分离，相当于开关电器的瞬间开断，在开断瞬间，由于高电压的作用，会产生温度极高、发出强光且能够导电的气体团，就是产生了电弧现象。对于实际的轨道发射系统，以美国已建成的 32 MJ 电磁轨道炮系统为例，其电源的总储能已经高达 100 MJ，也就意味着电能转换效率仅有 30% 左右，在电枢飞离炮口时，仍有大量的能量残余，会存在高电压、大电流条件下的电接触到分离的转换过程，不可避免地形成炮口电弧。电枢出膛后的炮口电弧不仅浪费能量，而且会烧蚀轨道出口段，并在轨道表面形成凹凸不平的现象，从而影响后续发射性能。

（一）轨道炮的弧光放电

电弧是气体放电的一种形式，也就是电流通过气体的状态。正常条件下，气体是一种绝缘性能良好的绝缘体，当气隙间存在足够大的电场时，原有的绝缘性能被破坏，电场将气体击穿实现电流的导通。

电弧现象的形成与气体所处的气压、电极材料、形状、气隙间距、电场强度等诸多因素有关，是一种复杂的放电现象。

电弧的分类方法也比较多，根据电弧阴极释放电子的物理过程，可以分为冷阴极电弧和热阴极电弧；根据电弧传递电流的介质，可以分为气体电弧和蒸汽电弧；根据电弧电流性质，可以分为直流电弧和交流电弧；根据电弧的外部特征，可以分为长弧和短弧。

轨道炮产生电弧的原因来自枢/轨电接触现象，根据接触点接触方式的不同，可以将电弧分为固定电接触电弧、可分合式电接触电弧、滑动电接触电弧和滚动电接触电弧。其中，固定电接触电弧指的是两触头处于相对静止状态，多产生于电气线路的连接中；可分合式电接触电弧指的是两触头进行分合过程中的电接触现象，多产生于电器的开关中；滑动电接触电弧指的是两触头平行于接触面的运动，多见于轨道运输中的弓网接触系统或电极电刷与滑环之间的接触；滚动电接触电弧则是指一个或两个接触点的接触面是弧形，且弧形接触面的触点随自身的行进方向进行滚动，这种现象相对较少。

对于轨道炮而言，在电枢发射过程中，当枢/轨电接触不良时，枢/轨之间出现气隙，为电弧产生创造了条件，则容易出现滑动电接触转换为弧光放电烧蚀现象，对轨道造成一定程度的烧蚀和损伤，这种现象可以通过电枢结构的设计加以避免。

另外，轨道炮电弧现象还普遍存在于电枢飞离轨道时的炮口电弧。此时接触面发生分离，虽然不像传统意义上电器开关触点垂直方向的分离，但这种分离也是不可避免的，分离过程中必定产生气体间隙，因而具有可分合式电接触电弧的特征。

（二）消弧或引弧方法

电弧熄灭的方法也有很多，下面介绍几种典型的从电弧构成的角度熄灭电弧的方式。

（1）速拉灭弧法，即通过迅速拉长电弧，使得弧隙的电场强度瞬间降低，从而加速灭弧，这种方法常用于低压开关电器中，在轨道炮中，电枢与轨道的分离本身就是瞬间的，其产生的损伤不是由于电弧持续时间长造成的，因而这种方法并不适用于轨道炮系统。

（2）冷却灭弧法，即通过降低电弧的温度减弱电弧中的热游离，增强正负离子的复合，从而加速电弧熄灭。

（3）吸弧或吹弧法。利用气流、电磁力等吹动或吸动电弧，使电弧快速冷却，同时拉长电弧，降低电弧中的电场强度，使电弧中离子的复合和扩散增强，从而加速灭弧。

（4）长弧切短灭弧法。电弧中的电压降主要落在阴极和阳极上，其中以阴极的电压降最大,而弧柱中的电压降极小,因此,可以利用金属片将长弧切割成短弧,则电弧中的电压降近似增大若干倍。当外施电压小于电弧中总的电压降时,电弧不能维持而迅速熄灭,此外,灭弧器的钢片对电弧还有冷却降温作用。

(5) 粗弧分细灭弧法。将粗大的电弧分散成若干平行细小的电弧,使电弧与周围介质的接触面增大,改善电弧的散热条件,降低电弧温度,从而加速电弧的熄灭。

其中,速拉灭弧法、吸弧或吹弧法对于高电压、大电流条件下电枢与轨道的分离电弧,能够起到的作用是极其有限的,因而并不常见;长弧切短灭弧法或粗弧分细灭弧法形成的灭弧装置在结构上有一定的相似性,可以为电枢/轨道分离电弧的熄灭起到一定的借鉴作用。

然而,目前对轨道炮进行炮口消弧的手段更多的是通过分流的方式,即把消弧装置与电枢并联在接近膛口处的某一位置,当电枢运动至膛口出现接触阻抗突变时,大部分电流从消弧装置流过,只有少部分剩余电流通过电弧的方式从主电路流过,从而使得电枢出膛时电弧减小,抑制电弧的产生。

基于分流工作方式的消弧器有主动式和被动式两类。主动式消弧器一般采用低阻抗的外触发开关在电枢出炮口时刻导通消弧器回路,由于需要准确把握触发时刻,系统中需包含反馈单元等,造成整体系统复杂,可靠性降低。被动式消弧器时刻接通轨道正负极,一般选用低电感大电阻电气参数,结构组成较主动式消弧器简单,系统简单,可靠性较高;与正负极轨道接通后,可以在电枢前部压缩磁通,当消弧器与发射器系统电气参数匹配合理时,弹丸在前后磁场作用下所受电磁驱动力更大,同时减小炮口残余电流,并在回路可以续流,削弱电弧能量,如图3-24所示为一种典型的被动式消弧器结构。

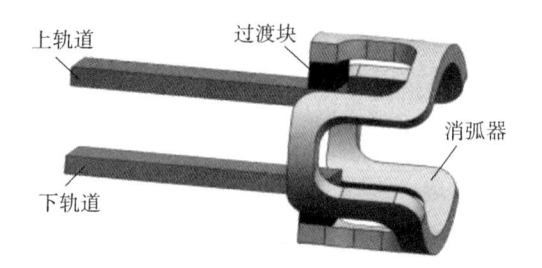

图3-24 典型的消弧器结构

图 3-24 所采用的炮口消弧器的轨道炮可等效为平面式增强型轨道炮（这部分内容见下一章的增强型轨道炮技术），轨道的一部分电流通过电枢形成回路，轨道内的另一部分通过炮口消弧器形成回路。

另一种被动式炮口引弧器于 2016 年被美国海军电磁轨道炮试验中采用，如图 3-25 所示。图 3-25 中，炮口消引器采用了球隙放电方法，把轨道-电枢-轨道之间的电弧引到球隙间，避免轨道-轨道之间的炮口电弧。炮口左右两侧分别固定连接形成了对称的球隙，上轨道和下轨道分别连接上面金属半球和下面金属半球。球隙间距远远小于炮膛高度，当电枢脱离炮膛后，即发生电枢/轨道间的电弧放电，同时电压升高；但是电枢高速运动使电枢与轨道的距离迅速拉开，当两轨道间的电压超过球隙的击穿电压时，球隙放电，轨道电弧熄灭。这种引弧而不是消弧的方法虽然不能提高系统效率，但可以抑制轨道炮口段的电弧烧蚀。

图 3-25　BAE 公司轨道炮炮口左右两侧和连接上下轨道的引弧球隙

3.4.3　一种抑制转捩的间隔供电发射器技术

在 1995 年，为了研究轨道炮如何抑制固体电枢转捩烧蚀，俄罗斯科学家设计了一种间隔供电的轨道炮内膛结构，如图 3-26 所示。图 3-26 中，橙色部分是导体轨道，浅蓝色块是绝缘间隔轨道，红色部分是导体电枢。在轨道炮发射过程中，枢/轨接触界面的电流通路，随着电枢的运动而改变电枢上的位置，使得电枢上的电接触面不断变换，避免了没有绝缘间隔轨道情况下电枢尾部接触界面的持续欧姆加热、熔化波前移、转捩烧蚀。这种轨道结构能够把电枢的转捩速度提高到 2.5 km/s 以上。

图 3-26 俄罗斯早期抑制转捩烧蚀的间隔供电的轨道技术（附彩插）

第4章 增强型电磁轨道炮技术

附加轨道增强型电磁轨道炮通过多对通电轨道产生的磁场叠加，可利用较低回路电流产生较强磁场，提高对电枢的驱动加速能力，弱化大电流条件下的轨道局部欧姆热集中现象。同时，炮体电感负载的加大使得电能更多地消耗在轨道炮体结构上，减小了电能在电源、电缆、桥接件上的不必要损耗，因此与简单轨道炮相比，附加轨道增强型轨道炮在提高轨道炮炮口动能和电能利用效率方面具备很大优势。此外，附加轨道磁增强型轨道炮由于轨道数较多，使得结构、电接触、匹配电枢等有更强的可设计性，具备作为大口径轨道炮应用于军事作战的潜力，是电磁轨道炮研究的一个重要分支。

4.1 增强型轨道炮工作原理与基本结构

根据不同轨道副电连接的形式，附加轨道磁增强型轨道炮分为串联增强型轨道炮、并联增强型轨道炮以及串并联增强型轨道炮；根据轨道结构设计的不同，增强型轨道炮又可分为平面式增强型轨道炮、层叠式增强型轨道炮以及复合式增强型轨道炮。本节从轨道结构的角度，介绍不同形式增强型轨道炮的基本结构形式和作用原理。

4.1.1 平面式增强型轨道炮

平面式增强型轨道炮是指主轨道与附加增强轨道放置在同一平面上，典型的结构样式如图4-1所示。图4-1中轨道炮共由3副6根轨道组成，其中，中间的1副轨道为主轨道，两侧的2副轨道为附加增强轨道。通过炮尾与炮口的轨道桥接器实现所有轨道与单体电枢的串联连接，从电连接形式角度区分，它属于串联增强型轨道炮，图中 I 表示驱动电流。

以图4-1所示结构为例，对于平面式增强型轨道炮，在膛内主轨道形成的强磁场基础上，通过与外侧串联的附加增强轨道在膛内形成的磁场叠加，对电枢形成更强的电磁驱动力。

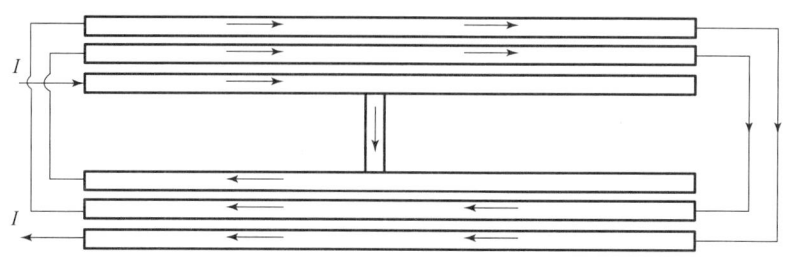

图 4-1 典型平面式增强轨道炮结构（3 副轨道）

轨道炮作用力公式为：

$$F = \frac{1}{2}L'I^2 \tag{4-1}$$

式中，F 为电枢所受电磁推力；L' 为轨道的电感梯度；I 为通电电流大小。

用式（4-1）计算的平面式增强型轨道炮电枢所受的电磁驱动力，由两部分合成：一部分是主轨道的作用力，大小为馈入电流值的平方与主轨道电感梯度值乘积的二分之一；另一部分为在增强轨道影响下的作用力，大小为馈入电流值的平方与主副轨道互感梯度值的乘积。从另一角度分析，由于增强轨道的存在使得系统等效电感梯度值大幅提高，电磁推力大幅提升，等效电感梯度值为主副轨道间互感梯度值的 2 倍与主轨道电感梯度值之和。

平面式增强型轨道炮的技术特点为：电枢仅与内侧主轨道形成滑动电接触对，电枢在结构上与简单轨道炮电枢没有区别；在发射过程中，由于外侧的 2 副轨道对膛内磁场有增强作用，因此同等通流条件下，加大了对电枢的电磁驱动力，可形成较大的炮口动能。此类增强轨道炮应用上的缺点为：外侧轨道在电枢之前的空间也会产生较强磁场，对于发射弹药的实用性轨道炮，由于电枢前侧是弹药，因此，对弹药电磁屏蔽技术提出更高的要求。

除采用如图 4-1 所示的电路串联结构外，主轨道副、增强型轨道副也可采用独立供电的方式，形成并联电连接结构。此外，增强型轨道的长度、副数也可根据轨道炮威力、可靠性等性能参数设计需要进行调整，如图 4-2 所示的平面式增强型轨道炮由 2 副 4 根轨道组成，主轨道通入驱动电流 I_1，增强型轨道通入电流 I_2，用以提升膛内磁场。主轨道与附加轨道结构可以不同，而且 I_1 与 I_2 电流波形也可不同，这样可以得到优化的电磁轨道炮系统。

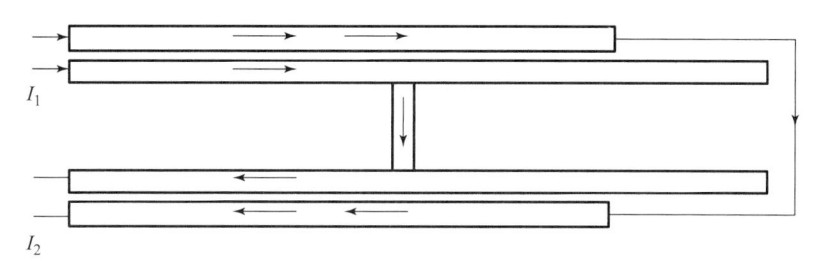

图 4-2 典型平面式增强型轨道炮结构（2 副轨道）

4.1.2 层叠式增强型轨道炮

层叠式增强型轨道炮是指为提升轨道炮的发射动能，采用层叠的结构形式，实现在同一炮膛内对多层的大质量电枢的发射，其典型的结构形式如图 4-3 所示。图 4-3 中所示轨道炮同样由 3 匝 6 根轨道组成，其结构类似于 3 个简单轨道炮在纵向上的叠加。层叠式增强型轨道炮在电连接上为串联形式，即通过炮尾的轨道桥接器实现各匝轨道间的连接。

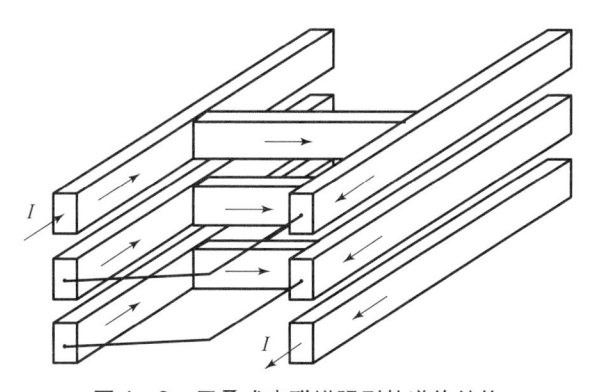

图 4-3 层叠式串联增强型轨道炮结构

对于 n 匝层叠式增强型轨道炮，当通有电流时，在不考虑漏磁的条件下，由于 n 匝通流导体的共同作用，膛内平均磁场强度为单匝的 n 倍，同时总通流量扩大为单匝的 n 倍，使得电磁推力值扩大为相同电流作用条件下单匝轨道炮电磁作用力的 n^2 倍。即在不考虑漏磁、结构尺寸等条件影响下，层叠式增强型轨道炮的等效电感梯度值为简单轨道炮的 n^2 倍。

层叠式增强型轨道炮的特点为：每一匝轨道都与对应的单体电枢形成一组滑动电接触对，为形成电枢的整体发射，可将3个单体电枢通过绝缘材料浇注、紧固等方式结合，使其在发射过程中彼此绝缘且无相对滑动；也可发射多个相对独立的电枢，形成齐射的效果；层叠式串联增强型轨道炮通流后形成的磁场主要分布在电枢附近及其后侧的空间，对电枢前侧的弹药的影响相对较小。

同样，层叠式增强型轨道炮也可根据发射性能需要，在供电上除采用如图4-3所示串联结构，也可在每层采用单独供电形式，形成并联电连接方式；在层数上既可采用3层结构，也可采用其他的层数。

4.1.3 复合式增强型轨道炮

复合式增强型轨道炮兼具平面式和层叠式增强型轨道炮的特点，是为了进一步提升炮口动能而设计的，同时通过采用薄层轨道的形式，减小趋肤效应对轨道电流分布不均匀的影响，用以提升轨道炮通流能力。其典型的结构及电连接方式如图4-4（a）所示，其中，橙色部分表示铜合金轨道，绿色部分表示G10环氧绝缘材料，灰色部分表示铝质电枢，黑紫色部分表示其他弹性绝缘材料。可以看出，该型轨道炮由左右两组多匝轨道、相互绝缘并固连为一体的导电电枢构成；左右两组轨道分别与电枢的左右导电部分相连接；由于轨道层数多，左右两组枢/轨副可视为两组3匝线圈结构。由于轨道与电枢层匝数为3，相同通电条件下，相比简单轨道炮的单匝结构，可产生更强的磁感应强度，使得该型轨道炮具备了线圈发射形式具有的发射大质量弹丸的性能。同时，发射过程中，枢/轨以滑动电接触方式保证回路电流在电枢中通过，又使得该型轨道炮具有轨道发射形式能够超高速发射物体的特点。

其作用原理如图4-4（b）所示，从单组电枢/轨道副看，轨道内电流I方向、炮膛磁感应强度B方向、电枢受力F方向可依据安培定则判定，电流在轨道及电枢间多次循环，形成较大的磁感应强度值，对电枢产生电磁推动力，右侧轨道通流方向与左侧镜像对称，所产生磁感应强度方向及电磁推力方向与左侧相同，进一步增强了对电枢的电磁推力，由于轨道固定在炮架上，电磁力推动电枢向炮口高速滑动。从另一个角度来说，这种复杂结构的薄层结构电枢可以很好地降低电流趋肤效应带来的电枢载流能力不足问题。

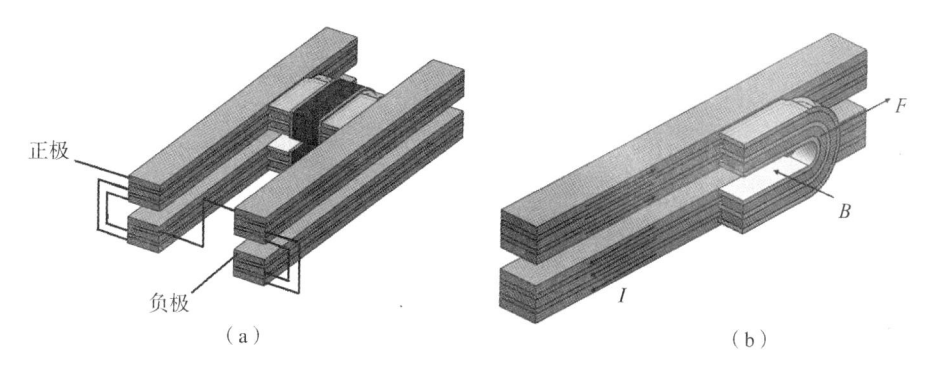

图 4-4 复合式增强型轨道炮结构原理图（附彩插）
(a) 轨道与电枢；(b) 作用原理图

尽管这种复合式增强型轨道炮优势明显，其技术难点也很明显：电枢/轨道之间的"1 g/A"的接触力不能靠常规的 U 形铝电枢/轨道间的过盈配合预应力、电磁附加力等方式维持，需要采用其他方式，比如图 4-4 (a) 中黑紫色块所代表的高弹性材料、高压气囊等；U 形铝电枢尾翼在电磁力作用下要发生张开形变，需要控制其形变的约束技术；层状电枢之间的绝缘层较薄，需要控制层间放电问题；整个电枢体较重，其有效载荷也较强，但只有大能量的电源系统才能驱动这种复杂增强轨道炮，因此容量足够大的脉冲功率电源也是需要考虑的。

4.2 增强型轨道炮发展现状

4.2.1 国外研究现状

目前，多国的相关研究机构在突破简单轨道炮各项关键技术的同时，也在积极开展增强型轨道炮的理论与试验研究，以期通过多轨增强的手段降低发射指标对高电流幅值的依赖。

法德国防部共同组建的法德圣路易斯研究所（French - German Research Institute Saint Louis's, ISL）的 Gallant 等利用典型的简单轨道炮及增强型轨道炮平台开展试验，并对试验得出的简单轨道炮和增强型轨道炮的发射特征参数做了对比，如表 4-1 所示。

表 4-1　增强型轨道炮与简单轨道炮的发射特征参数

轨道炮类型	弹丸质量/g	电源储能/kJ	最大初速/(m·s^{-1})	发射动能/kJ	发射效率/%
简单	17.5	151	350	1.1	0.7
增强	16.1	495	850	5.8	1.3
简单	20.7	151	370	1.4	0.9
增强	20.9	505	1 120	13.1	2.6

可以看出，在馈入电流幅值相同的情况下，增强型轨道炮能得到更大的动能和发射效率。这也就意味着，发射相同质量的弹丸至相同的速度，增强型轨道炮所需的电流幅值远远小于简单轨道炮所需电流幅值。ISL 研制的增强型轨道炮如图 4-5 所示，为尺寸 15 mm×15 mm 的方口径炮膛，轨道长度为 1.5 m。

图 4-5　ISL 的增强型轨道炮

试验采用如图 4-6 所示的铜-镉合金丝电刷型电枢。这种电枢具有很好的导电性能和耐磨损性能，在此次试验中，使用了两组电枢，一组为单束电刷，质量为 17.4 g；另一组为两束电刷，质量为 20.8 g。其中单束电刷电枢最大炮口速度可达到 850 m/s 而无转捩烧蚀；两束电刷电枢炮口速度为 1 120 m/s，无转捩，其承载峰值电流约 284 kA。

美国海军研究实验室（Naval Research Laboratory，NRL）的 Engel 等组建了两套口径为 40 mm×40 mm 的平面式串联增强型方膛轨道炮，分别为 2 匝轨道和 3 匝轨道，电感梯度分别为 1.2 μH/m、1.98 μH/m，其中 3 匝轨

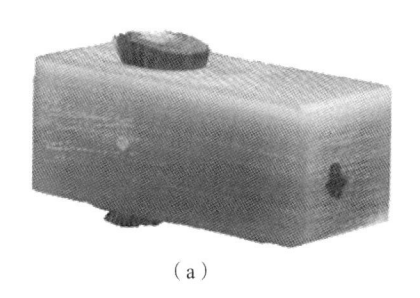

图 4-6　电刷型电枢
(a) 单束电刷型电枢；(b) 两束电刷型电枢

道炮和电枢（采用 8~10 根直径为 3.2 mm 的铜丝固定在聚甲醛树脂中，组成电枢）如图 4-7 所示。在轨道炮的口径、长度、电枢质量以及炮口速度相同的情况下，试验对比了 2 匝和 3 匝串联增强型轨道炮的效率、所需电流峰值等参数，结果表明 3 匝串联增强型轨道炮所需电流峰值比 2 匝轨道炮降低 42%，发射效率增加 49%；而与简单轨道炮相比，电流峰值降低 14%，效率增加 233%。试验结果很好地符合理论预测，证明了合理设计增强型轨道炮能够降低对电流幅值的要求并提升发射效能。

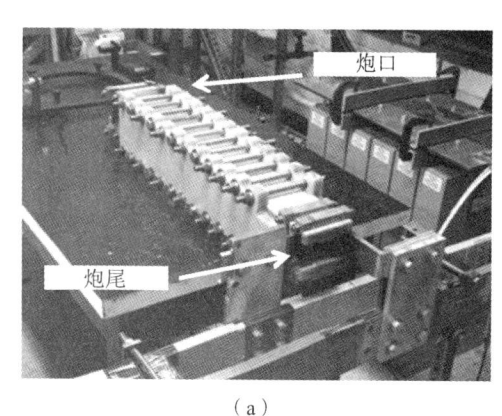

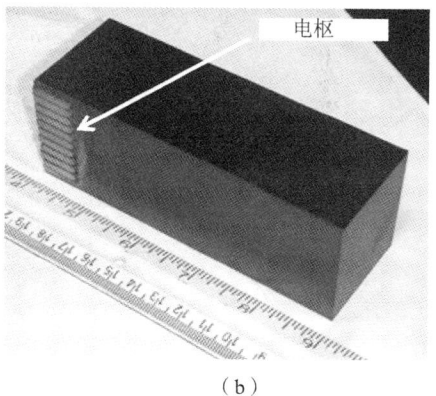

图 4-7　NRL 串联增强型轨道炮及电枢
(a) 轨道炮；(b) 电枢

美国先进技术研究所（Institute for Advanced Technology，IAT）的 Watt 等设计了两种炮尾桥接方式的 40 mm 方口径层叠式串联增强型轨道炮，将质量为 1.8 kg 的电枢加速至 400 m/s，其发射器和电枢如图 4-8 所示。在

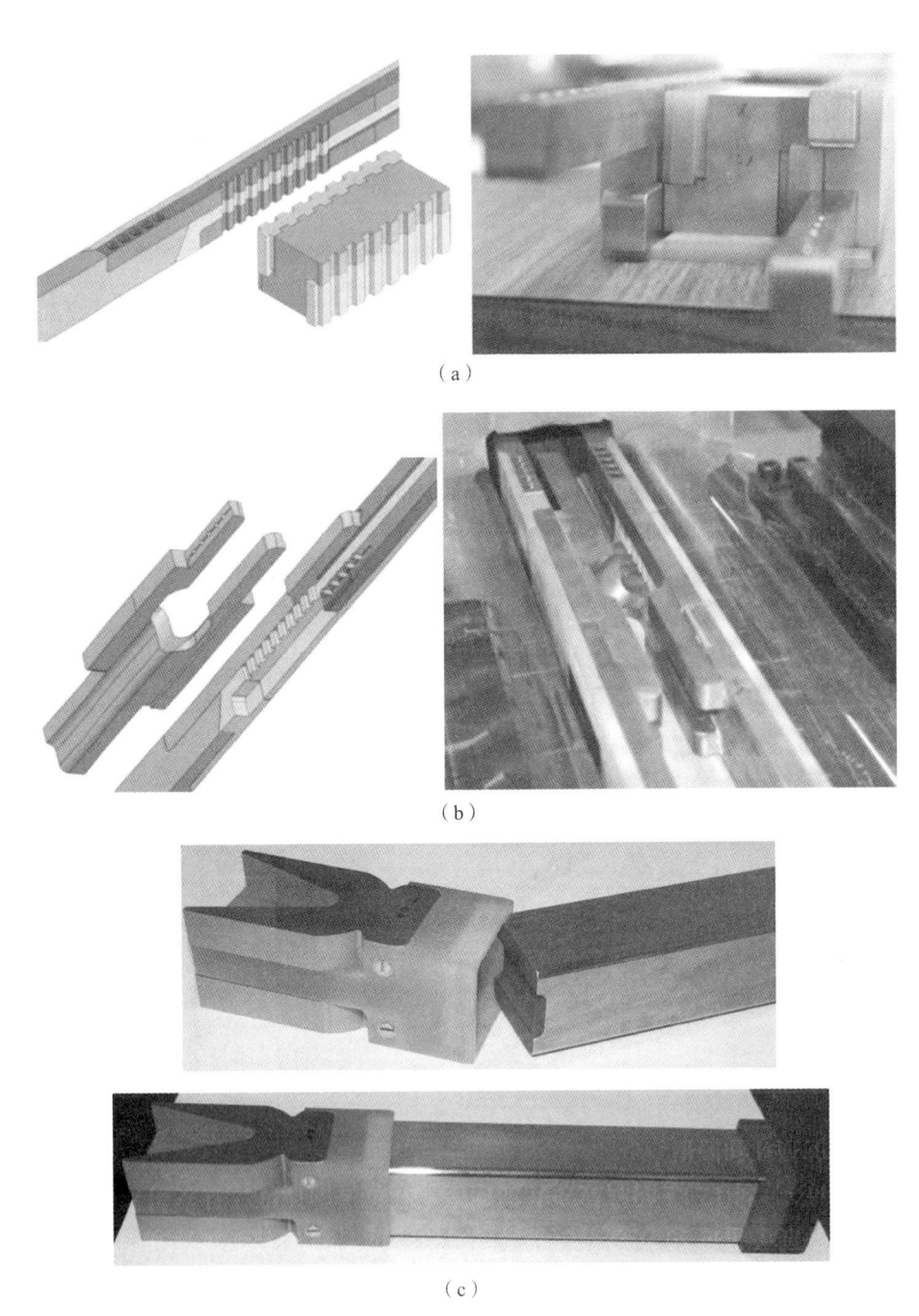

图4-8 2匝层叠式增强型轨道炮桥接方式及电枢

(a) 桥接方式一;(b) 桥接方式二;(c) 电枢

此次试验中，桥接方式一在发射过程中出现电弧击穿现象，而桥接方式二由于后坐力作用使桥接装置与轨道接触力增大，没有发生电弧击穿，具有较高的实用性。电枢在发射过程中，咽喉部有不断推进的熔蚀，而接触表面的熔蚀区域较为均匀。因此研究团队希望此研究结果能够推进大质量负载在中低速情况下轨道寿命问题的解决方案，并在此基础上做进一步的研究工作。

紧接着，IAT 的 Coawford 等设计并组建了一种接近工程化的层叠式串联增强型圆膛轨道炮，设计口径为 120 mm，发射器及电枢如图 4-9 所示。团队人员开展了超过 50 次发射试验，发射器能将 7 kg 的轻质量弹丸组件加速至 500 m/s，将 17 kg 的满载弹丸加速至 420 m/s 的速度，且发射器内膛没有明显的损坏和磨损。

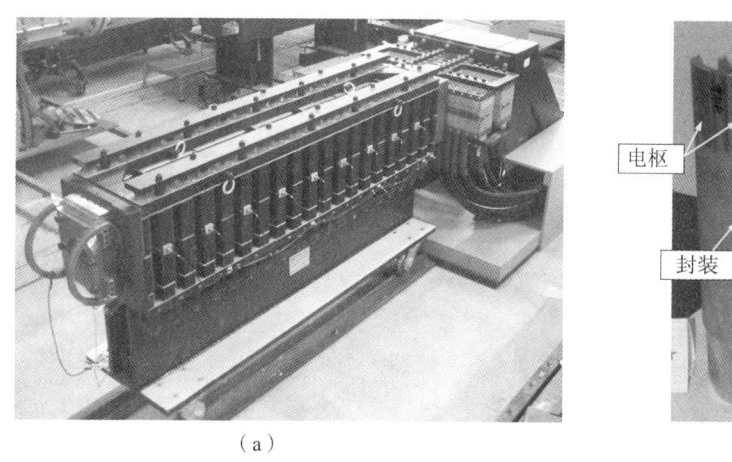

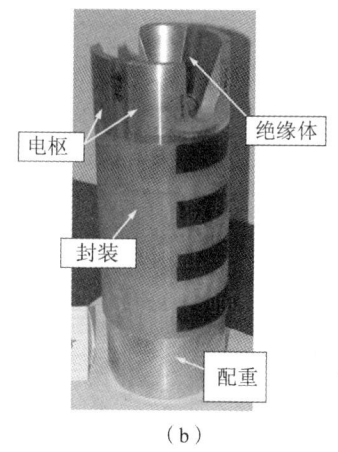

图 4-9　IAT 串联增强型轨道炮及电枢
(a) 轨道炮；(b) 电枢

俄罗斯联邦国家研究中心特洛伊茨克创新与融合研究所（Troitsk Institute for Innovation and Fusion Research，TRINITI）的 Poltanov 等设计并制造了 3 匝和 5 匝层叠式串联增强型轨道发射器，电感梯度分别为 5.6 μH/m 和 16.5 μH/m，并围绕这两种型号的轨道炮展开了多组试验，其中 5 匝轨道炮可将 0.8~1.1 kg 的电枢加速至 800~1 240 m/s，其结构如图 4-10 所示。试验证明，更高的电感梯度可以降低对电流幅值的要求，薄层电枢和轨道的使用也使电流分布更加均匀，提高了电流的承载能力。

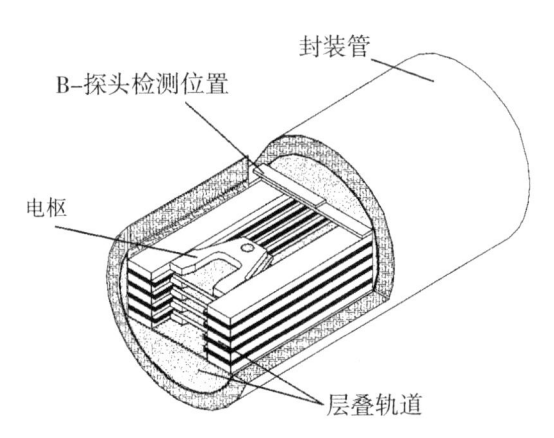

图 4-10 5 匝串联增强型电磁轨道炮及电枢

4.2.2 国内研究现状

国内方面,郑州机电工程研究所也曾做过类似的发射装置,且值得一提的是,该所研制的层叠式串联增强型轨道炮的匝数多达 30 匝,电感梯度高达 592 μH/m,口径为 400 mm×370 mm,发射器长度为 7 m,可将 300 kg 的弹丸加速到 35 m/s,发射装置如图 4-11 所示。但在多次发射试验后,总结发现存在以下几点问题。

图 4-11 郑州机电工程研究所多匝层叠式串联增强型轨道炮

(1) 由于结构非常复杂,在实际的工程运用中很难实现每匝轨道的接触面在同一个平面内。

(2) 由于炮尾需要 29 只桥接器实现轨道之间的串联跨接,因此炮尾已经被桥接器完全封锁,只能从炮口装填电枢至起始位置,造成重复发射速率很低。

（3）由于加速度较小，加速过程时间较长，电枢在长距离的冲击、磨损后很难维持稳定的接触压力，造成一些接触面在发射过程中出现接触状态失稳，并出现较为严重的烧蚀，且即使在电流密度和膛内速度都较小的情况下依然会出现此类情况。

北京特种机电研究所和中科院电气工程研究所研制的层叠式串联增强型轨道炮，其长度为 1 m，匝数为 2 匝，口径为 30 mm×60 mm，电感梯度为 1.3 μH/m；电枢采用通过压缩空气弹簧提供弹力的准流体电枢，总质量为 534 g，发射器及电枢结构如图 4-12 所示。试验中通过将电枢尾翼内部的高压气囊加压至 5 MPa，炮尾馈入峰值为 299 kA 的电流，可将电枢加速到 290 m/s。但值得注意的是，由于高压气囊提供的接触力较大，尽管电流还在 100 kA 以上，电枢已经由于较大的摩擦力而减速。

(a)　　　　　　　　(b)

图 4-12　层叠式串联增强型轨道炮及准流体电枢

(a) 轨道炮；(b) 准流体电枢

层叠式增强型轨道炮可同时发射多个电枢，且每个电枢可以相互独立，但如果独立电枢起始位置不同，每个电枢发射过程所受电磁力情况也有较大差异。武汉大学机电工程学院通过数值仿真，证明了 2 匝和 3 匝层叠式串联增强型轨道炮在发射多电枢的情况下，即使电枢起始位置不同，但靠近炮尾的电枢受到更大的电磁推力迫使其追赶前面电枢，最终同时发射出膛。同时对比了发射双电枢情况下，层叠式增强型轨道炮的"齐射性"要优于平面式，并组建了两种模型的试验系统，采用普通 C 形电枢，通过试验验证了此结论。其中 2 匝层叠式增强型轨道炮和平面式增强型轨道炮结构及试验装置如图 4-13 所示。

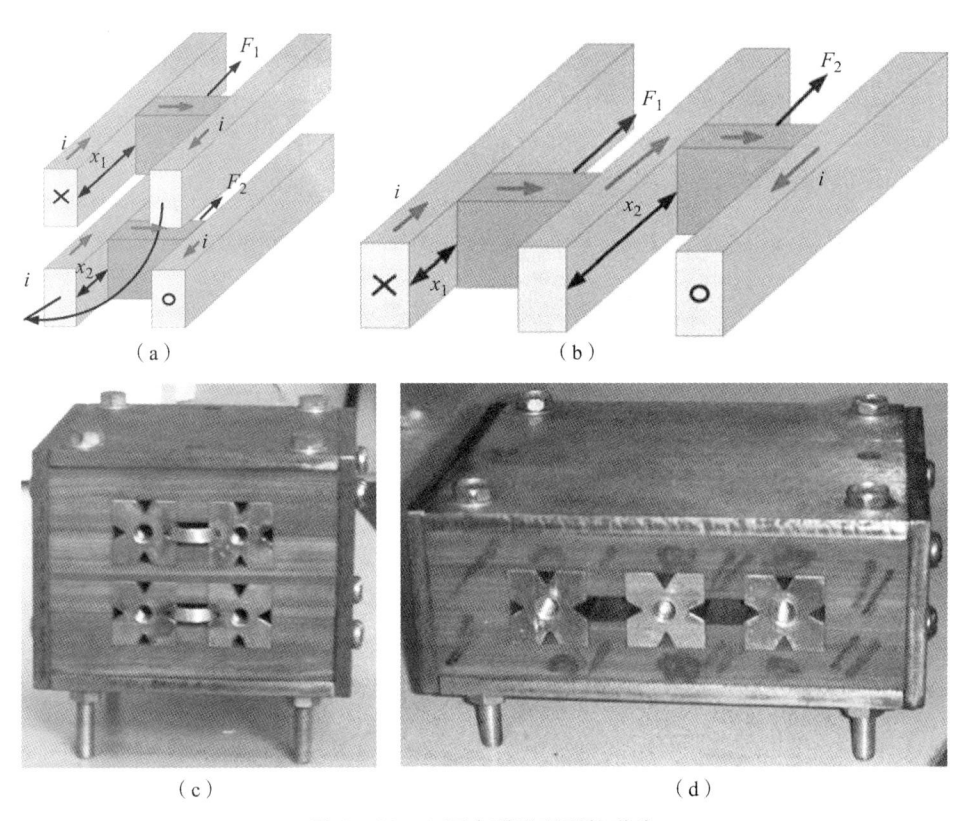

图 4-13 2 匝串联增强型轨道炮

(a) 层叠式增强型轨道炮;(b) 平面式增强型轨道炮;
(c) 层叠式增强型轨道炮试验装置;(d) 平面式增强型轨道炮试验装置

在 16 届国际电磁发射会议期间,在平面式与层叠式增强型轨道炮基础上,原军械工程学院通过改进接触方式而提出一种复合增强型轨道炮概念,即本章 4.1.3 所阐述的复合式增强型轨道炮,是对增强型轨道炮结构设计的又一重要创新。炮体结构与电枢形式分别如图 4-14 (a)、(b) 所示,可视为左右两组多匝平面式轨道组通过层叠形式组合在一起,其采用的电枢为左右两组通过绝缘材料粘结在一起的 U 形分层结构。由于采用了多组轨道结构形式,且电枢在发射方向进行了分层,这不仅大幅提高了电感梯度,在改善枢/轨电流分布、弱化由于趋肤效应和速度效应造成的电热不均匀、优化枢/轨滑动电接触状态等方面具有很大优势。随后,该单位围绕这种轨道炮结构开展了大量研究,并研制了复合式增强型轨道炮原理样机,开展了发射试验。

(a)

(b)

(c)

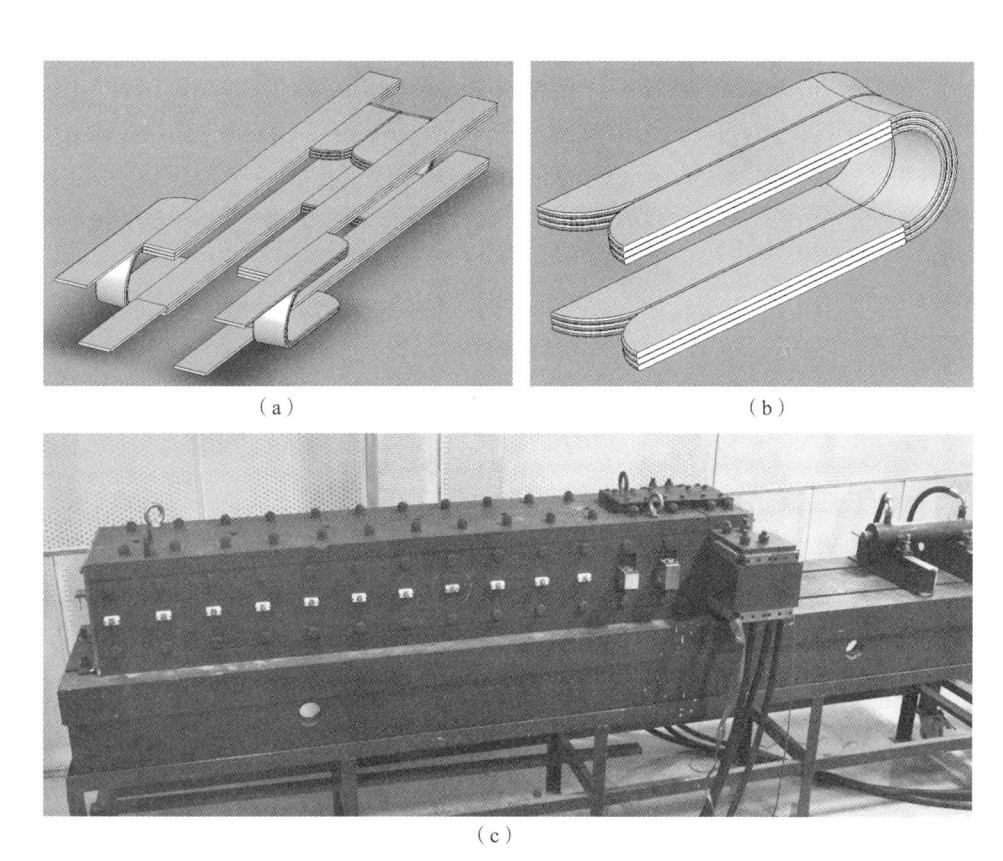

图 4-14　复合式增强型轨道炮轨道电枢及发射器

(a) 轨道电枢结构；(b) 电枢形式；(c) 复合式增强型轨道炮发射器

另外，中国工程物理研究院流体物理研究所研制了 2 匝平面式串联增强型轨道炮，关永超等对从电源放电至电磁轨道炮发射过程的电路进行了模拟和试验验证；程诚等对增强型轨道炮膛内磁探针测速的方法、可靠性开展了研究。燕山大学主要开展了平面式串联增强型轨道炮的结构动力学等方面的分析与试验，吴鹏用有限元仿真的方法，对增强型轨道炮的主体结构进行了动力学分析，得到发射过程轨道炮主体结构的等效应力和形变分布。

4.3　增强型轨道炮应用优势

增强型轨道炮具有轨道层数多、电感梯度大、能量利用率高、接触方式新颖等特点,这些特点源于增强型轨道炮电磁分布特征、电路性能、滑动电接触性能的不同。本节以典型的增强型轨道炮结构为例,从电磁分布、电路性能、电接触性能的角度,分析增强型轨道炮的应用优势。

4.3.1 电磁分布特征对比分析

为比较简单轨道炮与增强型轨道炮的电磁分布特性,采用 ANSYS 有限元分析软件,计算简单轨道炮以及双层、三层层叠式增强型轨道炮的电磁分布状态。

分析所采用的三种轨道炮炮膛尺寸相同,均设计为 50 mm×50 mm 口径的方膛结构,单侧轨道组截面总高度和总宽度相同,为 50 mm×30 mm,简单轨道炮的铜轨道截面尺寸为 50 mm×30 mm;双层轨道炮单根轨道截面尺寸为 23 mm×30 mm,为保证同侧不同轨道之间的可靠绝缘,绝缘层尺寸为 4 mm×30 mm;三层轨道炮单根轨道截面尺寸为 14 mm×30 mm,绝缘层尺寸同样为 4 mm×30 mm,三种结构左半截面形状及尺寸分别如图 4-15 (a)、(b)、(c) 所示,右半截面与左半截面相对称。

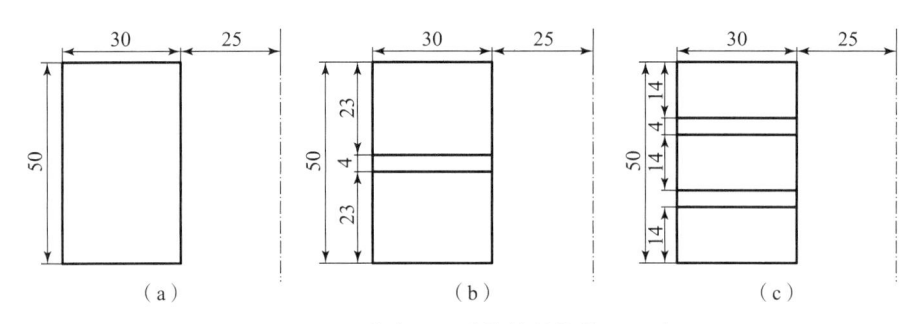

图 4-15 仿真用三种炮体结构截面尺寸

(a) 简单轨道炮;(b) 双层轨道炮;(c) 三层轨道炮

根据发射过程中采用的电流为近似梯形的实际,分析所采用的电流波形如图 4-16 所示,采用脉宽为 3 ms、上升沿与下降沿均为 0.3 ms 的梯形波电流,为形成相似的磁场环境以便于对比分析,保证单侧通流总量相同,电流幅值分别为:简单轨道炮馈入电流幅值为 500 kA(电流1),双层轨道炮单根轨道内馈入电流幅值为 250 kA(电流2),三层轨道炮单根轨道内馈入电流幅值为 166.7 kA(电流3),即双层轨道炮、三层轨道炮单根轨道所需馈入电流分别为简单轨道炮的 1/2、1/3。

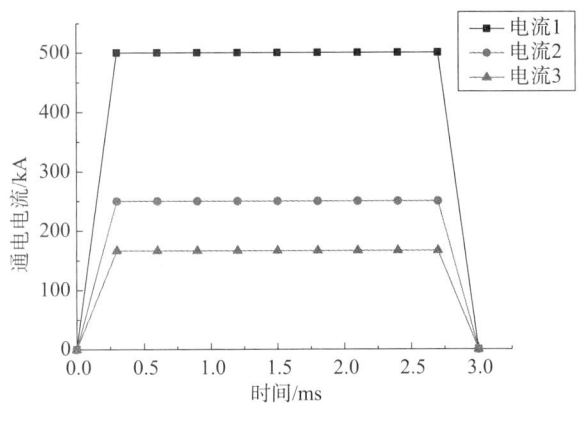

图 4-16 仿真分析用电流波形

1. 磁场分布特性对比分析

轨道炮膛内的磁感应强度大小在一定程度上决定了相同通流条件下轨道炮的威力大小，是轨道炮设计时考虑的一项重要参数。

选取通电电流中间时刻（1.5 ms 时刻）电磁分布状态进行对比分析，对于简单轨道炮，1.5 ms 时刻磁感应强度分布状态如图 4-17（a）所示，可以看出，最大磁感应强度值为 5.445 T，分布特点为，轨道炮炮膛内侧贴近轨道部分磁感应强度较大，最大处出现在炮膛四角处，这是由于在脉冲电流趋肤效应与邻近效应的共同作用下，轨道内靠近炮膛边角处电流密度偏大引起的。

对于双层层叠式增强型轨道炮，1.5 ms 时刻所形成的磁感应强度分布特征如图 4-17（b）所示，膛内除两轨道间绝缘层附近的区域外，电磁分布特征与简单轨道炮相似，其中最大磁感应强度为 5.481 T。

对于三层层叠式增强型轨道炮，1.5 ms 时刻所形成的磁感应强度分布情况如图 4-17（c）所示，膛内最大磁感应强度为 5.626 T。除靠近绝缘层附近的区域外，磁感应强度在膛内的分布特征与简单轨道炮、双层轨道炮基本相似，不同之处为最大磁感应强度出现在靠近中间层轨道的边角处，这是因为采用了三层轨道后，中间层电流通流量相比于简单轨道炮及双层轨道炮同样位置处要大许多。

对 1.5 ms 时刻三种轨道炮炮膛中轴线上磁感应强度值进行对比分析，磁感应强度大小如图 4-17（d）所示，横轴表示中轴线上距炮膛中心位置的偏移量，0 处为炮膛中心，-0.05、0.05 位置处为 50 mm×50 mm 口径炮

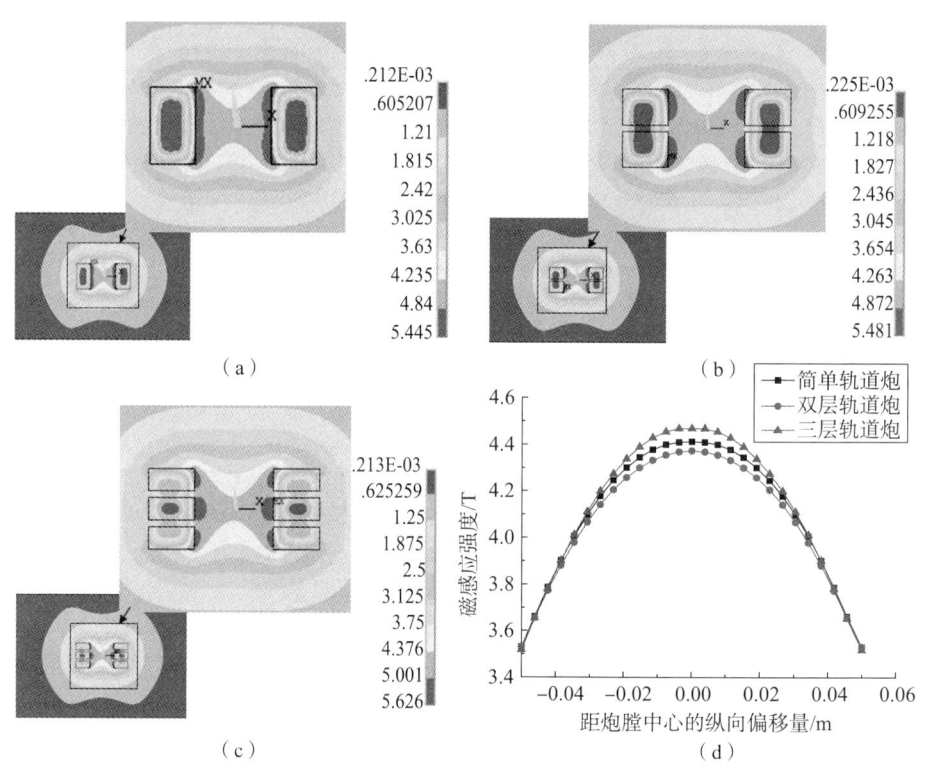

图 4-17 炮膛磁感应强度分布特点（附彩插）

(a) 简单轨道炮；(b) 双层层叠式增强型轨道炮；(c) 三层层叠式增强型轨道炮；
(d) 1.5 ms 时刻炮膛中轴线处磁感应强度

膛上下边缘中点处。在中轴线上，磁感应强度呈现上下对称的分布特点，中心部位最大，简单轨道炮、双层轨道炮、三层轨道炮分别为 4.41 T、4.373 T、4.468 T，上下两侧偏小，最小值分别为 3.53 T、3.531 T、3.517 T。在中轴线上，三种轨道炮所形成的磁感应强度大小接近，分布特征相似。

结果表明，在单侧轨道通流总量一样条件下，三种轨道炮所形成的磁感应强度分布情况相似。由于层叠式增强型轨道炮各轨道之间的串联形式（参考原理图 4-3），双层层叠式增强型轨道炮、三层层叠式增强型轨道炮所需馈入电流分别为简单轨道炮的 1/2、1/3，降低了对电源形成的电流幅值的要求。

2. 电流密度分布特性对比分析

轨道内的电流密度分布特性在一定程度上决定了轨道炮的通流能力，是轨道炮设计时考虑的一项重要参数，轨道内电流分布越均匀，相同结构参数下轨道炮的通流能力越强。

选取 1.5 ms 时刻,简单轨道炮左侧轨道内电流分布状态如图 4-18 (a) 所示,右侧轨道与之相对称。依据电流密度分布云图可以看出,受脉冲电流趋肤效应和轨道间邻近效应影响,电流集中分布在轨道靠近炮膛侧的边角部位,电流密度的最大值为 8.19×10^8 A/m²,电流密度最小值分布于轨道中心略偏向左侧部位处,为 2.82×10^7 A/m²。

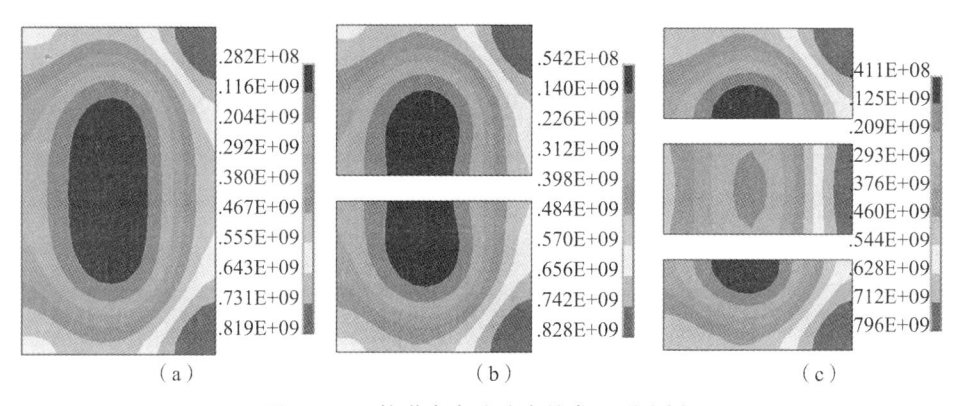

图 4-18 轨道内电流分布特点(附彩插)
(a) 简单轨道炮;(b) 双层层叠式增强型轨道炮;(c) 三层层叠式增强型轨道炮

对于双层轨道炮结构,左侧轨道内电流密度分布状态如图 4-18 (b) 所示。由于绝缘层的存在,相比简单轨道炮,电流总通流面积减少,而根据仿真条件,单侧通流总量与简单轨道炮一致,这使轨道内电流密度平均值较简单轨道炮有所增加。双层轨道炮同样受脉冲电流趋肤效应和邻近效应影响,除绝缘层部分外,分布特征与简单轨道炮相似。电流密度最大值位于轨道右侧边缘处,最大值为 8.28×10^8 A/m²,电流密度最小值位于轨道组中心略偏向左侧部位处,为 5.42×10^7 A/m²。

对于三层轨道炮结构,电流密度分布状态如图 4-18 (c) 所示,由于三层结构中,各层轨道通过的电流量相等,在一定程度上弱化了简单轨道炮中由于趋肤效应造成的电流密度分布于边角处的现象,根据电流密度分布云图,三层结构虽然通流截面面积更小,但由于电流分布更加均匀化,电流密度最大值为 7.96×10^8 A/m²,小于简单轨道炮和双层轨道炮结构。这正符合轨道炮电热分布均匀性要求。

由于三种条件下轨道通流面积不同,电流密度平均值不同,为便于对比分析,定义电流不均匀系数为电流密度最大值与电流密度平均值的比值,该系数可体现出电流由于涡流效应而使得电流密度最大值超出平均电流密度值的水平。1.5 ms 时刻,简单轨道炮的平均电流密度为 3.33×10^8 A/m^2,电流不均匀系数为 2.46;双层轨道炮平均电流密度为 3.62×10^8 A/m^2,电流不均匀系数为 2.29,较简单轨道炮降低了 6.9%,这主要是通流面积减少引起的;三层轨道炮平均电流密度为 3.97×10^8 A/m^2,电流不均匀系数为 2.01,较简单轨道炮、双层轨道炮分别降低了 18.3%、12.2%,这是通流面积减少和分层结构共同作用引起的,表明了轨道分层在弱化电流分布不均匀性方面的优势。

3. 电感梯度对比分析

电感梯度是轨道炮设计时需要考虑的又一项重要电磁学参数,从电路角度考虑,电感梯度影响了电源对轨道炮的馈电情况;从磁场角度考虑,电感大小是炮膛磁场能量的体现,影响了轨道炮对电枢驱动能力的大小。

对三种轨道炮的电感梯度计算采用能量法,对于电感磁场储能,其储存能量与电感值的关系为:

$$W = \frac{1}{2}LI^2 \qquad (4-2)$$

式中,W 为通流导体与导磁空气中的磁场能,L 为电感,I 为通电电流大小。

依据 ANSYS 分析结果,对于 0.5 m 长轨道,三种炮体结构条件下的储能分别为 31 848 J、31 921 J、32 484 J。储能总量类似,但由于馈入电流幅值分别为 500 kA、250 kA、166.7 kA,可计算出其电感梯度值大小分别为 0.510 μH/m、2.043 μH/m、4.676 μH/m,这与简单轨道炮电感值的一倍 (0.510 μH/m)、四倍 (2.04 μH/m)、九倍 (4.59 μH/m) 是近似相等的。结果表明,轨道分层结构可大幅提高轨道炮电感梯度值。

4.3.2 电感梯度对轨道炮发射性能的影响分析

由上节对比分析可知,相比简单轨道炮,增强型轨道炮电感梯度大幅提高,而电感梯度值的提高会对发射性能产生影响,在具体电源参数下,对不同电感梯度值条件下的电路以及电枢运动规律进行仿真,可分析电感梯度值对电路及发射性能的影响。根据本章第 1 节的分析,增强型轨道炮有多种结构形式,所以具体电感梯度的增加量由不同的结构来决定,本节仅选取了典型的电感梯度值分析其对发射性能的影响。

采用模块化方法在 SIMULINK 中实现轨道炮发射系统的数值计算,将总体运算矩阵分为电路模块、运动学模块、能量模块,各模块间数据传输情况如图4-19所示,除三个主要运算模块外,数据计算的初始值还包括系统各零部件的电学参数(电阻、电感、电容、轨道炮电感梯度、电阻梯度等)、轨道炮的初始结构与力学参数(轨道长度、预紧力、摩擦系数、空气阻力计算参数、电枢质量等),计算过程中,依据轨道炮数学物理模型形成总体运算矩阵,设定初值后,求解轨道炮系统发射过程中不同时刻的状态特征量。

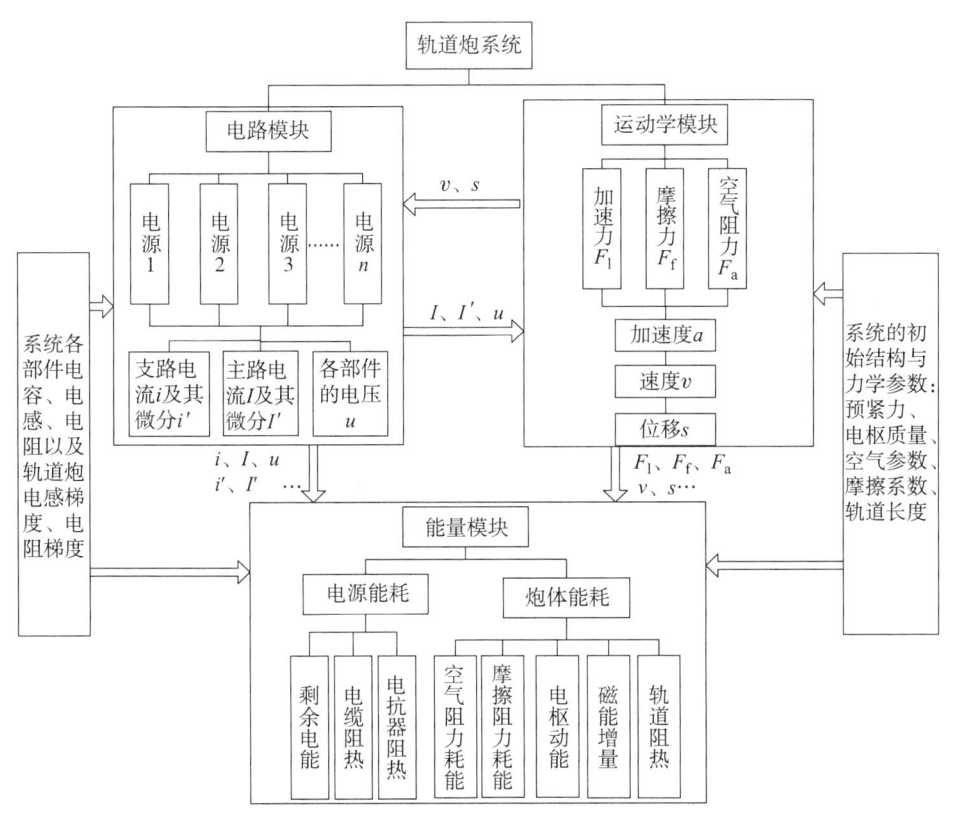

图4-19 计算模块关系图

对各个模块进行底层设计,以电路模块中单个电源模块(电源1)为例,设计与电源1相关的输入参数及运算后输出结果。经分析,与其相关的初始参数包括系统初始电学参数(电阻、电感、电容、轨道炮电感梯度、电阻梯度、主路电流、主路电流微分等)和运动学初始参数(电枢速度、位移等)。通过该模块计算后可以得到的参数包括该电源模块的支路电流、输出电压值等,电源1模块在SIMULINK的实现如图4-20(a)所示,各参数之间的数学关系可在模块内部通过编程进行处理。

在程序计算过程中，由于条件不同而会采用不同的计算方程，通过 Switch 功能模块判别电路工作状态，并选用不同的运算矩阵。同样以电源 1 为例，当电枢位移小于轨道长度时，电源正常工作，当电枢位移超过轨道炮长度时，电枢出膛，此后该模块电路电流输出为零，判别程序在 SIMULINK 中的表达如图 4-20 (b) 所示。

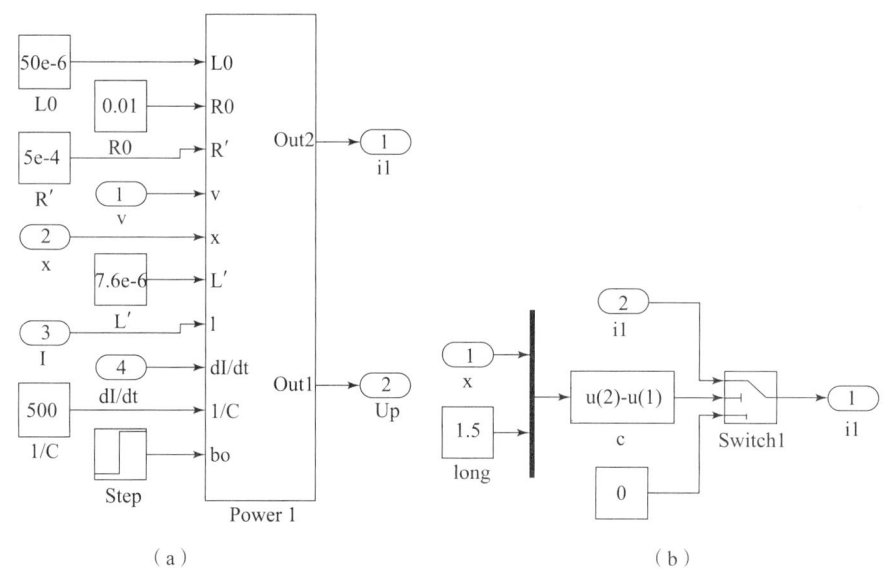

图 4-20 典型的分析模块

(a) 单个电源模块；(b) 是否出膛判断模块

其他子模块程序以及判定条件的设计与上述类似，通过设定各模块及其子模块的计算方程，数据参数在计算过程中实现共用，最终计算出发射过程中伴随的电流波形、电枢运动状态、各形式能量耗散情况。

本节计算中，所采用的电路典型参数如下：电容器组电容为 2 mF，调波电感为 40 μH，为便于不同电感梯度下轨道炮系统性能进行比较，均采用 10 个电容器模块同时放电条件。轨道炮炮体长度为 1.6 m，电枢采用 U 形电枢，尾翼长 20 mm，电枢截面面积为 400 mm^2，截面周长为 80 mm，电枢与轨道初始预紧力为 4 000 N。空气比热比为 1.4，密度为 1.29 kg/m^3。

基于图 4-19 所示计算模块关系图，采用 SIMULINK 交互式集成仿真环境，建立轨道炮电路及发射性能数学模型，可计算得到不同电感梯度条件下的电流波形如图 4-21（a）所示，不同电感梯度条件下的电枢速度曲线如图 4-21（b）所示。

由图 4-21（a）可以看出，在轨道炮电感梯度最小，为 0.4 μH/m 时，电枢出膛速度最慢，在膛内运动时间最长，为 2.53 ms，随着电感梯度值的增加，电枢出膛时刻提前，在轨道炮电感梯度值为 0.8 μH/m 条件下，电枢出膛时刻为 1.80 ms。电流幅值随着电感梯度值的增大而降低，且电流幅值降低程度随时间推移越来越大。0.4 μH/m 至 0.8 μH/m 五种电感梯度值下的电流峰值分别为 339.11 kA、338.73 kA、338.27 kA、337.74 kA 和 337.12 kA，而在 1.5 ms 时刻（电流下降沿的某一时刻），电流值分别为 281.75 kA、273.70 kA、246.66 kA、254.98 kA、244.95 kA，电流进一步显示出幅值上的差异，这是因为随着电枢运动，轨道炮接入电路中的电感值差异变大引起的，电流幅值的降低是由于轨道炮负载加大而电压初始条件未改变引起的。

在同样参数下进行速度分析，由图 4-21（b）可以看出，在同样电源参数下，电枢出膛速度随着轨道炮电感梯度的增加而明显增加，在 0.4 μH/m 至 0.8 μH/m 五种电感梯度值下，电枢出膛速度分别为 1 165 m/s、1 326 m/s、1 465 m/s、1 583 m/s 和 1 690 m/s，出膛速度的提高是由于电枢所受电磁力增大引起的。结果表明，提高轨道炮电感梯度值可有效提高炮口速度。

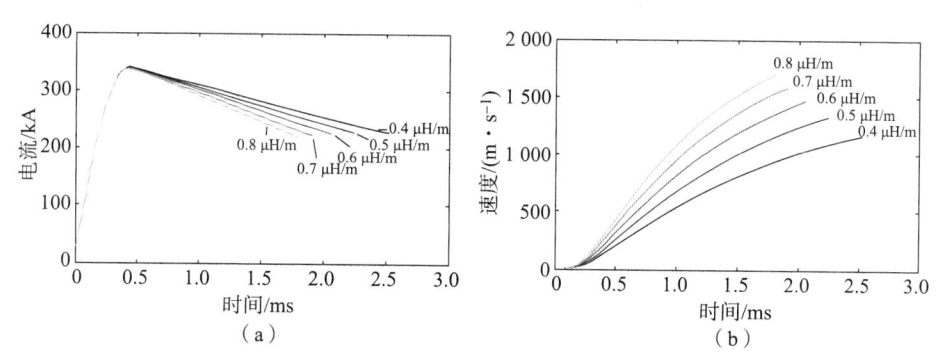

图 4-21 典型电路参数下的电流波形及速度曲线
（a）电流波形；（b）速度随时间的变化关系

对轨道炮的能耗关系进行计算，同样参数下，得到在 0.4 μH/m 至 0.8 μH/m 五种电感梯度值条件下馈入炮体总能量随时间的变化曲线。可以看出，电感梯度值越大，馈入炮体的能量越大，如图 4-22（a）所示。同时，随着轨道炮电感梯度值由 0.4 μH/m 逐渐增加至 0.8 μH/m，系统能量利用效率逐渐增加，由 5.43% 增加至 11.44%，但增长幅度逐渐降低，如图 4-22（b）所示。结果表明，电感梯度值对炮体及整个系统耗能形式影响很大，直接影响了电能的利用率及电磁发射性能。

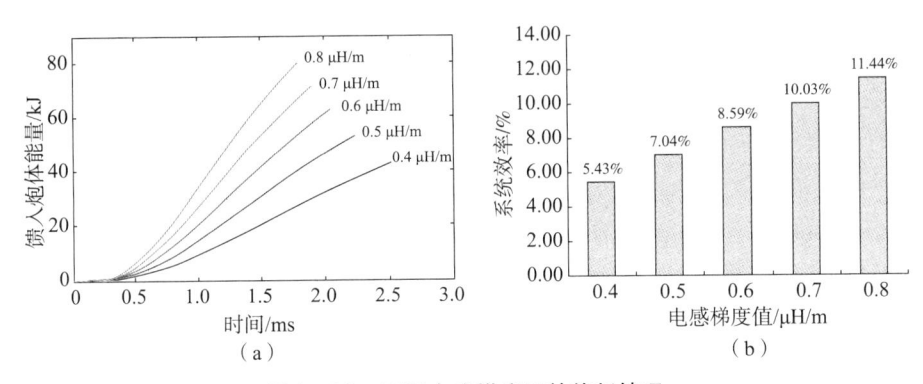

图 4-22 不同电感梯度下的能耗情况
（a）馈入炮体能量随时间的变化关系；（b）系统效率对比

4.3.3 枢/轨接触形式创新

增强型轨道炮由于结构形式的多样性，促使枢/轨接触出现了新的形式，特别是复合式增强型轨道炮概念提出后，轨道副数目增加，枢/轨接触不依赖于电枢变形形成的预应力，从而增加了可设计性。本节以简单轨道炮和复合增强型轨道炮为例，对比分析两者的接触状态。

简单轨道炮的枢/轨接触，依赖于 U 形电枢尾翼的外张角结构，如图 4-23（a）所示，当电枢压入炮膛时，电枢尾翼产生弹性形变，与轨道形成过盈接触，产生接触压力，这种接触方式依赖于电枢的尾翼特征，接触区域往往是局部接触，且接触压力不均衡。而对于复合式增强型轨道炮，由于左右两层电枢之间不需要传导电流，可在左右两层电枢间加入绝缘的高弹材料，如图 4-23（b）所示，接触压力不需要通过 U 形电枢尾翼外张量控制，而是通过绝缘高弹材料的弹性形变进行控制，高弹材料所形成的弹力迫使电枢发生形变，与轨道之间形成接触压力，这样所形成的接触压力均匀性较好，为解决目前轨道炮的滑动电接触中存在的转捩、烧蚀等问题提供了新的思路。

依据两种轨道炮的接触方式，分别截取枢/轨接触部位轨道和电枢，建

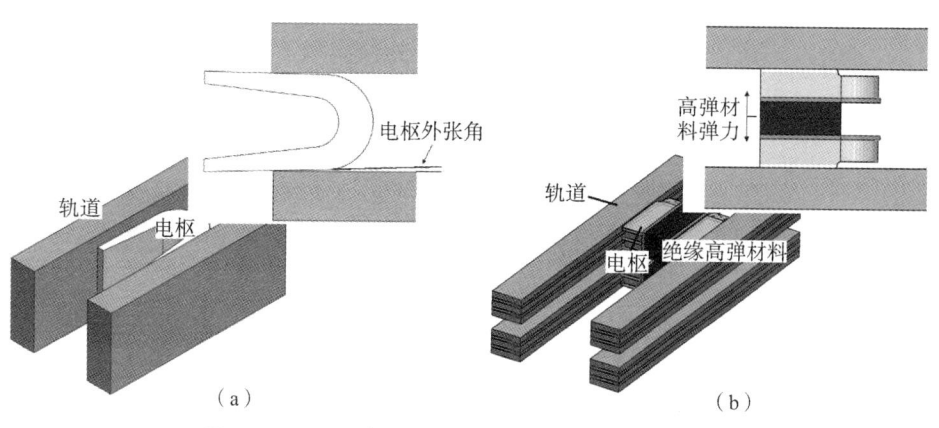

图4-23 两种轨道炮结构及其接触方式（附彩插）

(a) 简单轨道炮结构及接触方式；(b) 新型轨道炮结构及接触方式

立了枢/轨接触有限元模型，如图4-24所示，电枢材料设为铝，其弹性模量为70 GPa，密度为2 700 kg/m³，泊松比为0.3；轨道材料为铜，其弹性模量为110 GPa，密度为8 900 kg/m³，泊松比为0.33，过盈量设定为从0 mm渐变至5 mm，仿真中，简单轨道炮U形接触的初始接触状态为电枢尾翼尾部刚刚接触轨道而不存在压力，随着过盈量增加，电枢逐渐压向轨道，产生形变，与轨道间形成接触压力，复合增强型轨道炮初始接触状态为枢/轨刚好发生接触但不存在压力，随着过盈量增大，电枢形变量增加，接触压力增加。

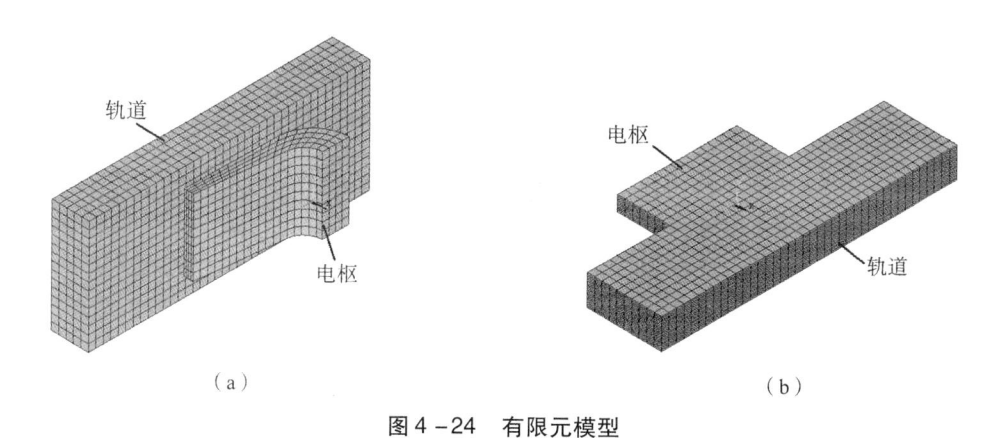

图4-24 有限元模型

(a) 简单轨道炮接触模型；(b) 新型轨道炮结构接触模型

简单轨道炮不同接触过盈量下的接触状态及电枢形变如图4-25所示，

在图 4-25（a）、（b）、（c）三幅图中，浅黄色部分（NearContact）接触状态表示尚未接触，暗黄色部分（Sliding）表示接触且发生了相对滑移，红色部分（Sticking）表示处于类胶着状态，接触良好。在不同过盈量下，简单轨道炮的枢/轨接触主要呈现三种状态，即电枢尾翼尾部接触轨道而电枢中部及前端不接触，如图 4-25（a）所示，这是由于电枢形变的过盈量不能够弥补电枢张角的外张量，由图 4-25（d）可以看出，在电枢前部及中部与轨道之间仍存在明显的分离；在较大过盈量时，电枢与轨道接触面积增大，电枢与轨道贴合较好，如图 4-25（b）、（e）所示，然而实际接触仍是部分的，存在不能良好接触的区域；在大过盈量状态下，电枢尾部翘起，与轨道发生分离，接触部位主要为电枢前端，如图 4-25（c）、（f）所示。

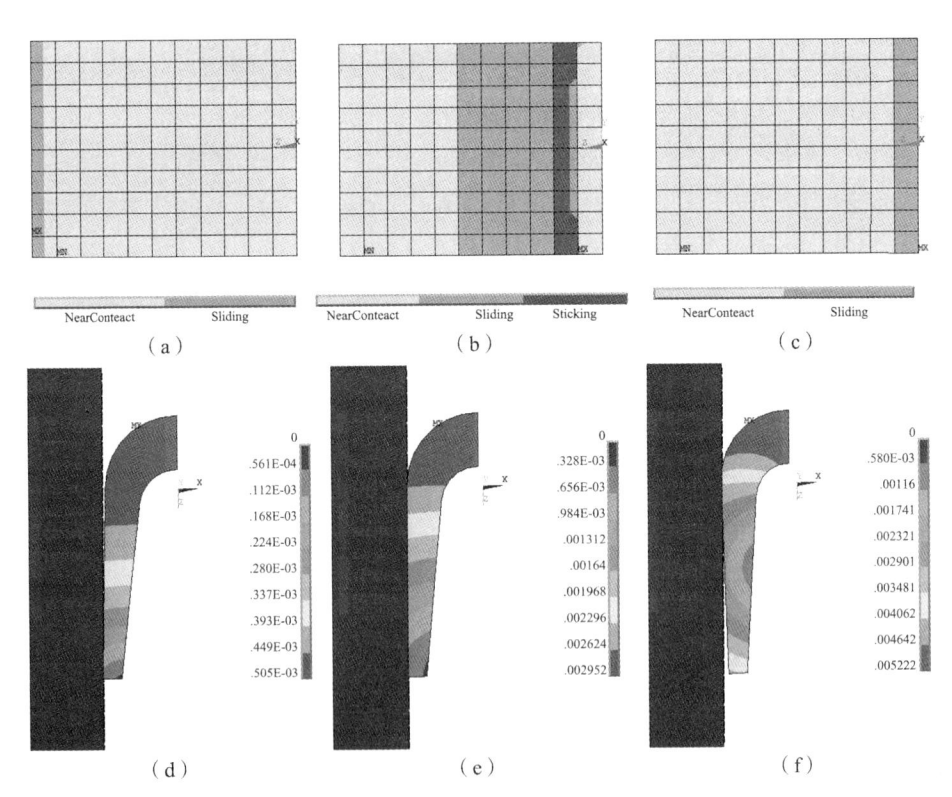

图 4-25 简单轨道炮的接触状态及电枢形变（附彩插）

(a) 尾部接触状态；(b) 中部接触状态；(c) 头部接触状态；
(d) 尾部接触时电枢形变；(e) 中部接触时电枢形变；(f) 头部接触时电枢形变

复合式增强型轨道炮电枢与轨道的接触是全接触式的，相对传统接触模式更加稳定，不同过盈量下的接触状态与电枢形变如图 4-26 所示，在较小过盈量下，电枢形变量小，与轨道属于稳定的、没有相对滑移的接触，而随着过盈量增大，在电枢接触部位边缘处出现了枢/轨相对滑移的趋势，这是电枢的较大形变量引起的，这种具备相对滑移趋势的接触仍然是稳定的。

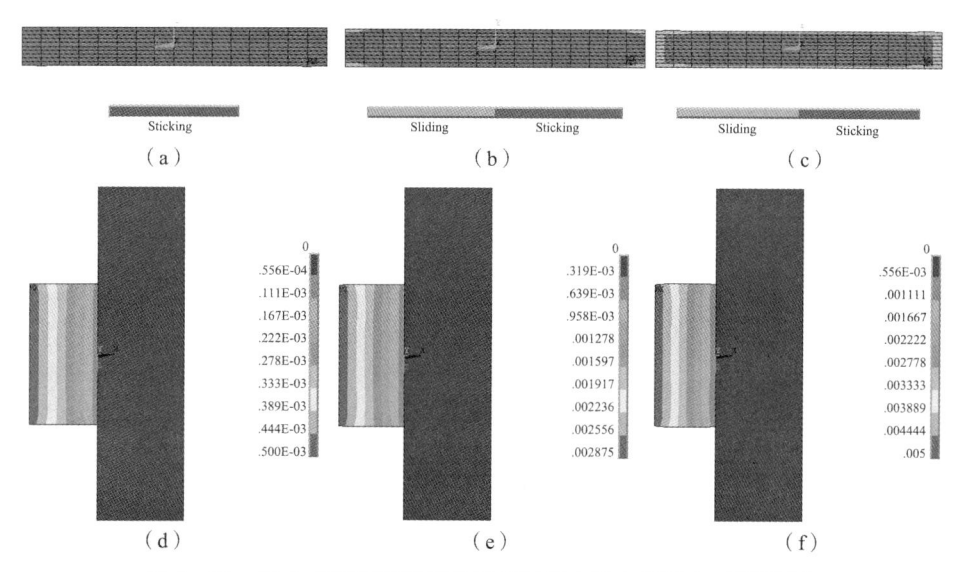

图 4-26 复合式增强型轨道炮的接触状态及电枢形变（附彩插）
(a) 小过盈量接触状态；(b) 较大过盈量接触状态；(c) 大过盈量接触状态；
(d) 小过盈量电枢形变；(e) 较大过盈量电枢形变；(f) 大过盈量电枢形变

4.4 增强型轨道炮技术难点

增强型轨道炮虽然在电磁特性、接触特性方面具有一定的优势，但是简单轨道炮仍然是发展的主流，主要是因为增强型轨道炮结构的复杂性，增加了设计上的难度和应用上的不可靠程度，这使得大口径、高威力增强型轨道炮的发展受到影响，增强型轨道炮的技术难点主要体现在以下方面。

（1）机械结构复杂，增加了工程化难度。

①对于增强型轨道炮，轨道数量增加且由于对轨道间绝缘的电学要求，

增加了轨道加工和装配的难度；在轨道炮发射过程中，电枢与轨道间、轨道与轨道之间存在幅值较大的电磁脉冲力，会引起轨道振动；特别对于层叠式增强型轨道炮，由于与分层电枢存在多个接触副，对轨道的定位精度有了更高要求。在紧凑的炮体空间内，保证可靠绝缘条件下实现多幅轨道的精确定位和可靠夹紧是对增强型轨道炮炮体结构设计的重要考验。

②炮尾匝间电流跨接构件的设计。电流跨接构件是不规则导体，强脉冲电流在导体拐角处会形成较大电磁力；目前电枢的装载多数为炮尾处的装填，匝间的电流跨接部件同样设计在炮体尾端，不合理设计会影响电枢的装填。跨接构件的设计必须在满足不影响电枢装填条件下有足够的机械强度。

③层叠式增强型轨道炮中多层电枢的优化设计。多层电枢的可靠导电以及电枢层间的绝缘无疑增加了电枢的设计难度，为保证各尾翼与轨道的接触一致性，对电枢的加工要求大幅提升。

(2) 层叠式增强型轨道炮中由于多接触副存在而导致的接触不良与失接触。

相比简单轨道炮的2对接触副，层叠式增强型轨道炮接触副为$2n$对，对电接触稳定性要求更高。由于高速条件下的电弧击穿很容易引起匝间绝缘失效，而使得层叠式增强型轨道炮更倾向于某一单匝的作用，影响发射的可靠性；同时，由于接触副增多，各接触副的接触状态不同，易引起某匝轨道过早出现不稳定接触或失接触现象，增加接触部位能量的损耗，降低整体性能。

(3) 平面式增强型轨道炮前端磁场较大，不利于电枢前端配设弹药。

对于平面式增强型轨道炮，通电时，两侧增强型轨道作为回路中的一部分而导电，在膛内形成强磁场。由于增强型附加轨道中存在电流通过，在电枢前端处的磁场强度相比简单轨道炮电枢前端要高很多。具备多种作战效能的弹药应用于轨道炮是轨道炮发展的必然趋势，而电枢前端强电磁场存在对弹药引信、制导部件中的电子元器件影响很大，增强型轨道炮与弹药的电磁兼容性对平面式增强型轨道炮的发展制约很大。

4.5 增强型轨道炮研究方向

增强型轨道炮是基于简单轨道炮技术而发展的复杂机电系统，简单轨道炮发展面临的电源、滑动电接触、电路集成等关键技术难题同样是增强型轨道炮发展急需解决的关键问题，增强型轨道炮的技术核心仍是对电磁磁能的高效可靠应用，主要研究方向为其机械结构的优化和电气负载特性与电源的匹配，使简单轨道炮的电磁应用技术能够与复杂轨道炮在原理上的优势结合起来，发挥其更强的应用优势。

基于以上增强型轨道炮在工程化进展中的问题，其主要研究方向包括结构优化研究以及电气负载特性研究。

（一）结构优化研究

在一定结构下，根据"轨道炮作用力定律"，载流电枢受力与电流的平方成正比，与轨道炮电感梯度值成正比。增强型轨道炮虽然提高了电感梯度值，然而轨道数量增加，负载阻抗增大，并且由于增强型轨道炮对轨道间绝缘的电学要求更高，增加了轨道加工和装配的难度，受制于大电流下炮体承受能力以及高速条件存在的不稳定滑动电接触问题，更高通流水平的增强型轨道炮的发展受到工程技术问题的制约。因此，提高增强型轨道炮的性能，关键在于优化结构以提高其电流通流能力，在结构优化设计方面的主要研究方向为：

（1）保证匝间良好绝缘条件下对各轨道的可靠固定。这是因为在电磁发射过程中，轨道会受到强电磁力冲击，这种冲击力会引起轨道的振动，因增强型轨道炮其轨道由于多匝的结构形式而使得炮体承受力较低，易引起轨道间相对滑移而失去精度，降低炮体性能。

（2）保证电枢发射过程中良好的方向性及枢/轨间稳定的接触力，以实现良好的滑动电接触，由于轨道与分层电枢间存在多个接触副，这对轨道的定位精度有了更高要求。

（3）炮尾匝间电流短接件的设计。电流短接件一般不是规则导体，强脉冲电流在导体拐角处会形成较大的电磁力；目前电枢的装填多数为炮尾处的装填，各轨道之间的电流短接件同样设计在炮体尾端，两者之间容易存在设计上的矛盾。轨道间电流短接件的设计必须在满足不影响电枢装填条件下有足够的机械强度。

（二）电气负载特性研究

与简单电磁轨道炮相比，增强型轨道炮电感梯度大幅度提高，同时电阻值也增加很多，其负载特性与简单轨道炮相比会有很大不同，基于增强

型轨道炮参数进行负载特性研究,是研究增强型轨道炮与电源适配性的基础。对增强型轨道炮的电气负载特性研究包括:

(1) 研究增强型轨道炮发射系统中电阻、电感、充电初始条件等关键参数与炮体整体发射性能的关系,使得增强型轨道炮试验系统得以优化。

(2) 建立更为完善的数学分析模型,为炮体性能预估提供参考。

第 5 章　电磁轨道炮射弹技术

如前几章所述，从电磁轨道炮工作原理角度出发，电磁轨道炮包含电源、开关、轨道、电枢、载荷等；而从电磁轨道炮工程使用角度出发，电磁轨道炮武器系统包括电源系统、发射器系统、射弹系统、武器化平台、辅助系统等。其中的射弹系统又称弹药系统，是指电磁轨道炮武器系统中一次性使用的、直接作用于目标、最终完成作战任务或作战使命的子系统，主要包括电枢、弹丸、弹托三部分。其中电枢是能量转换的载体，在发射过程中与轨道保持滑动电接触，最终把电源的电磁能转换为射弹的动能。弹丸又称战斗部，是完成作战使命的载体。弹托是电枢和弹丸之间实现机械连接和电绝缘的载体。当然，电枢本身也可作为射弹对目标作用。电枢经历了等离子体电枢、固体电枢与等离子体的复合电枢、固体鱼骨电枢、铜丝毛刷电枢、单体 U 形铝电枢、涂层电枢、武器化的电枢组件等。目前来看，单体 U 形铝电枢能够高效加速弹丸到超高速。

5.1　轨道炮电枢技术

电枢是电磁轨道炮的核心，它承载脉冲大电流和脉冲电磁力并驱动弹药载荷到超高速。在轨道炮发射过程中，电枢承载着脉冲大电流，在欧姆加热作用下导致软化甚至熔化，此外还可能发生超高速摩擦磨损、放电烧蚀以及超高速局部碰撞冲击等。电枢的物态、材料、结构不同，其发射效果也不同。

1961 年，Radnik 和 Lathan 经过反复论证，认为电枢的速度受制于电枢焦耳热，且轨道与电枢间的接触电弧会对轨道造成破坏，得出了"电磁轨道炮难以工程应用"的结论。1978 年，澳大利亚国立大学（Australia National University，ANU）以 R. A. Marshall 博士为首的研究团队发表论文，宣称成功地利用电磁轨道炮和等离子体电枢将 3 g 的聚碳酸酯弹丸加速到 5.9 km/s。

5.1.1 等离子体电枢

在 R. A. Marshall 发表的论文中,澳大利亚国立大学受控核聚变研究团队为了以中性粒子注入方式加热和添加聚变原材料,尝试用电磁轨道炮和等离子体电枢发射方式,以旋转惯性飞轮带动单极发电机和储能电感器为电源,在 5 m 长加速轨道上,把 3 g 聚碳酸酯弹丸加速到 5.9 km/s 的速度,从而开创了电磁发射和等离子体电枢的新时代。

目前的等离子体电枢一般由金属箔在脉冲强电流作用下气化电离而得到。如图 5-1(a)中,在电磁轨道炮开始发射之前,金属箔紧贴在绝缘质弹丸后面并接触两轨道。这样,两轨道和金属箔形成导电回路。当两轨道尾部通以脉冲大电流时,流经金属箔的脉冲大电流瞬间把金属箔气化并电离为等离子体,形成等离子体电枢。接下来,电源、两根轨道、等离子体电枢形成导电闭合回路,电源继续为回路供电形成脉冲大电流。流经等离子体电枢的大电流和膛内磁场相互作用,在等离子体电枢上产生推力,等离子体电枢可推动弹丸加速,如图 5-1(b)所示。

(a)

(b)

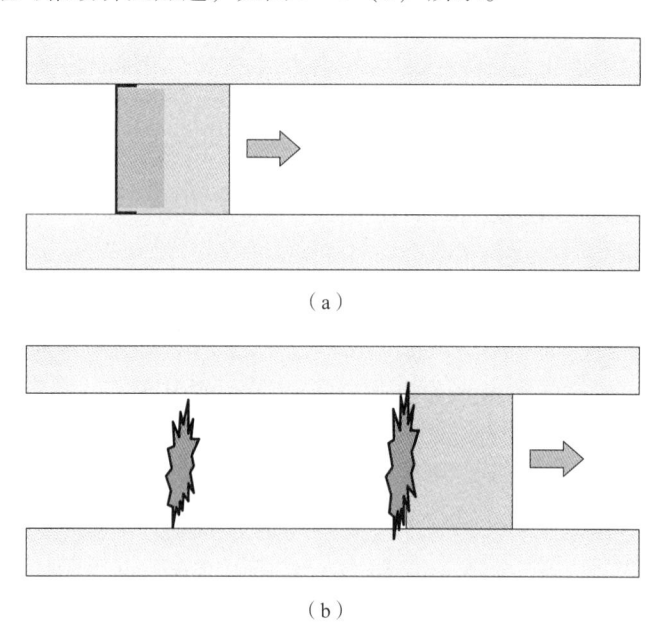

图 5-1 电磁轨道炮发射过程

(a) 电磁轨道炮起始状态,弹丸后面固定金属箔(如铝箔)电枢;
(b) 电磁轨道炮发射状态,弹丸后面的金属箔变为等离子体电枢

等离子体电枢推动弹丸加速运动,并由于粒子的扩散作用在远离电枢的后部形成二级电弧。在一般情况下,由于等离子体的电阻率比金属的电阻率大,因而产生更多的欧姆损耗热量,因此相应的电磁力较小,仅仅能够把几克重的弹丸加速到超高速。另外,由于等离子体的高温烧蚀作用,电磁轨道炮发射之后,轨道表面会留下电弧烧蚀的凹凸不平,影响后续的发射。还有,由于粒子的扩散运动,在等离子体电枢加速弹丸的发射过程中,等离子体电枢后部容易形成二次电弧,如图5-1(b)所示。二次电弧的出现,大大削弱了流经等离子体电枢的电流,导致等离子体电枢的推力大幅降低,影响弹丸加速能力。所以低效率的等离子体电枢逐渐被高效率的固体金属电枢代替。

实际使用的一种等离子体电枢轨道炮如图5-2所示。图5-2(a)是

(a)

(b)

图5-2 等离子体电枢轨道炮

(a) 俄罗斯2016年展示的等离子体电枢电磁轨道炮;(b) 俄罗斯2016年展示的等离子体电枢轨道炮使用的塑料弹丸、弹丸撞击后的靶板

2016 年俄罗斯展示的等离子体电枢电磁轨道炮，图 5 - 2（b）中讲解员左手拿起的是绝缘塑料质透明弹丸，右手拿起的是透明弹丸经轨道炮加速后对金属靶板的打击效果。可以这么说，采用等离子体电枢的电磁轨道炮可以把小质量弹丸加速到 10 km/s 以上的速度。这样高速度的小质量弹丸在大气层内飞行过程中速度衰减严重，不能作为武器使用，只适合科学研究试验。另外，除了在实验室使用之外，如果在大气层外的卫星轨道上部署等离子体电枢轨道炮，则极高速度的小质量弹丸能够拦截敌方的导弹，还可攻击敌方的卫星。

5.1.2 固体电枢

众所周知，等离子体电枢电阻率较大，因此欧姆损耗高，效率较低；而且超高速小质量弹丸不适合大气层内的军事应用，于是研究专家将电枢研究关注点转到了固体金属电枢。

最开始研究固体电枢遇到的问题是固体电枢与轨道之间的转捩（Transition）和放电烧蚀（Discharge Erosion）。转捩指从固体/固体接触或固体/液体接触到固体/等离子体接触的转变瞬间，主要表现为接触电压的突然升高。通常情况下，固体/固体接触的电压降不超过几伏特，而固体/等离子体接触的电压降约为 40 V。对于固体轨道 - 等离子体 - 固体电枢 - 等离子体 - 固体轨道的复合电枢，两轨道间的电压约为 80 V。因此，当炮口电压从几伏突然升高到几十伏并持续跳动时，这意味着转捩发生并有持续的放电烧蚀。放电烧蚀的直观表现是电弧烧蚀过程中的发光、放热，以及电弧烧蚀过后留在电枢和轨道上的痕迹。尤其在轨道上，烧蚀发生后的凹凸不平会影响下一发的发射效果。早期的固体电枢控制技术研究还不够深入，不能控制固体电枢的转捩和烧蚀，就把"等离子体层 - 固体电枢 - 等离子体层"这样的电枢称为复合电枢。这种复合电枢工作过程中，等离子体层的耗能仍然很严重，并对轨道形成严重的烧蚀，影响后续发射。后来，随着研究的深入，转捩烧蚀被成功控制，固体电枢才正式登上历史舞台。因此，等离子体与固体的复合电枢只是固体电枢成功之前的一个插曲。

固体电枢的电阻率较小，相应的欧姆热较小，效率较高，但固体电枢的滑动电接触问题远比等离子体电枢复杂。在固体电枢探索过程中逐步形成了 U 形块状、V 形块状、层压鱼骨电枢、铜丝毛刷电枢、单体 U 形铝电枢、液（钢）固复合电枢、固体复合电枢等巨大家族。下面，讨论固体电枢的分类情况。

（一）根据固体几何外形对电枢分类

根据电枢的几何外形，固体电枢可分为块状、U形、V形、H形等类型。块状电枢没有能维持电枢/轨道接触界面压力的能力，在发射过程中，电枢摩擦磨损容易导致电枢/轨道之间的接触失效，从而导致转捩烧蚀，类似于复合电枢。

本书中将V形电枢归为U形电枢一类；U形电枢由一个拱形部（或称咽喉）和两个尾翼（或称手臂）构成，U形电枢的优势在后续章节中有详细讨论。H形电枢与U形电枢的主要区别在于H形固体电枢具有两个前导向臂，如图5-3所示。

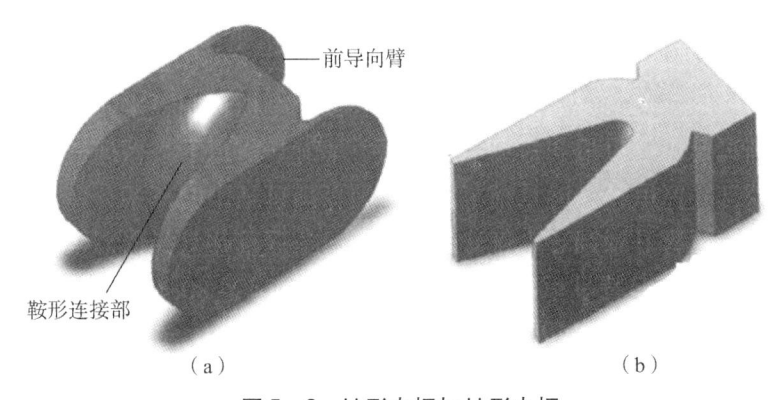

图5-3 H形电枢与U形电枢
（a）H形电枢；（b）U形电枢

图5-3中，H形电枢比U形电枢多了两条前导向臂，某一导向臂与同一侧的电枢尾翼之间为刚性连续过渡，形成了以拱形部为支点的刚性杠杆；在发射过程中，当电枢尾翼/轨道之间导通电流时，接触界面间的A点接触（即枢/轨局部的凸点接触状态）会形成磁扩张力；而在前导向臂受炮膛约束、拱形部刚性支撑的状况下，刚性杠杆支撑的作用力与磁扩张力互为反作用力，延缓了H形电枢尾翼形变程度。

IAT通过对比试验证实，在相同发射条件下，带有鞍形结构的H形电枢与标准U形电枢相比减小了表面烧蚀，如图5-4所示。炮口电压和炮尾电压曲线也证实H形电枢较U形电枢具备较低的枢/轨接触电压。

(a) (b)

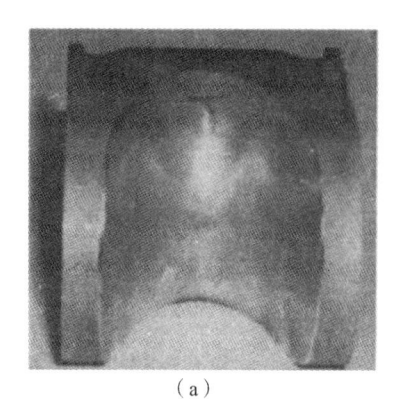

图 5-4 相同发射条件下 H 形电枢与 U 形电枢表面烧蚀情况对比

(a) H 形电枢破损不严重；(b) U 形电枢破损比较严重

（二）根据接触压力施加方式对固体电枢进行分类

在多数电枢的设计过程中，需保证电枢与轨道之间保持足够的接触压力。按照枢/轨接触压力施加方式，可分为机械过盈配合电枢、弹簧压力电枢、磁压力填充电枢、气囊压力电枢等类型。

（1）机械过盈配合电枢通过 U 形电枢尾翼与轨道间的机械过盈配合来保证电枢/轨道间足够的接触压力，前述的 U 形电枢与 H 形电枢大多为过盈配合电枢。

（2）弹簧压力电枢通过弹簧保证电枢/轨道间的接触压力，如图 5-5 (a) 所示。对于 MA 级的实用化电磁轨道炮的回路电流，电枢/轨道间接触压力要大于吨级重物的压力，而 cm 级的弹簧要产生 kN 级的压力。

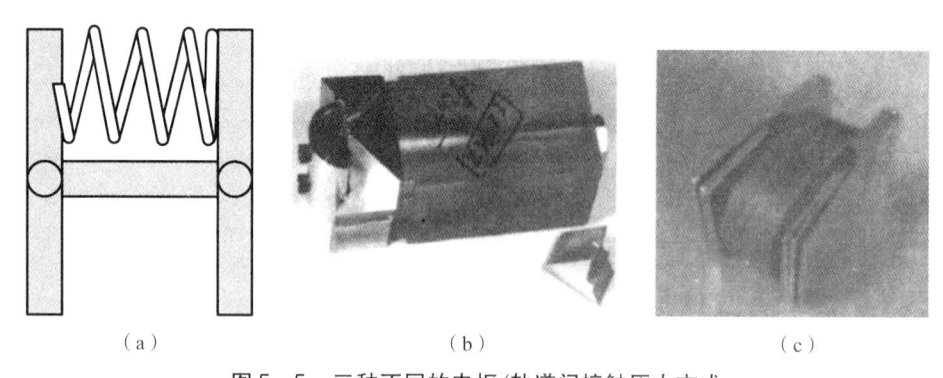

(a) (b) (c)

图 5-5 三种不同的电枢/轨道间接触压力方式

(a) 弹簧压力电枢；(b) 磁压力填充电枢；(c) 气囊压力电枢

(3) 磁压力填充电枢如图 5-5 (b) 所示，该电枢由 3 个相互滑动的楔形金属块构成，轨道、单侧楔形块、中间楔形块、另一侧楔形块、另一侧轨道构成了电磁轨道炮导电回路。当回路中有脉冲大电流时，三楔形金属块受到电磁力作用，由中间楔形块推动载荷加速运动。

当电枢/轨道滑动接触界面的电枢楔形块材料磨损后，电磁力推动两侧的楔形块向前填满中间楔形块与轨道之间的空间。这个过程充分利用了载荷的惯性力，该惯性力具有反向推动中间楔形块向后运动的趋势。这种结构中，电流从一条轨道流到另一条轨道需要经过 4 个滑动接触面，而不是传统 U 形电枢的两个接触面。尽管这种结构具有潜在优势，但还没有达到能够可靠运行的水平，主要问题在于楔形块（电枢）之间经历大电流过程中，可能会出现电弧焊接现象。

(4) 气囊压力电枢如图 5-5 (c) 所示，电枢的两个尾翼中间配置了一个四个方向被限制的气囊。气囊内充满高压气体，环状弹丝压迫气囊的四个方向，气囊在剩下的两个方向压迫电枢两个尾翼，使两尾翼有向外扩张的趋势。发射过程之前，先用压缩气体给气囊充高压气体，将电枢/轨道压紧，保持电枢/轨道间的良好电接触。这种方式可使电枢尾翼磨损（电枢材料缺失）状态下保持电枢/轨道间的稳定压力。该类电枢也便于实现炮尾装填，其原因在于充气弹簧可在电枢就位后才提供接触压力。

（三）根据轨道截面分类

为适应简单轨道炮的轨道截面形状，相应的电枢可分为接触平面型、接触凸面型、接触凹面型三类，如图 5-6 所示。

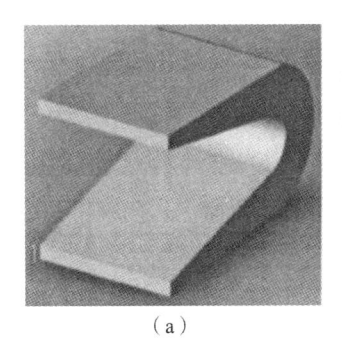

图 5-6 接触平面电枢、接触凸面电枢与接触凹面电枢示意图
(a) 接触平面电枢；(b) 接触凸面电枢；(c) 接触凹面电枢

图 5-6 中，电枢的滑动接触界面采用不同的曲面形式，以匹配轨道截

面形状。一般认为：接触平面型 U 形电枢设计制作简便，便于滑动接触界面特性尤其是速度趋肤效应的研究；不足之处是界面电流分布不均匀，而且很难约束电枢在发射过程中的横向振动。而接触凹面型和接触凸面型电枢设计制作难度大，但可以约束电枢在发射过程中的横向振动，而且可以借此控制滑动接触界面的电流均匀化分布。

（四）根据相应的轨道结构分类

为了提高发射效率，研究者们开发多种轨道增强形式的电磁轨道炮结构。对于 N 层增强的轨道形式，其电感梯度可提高到单层的 N^2 倍。换个角度说，这种结构的轨道可以用 $1/N$ 的电流达到单层轨道的发射效果。为了适应分层的轨道形式，电枢也分为单体电枢和多层电枢。其中，多层电枢的概念设计如图 5-7 所示。俄罗斯国家研究中心曾在 5 层增强的轨道上，将 0.8 kg 的电枢在 2 m 的距离内加速到 1 240 m/s。

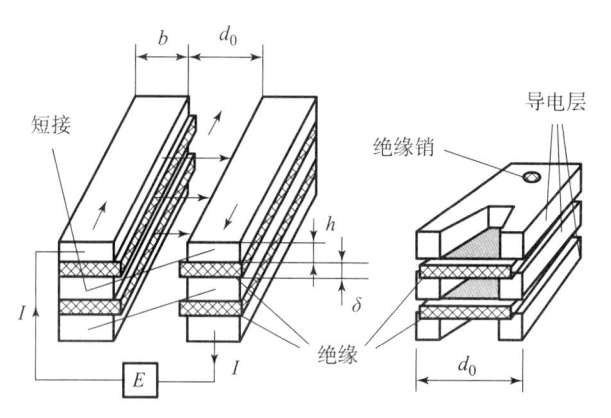

图 5-7 多层轨道发射装置及多层电枢

（五）根据电枢导电支路的组成分类

根据电枢导电支路的组成，固体电枢可分为单体电枢、多叶电枢、纤维束电枢等。单体 U 形铝质电枢在后续章节中单独详细介绍。

多叶电枢的设计思想是：将电枢设计为多个叶片的形式，由于电磁场分布的不同，不同叶片处于不同的工作状态。这样当不同叶片的受力、运动状态可观测时，可以估计电磁场在电枢上的分布。另外，当电枢的某个叶片与轨道失去可靠接触时，其他的叶片仍可保持枢/轨的接触状态。试验还表明，滑动接触面较大时，刨削发生时轨道损伤比较严重，而滑动接触面分裂成大量独立的小面积时，刨削发生时轨道损伤比较轻。图 5-8（a）、

(b) 为两种不同类型的多叶电枢，图 5-8 (c)、(d) 为多叶电枢的变形形式。

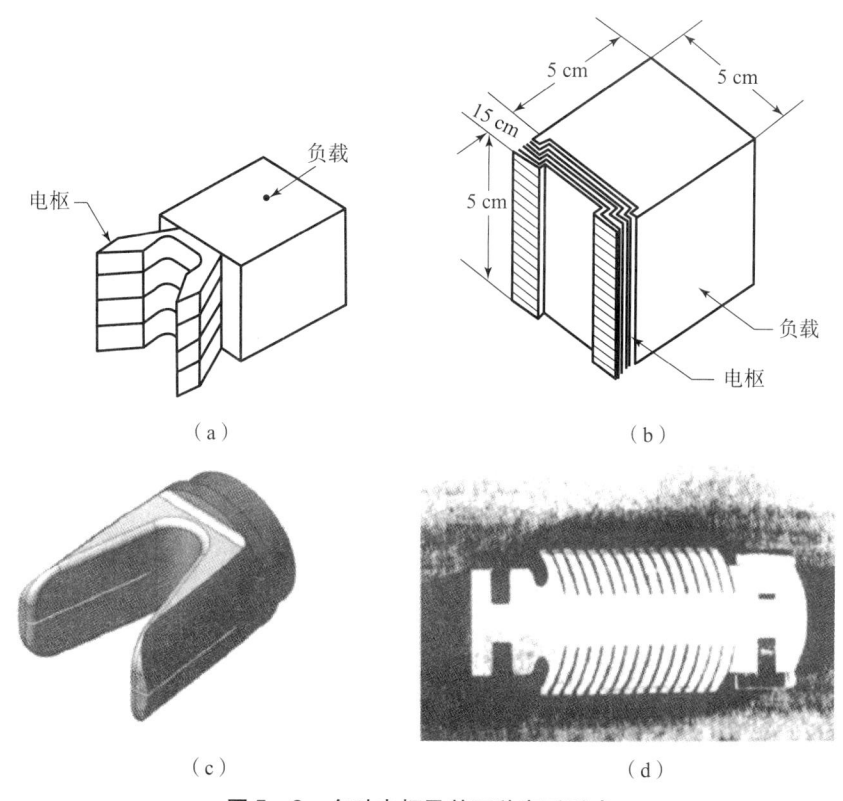

图 5-8　多叶电枢及其两种变形形式

(a) 多叶片沿轨道横向布置的 U 形电枢；(b) 多叶片沿轨道纵向布置的 U 形电枢；
(c) 尾翼分裂的 U 形单体电枢；(d) 鱼骨形多叶电枢

对于图 5-8 (a) 所示的沿轨道横向布置的多叶片 U 形电枢，刨削发生时，轨道上的刨削坑较小。对于图 5-8 (b) 所示的沿轨道纵向布置的多叶片 U 形电枢，前部的叶片电阻率最小，后面的叶片电阻率依次增大，这样可以控制电枢/轨道超高速滑动接触界面电流分布的速度趋肤效应。对于图 5-8 (c) 所示的在电枢尾翼沿发射方向开槽的 U 形单体电枢，刨削发生时，轨道上的刨削坑较小。对于图 5-8 (d) 所示的鱼骨形多叶电枢，每片鱼骨可单独承受导电功能，刨削发生时，轨道上的刨削坑较小，轨道损伤轻微。

纤维束电枢 (Fiber Armatures) 通过多束镀金属碳纤维或金属纤维并联承载脉冲大电流，可维持稳定的多点接触和保持较小的接触电阻，如

图 5-9 所示。法德圣路易斯研究所对纤维束电枢开展了大量研究，在脉冲电流精确调节、纤维束导电、力学特性、电枢/轨道配合关系、连续发射、串联增强轨道结构等方面积累了大量试验数据。使用绝缘固定的铜丝毛刷电枢，可以把电枢加速到 1.5 km/s 以上，在多发连续射击以拦截来袭射弹方面有明显应用前景。这种电枢的优势是制作简单，装填入膛时需要的推力较小、入膛速度较快，有利于提高多发连续射击的频率。这种电枢的不足之处是难以维持电枢/轨道滑动接触界面间的"1 g/A"的接触压力，容易出现转捩烧蚀问题。图 5-9（c）所示电枢使用时，4 束铜丝的朝炮口方向、2 束铜丝的朝炮尾方向，可以尽可能地减缓速度趋肤效应的影响。

(a)

(b)

(c)

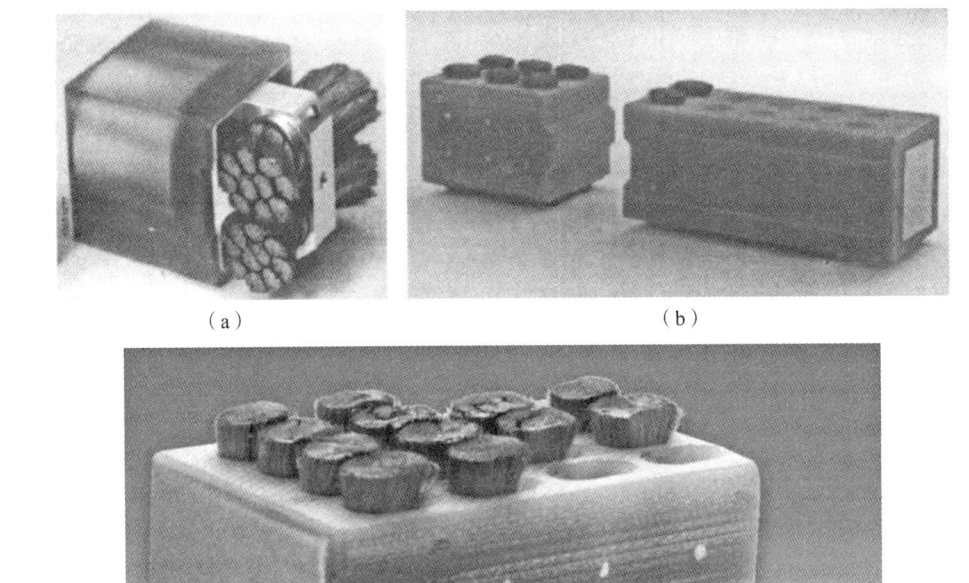

图 5-9 法德圣路易斯研究所采用的绝缘固定的
铜丝毛刷电枢（或纤维束电枢）

(a) 简单的纤维束电枢；(b) 绝缘固定的纤维束电枢；
(c) 抑制速度趋肤效应的绝缘固定的铜丝毛刷电枢

（六）按照电枢在一体化弹药中的位置不同进行分类

根据在一体化弹药中位置的不同，电枢可分为底推式电枢和中置式电枢，如图 5-10 所示。图 5-10（a）所示的一体化弹药采用底推式电枢时，电枢可利用的空间较大，但一体化弹药头部需要更严格的约束控制，需要合适的弹托及合适的弹托约束装置。与之相反，图 5-10（b）所示的中置式电枢为弹药系统提供推力，推力作用在弹药质心附近，弹药在膛内的横向抖动较小，这是有利的一面；但其可利用的空间狭小，技术要求相对复杂，这是不利的一面。

图 5-10 底推式与中置式一体化弹药系统示意图
(a) 底推式固体电枢；(b) 中置式固体电枢

（七）按照技术成熟度分类

按照技术成熟度，分为 U 形铝质单体电枢和其他电枢。除了等离子体电枢、等离子体与固体的复合电枢、普通固体电枢外，目前认为最成功的是 U 形铝质单体电枢，如图 5-11 所示。这种电枢之所以成功，主要是其独一无二的属性，使得其结构简单、高效可靠发射。

从形状属性看，U 形电枢头部宽度略小于两轨道间的炮膛宽度，而两尾翼端部外侧的间距略大于两轨道内侧的炮膛宽度，装填入膛的电枢尾翼与相应的轨道之间形成过盈配合，保证了初始发射阶段的电枢/轨道滑动接触界面间的"1 g/A"的接触压力，避免初始阶段转捩烧蚀的发生。当然，在 U 形电枢填入炮膛的过程中，需要采用较大的力量（如液压机）缓慢挤压进炮膛。在电枢加速段，流经 U 形电枢两尾翼上的电流与局部的磁场相互作用形成电磁扩张力，两尾翼上的电磁扩张力施加到被约束的轨道上，形成滑动接触界面的接触压力，替代了由于电枢磨损而不能维持的电枢/轨道间过盈配合机械压力，维持了"1 g/A"法则，避免了转捩烧蚀。U 形电枢头部拱形内侧的平滑过渡，减缓了电流的局部聚集程度，在安全条件下有利于提高电枢通流能力和轨道炮的发射能力。

U 形铝质单体电枢从材料属性看，具有以下特点：

(a)

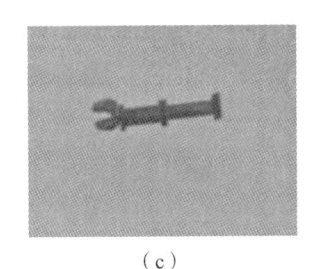

(b)　　　　　　　　　(c)

图 5-11　美国海军电磁轨道炮发射试验使用的三种 U 形铝质单体电枢和载荷

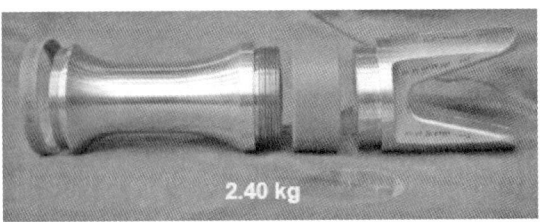

(1) 铝材料的电阻率为 2.74×10^{-8} Ω·m，是除了金、银、铜之外最低的，对于同样形状和体积、同样电流作用下的电枢，铝质电枢欧姆热较少（可靠性高），系统效率高。

(2) 铝质电枢的密度较小，为 2.7×10^3 kg/m³，对于同样形状和体积的电枢，铝电枢的寄生质量较小，能够带动的弹丸质量较大。

(3) 铝质电枢的熔点约为 500 ℃，电枢/轨道滑动接触界面在接触电阻欧姆热和摩擦热的作用下，铝材料接触界面熔化为液体。这样一方面固体与固体之间的滑动摩擦变成了液化膜的润滑摩擦，降低了摩擦系数，提高了发射效率（一般情况下，固体电枢/轨道间的滑动摩擦系数较大，这样的轨道炮发射效率一般不超过 10%；而液化膜润滑的滑动摩擦系数很小，这样的轨道炮发射效率甚至可达 30% 以上）。另一方面，润滑摩擦代替了固体对固体的微观 A 点接触，实际的微观接触面积增大，电接触可靠程度大大提高。还有，500 ℃ 的温度对铜合金轨道不会造成明显的负面影响。当然，这种 U 形铝质电枢需要在较大回路电流（滑动接触界面电流密度足够高）

作用下才能达到高效率发射状态。早期的低电流试验时，很难达到界面液化状态，滑动接触界面需要开槽以存留固体微粒或尘埃，这也是单体 U 形铝电枢和普通 U 形电枢的区别所在。

（4）铝电枢的电阻温度系数、比热、熔化热都比较小，配合了 500 ℃ 熔点，形成了电枢/轨道滑动接触界面的液化层。

总之，U 形铝质单体电枢结构简单、易于加工，铝材质的综合特性决定了其能够实现滑动接触界面的熔化层润滑，能够高效可靠地发射，是电磁轨道炮研制成功的关键技术之一。

如图 5 – 11（a）所示的是美国海军 2008 年电磁轨道炮发射试验使用的 90 mm 一体化射弹，它包括 U 形单体铝电枢和铝质载荷两部分，载荷外套着蓝色绝缘环。

如图 5 – 11（b）所示的是美国海军 2010 年电磁轨道炮发射试验使用的一体化射弹，它包括 U 形铝电枢和铝质载荷两部分，从电枢结构上看，已经采用了轨道截面向膛内凸出的炮膛结构，有利于界面电流均匀性分布，有利于控制电枢发射过程中的横向振动。载荷是柱状部和弹托相连结构。弹托无须附加与轨道绝缘的结构，因为在轨道炮发射过程中，流经 U 形电枢的电流主要分布于 U 形电枢的咽喉部内侧，U 形电枢拱形部外侧承载的电流很少，在电枢前部的弹托（及时与两轨道滑动接触），也几乎不承载电流。

如图 5 – 11（c）所示的是美国海军 2016 年室外开展的电磁轨道炮发射试验飞出炮膛的电枢和载荷，它包括 U 形单体铝电枢和铝质柱状载荷。从电枢结构上看，已经沿用了轨道截面向膛内凸出的炮膛结构，有利于界面电流均匀性分布，有利于控制电枢发射过程中的横向振动。电枢与载荷在空中飞行过程中，电枢受空气阻力较大，逐步与载荷分离。

（八）**按照时间分类**

按照时间分类，分为已有电枢和未来电枢。

以上讨论的是现有电枢，目前最成功的应该是 U 形单体铝质电枢。但从电磁轨道炮发射电流脉宽特性上看，大体积的单体电枢并不适合电磁轨道炮承载电流使用。一方面，轨道炮电流脉宽一般不超过 10 ms，按照傅里叶级数展开的一级近似为 50 Hz 的正弦波，二级、三级近似得到更高频率；对于大体积的铝块，50 Hz 振荡电流的趋肤深度约为 1 cm，也就是说对于大体积的 U 形电枢，只有约 1 cm 厚度的金属材料承载电流；具体地，图 5 –

11(b)中所示的 U 形铝电枢导体厚度几乎与操作员的手腕厚度相当（大约 5 cm），但是实际上 U 形铝电枢载流厚度与操作员手指厚度的一半相当（大约 1 cm）；而 U 形单体铝质电枢导体截面的大部分区域是不导电的，很难把 20 kg 及以上质量的弹丸加速到 2.5 km/s 的速度。总之，小体积 U 形单体电枢能够利用全部的 1 cm 厚度金属截面承载电流，而大体积的单体 U 形电枢只有 1 cm 厚度金属截面承载电流，因此，单体 U 形电枢并不适合大型电磁轨道炮使用，这也许就是小型轨道炮完全成功，而美国海军大口径 64 MJ 炮口动能电磁轨道炮研究遇到障碍的关键所在。

按照脉冲电流的趋肤效应以及局部欧姆热至熔化限制的特性，未来电磁轨道炮电枢应该采用多层 U 形电枢，且采用每层独自供电或串联供电的结构，每一层电枢片厚度略大于脉冲电流的趋肤深度，以提高流经电枢的总电流强度，从而增强轨道炮发射威力。按照这个思路，一种复合式增强型轨道炮发射体和相应电枢结构设计被提出，详见图 4-4 所示的结构示意图。

总结未来电枢发展趋势的几个方向：

（1）鉴于 U 形电枢在维持枢/轨接触压力及均匀电流分布方面的优异特性，未来电枢仍然是基于 U 形结构。但未来电枢不是单体 U 形电枢，而采用多片 U 形结构且每一片电枢的厚度略大于脉冲电流的趋肤深度。当然，多层导体组成的电枢需要有多层轨道与之配合。这样的多层电枢有巨大的承载电流能力，相应的电磁轨道炮有巨大的发射威力。

（2）未来 U 形电枢尾翼上与轨道保持滑动电接触的界面层应该采用铝材料，利用铝材料的熔点适中、强度适中的特性，在欧姆热熔化至润滑情况下，大幅降低摩擦阻力、大幅提高发射效率。

（3）另外，鉴于单体 U 形铝电枢在开始发射瞬间电流欧姆热积累但不足以形成熔化层，可以采用石墨烯涂层、低熔点合金或液态金属涂层方法。尤其电枢上滑动接触界面采用石墨烯涂层方法，在发射过程中约 500 ℃ 的闪温情况下，石墨与轨道表面沉积的氧发生化学反应，生成二氧化碳，清除了轨道表面的氧化铝成分，保证合金轨道表面良好的接触导电性能。

5.1.3 低速电枢的物理特性

电磁场的分布与电枢的运动速度相关。当电枢速度较低时（200 m/s 以下），可以忽略速度对电磁场分布的影响。此时，对于给定的电枢轨道的结构和材料,决定电磁场分布的主要因素是激励电流的频率,该参数决定了电枢上电流的渗入深度。目前,已知的电磁场分析软件均可对此类问题进行分析。

当 U 形电枢被加速到较高的速度时,电枢速度对电磁场分布影响很大,甚至被认为是转揍现象的主要原因。当应用有限元软件分析滑动电接触条件下速度趋肤效应时,要考虑不同时刻的网格重新生成及匹配问题,同时需要考虑由于速度项带来的求解稳定性及求解效率等问题,目前尚无商业软件可以求解此类滑动电接触条件下的电磁场仿真问题。部分自研代码可用于求解此类问题,如 EMAP3D 等,但开发难度很大。

在电枢静止或低速运动时,电枢速度对电磁场的分布影响可以忽略。这使得多种商业仿真软件可以应用于求解轨道炮电磁场、温热场、动力与运动场的仿真问题。研究者们针对电枢低速运动时的物理过程进行了较为充分的研究,并产生了大量的研究成果。虽然其中的部分结论产生于电枢的低速运动情况,但仍然可以为高速运动条件下的电枢设计提供有益的参考。

(一) 频率趋肤效应

当电枢处于低速运动状态时,可从频域角度研究其电磁场分布。此时,经典的电磁场理论可以估计电流在金属导体内的透入深度,有助于理解低速运动下电枢/轨道电磁场分布不均的问题。

电磁场基本方程组如下:

$$\nabla \times H = J + \frac{\partial D}{\partial t} \tag{5-1}$$

$$\nabla \times E = \frac{\partial B}{\partial t} \tag{5-2}$$

$$\nabla \cdot B = 0 \tag{5-3}$$

$$\nabla \cdot D = \rho \tag{5-4}$$

3 个描述材料特性的方程式为:

$$D = \varepsilon E \tag{5-5}$$

$$B = \mu H \tag{5-6}$$

$$J = \gamma E \tag{5-7}$$

式中,ε、μ、γ 分别为材料的介电常数、磁导率和电导率。

在求解电磁轨道炮涡流场问题时,通常忽略位移电流密度项 $\partial D/\partial t$,此时,式 (5-1) 可解化为:

$$\nabla \times H = J \tag{5-8}$$

对式 (5-8) 两侧取旋度,有:
$$\nabla \times \nabla \times H = \nabla(\nabla \cdot H) - \nabla^2 H = \nabla \times J \tag{5-9}$$

将式 (5-2)、式 (5-3)、式 (5-6)、式 (5-7) 代入式 (5-8),有

$$\nabla^2 H = \mu\gamma \frac{\partial H}{\partial t} \tag{5-10}$$

类似地,可推知:

$$\nabla^2 E = \mu\gamma \frac{\partial E}{\partial t} \tag{5-11}$$

及

$$\nabla^2 J = \mu\gamma \frac{\partial J}{\partial t} \tag{5-12}$$

假设电流流过半无限大空间的导体时,将式 (5-12) 转换为频域形式,可求得电流密度随深度的变化为:

$$J = J_0 e^{-(\alpha+i\beta)} \tag{5-13}$$

式中,$\alpha + i\beta = \sqrt{0.5\omega\mu\gamma}(1+i)$;$J_0$ 为表面电流密度幅值。经过类似的推导可知,电流密度、电场强度和磁场强度的振幅沿着导体的穿透深度按照指数规律衰减,且相位也随之改变。当频率很高时,交变电流几乎只在导体表面附近的一个薄层能存在,这种场量主要集中在导体表面附近的现象称为趋肤效应。在上述的推导过程中,仅考虑了电流频率带来的影响,因而,这种趋肤效应又被称为频率趋肤效应。工程上常用透入深度 d 表示场量在导体内的趋肤程度,可由式 (5-14) 求得,在该深度上,其振幅为其表面值的 $1/e$,其中 e 为自然底数或自然常数,约为 2.718。

$$d = \frac{1}{\alpha} = \sqrt{\frac{2}{\omega\mu\gamma}} \tag{5-14}$$

(二) 瞬态电流密度分布问题

电流密度的分布会影响到电枢上的电磁力及热场的分布状态,是电枢设计中的一个重要问题。均匀的电流分布,可使电枢表现出更加一致的机械特性和避免局部熔化和气化烧蚀现象。通常从结构设计及材料选择两个方面实现对电流均匀化分布的控制。

在电磁轨道炮发射装置这样相对简单的机电系统上求解电磁场分布,即便在电枢低速运动假设下,也需要相应的偏微分方程求解代码。本节的研究成果均是应用商业有限元软件获得的,当强调场量的分布趋势时,附

图中忽略了场量的具体值。

1. 基于几何尺寸的电流密度分布控制

以 1 MA 幅值、3 ms 脉宽的梯形波电流驱动 U 形电枢电磁轨道炮进行仿真计算，电枢参数如图 5-12 所示。

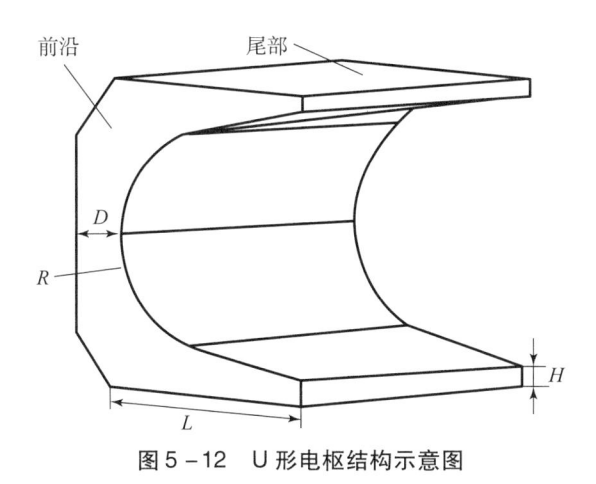

图 5-12　U 形电枢结构示意图

L—电枢尾翼长度；D—电枢前沿厚度；H—电枢尾翼厚度；R—电枢前沿圆弧半径

图 5-12 中，给出了 U 形电枢的 3 个特征尺寸：电枢尾翼长度 L、电枢前沿厚度 D、电枢尾翼厚度 H。通过分别改变 3 个特征尺寸的值，电流密度的分布也会相应地发生变化。

（1）电枢尾翼厚度 H 对电枢电流分布特性的影响。

计算得到 U 形电枢电流分布特性与尾翼厚度的关系如表 5-1 所示，可知电枢上分布的最大电流密度值和最大焦耳能量值随着电枢尾翼厚度的增加而逐渐减少，但是减小的趋势逐渐变缓；随着电枢尾翼厚度的增加，电流密度的最大值 J_{max} 与焦耳热的最大值 Q_{max} 分布区域由电枢的头部逐渐开始转向电枢的中部区域。

表 5-1　电枢的电流分布特性随尾翼厚度的变化

H/mm	$J_{max}/(\mathrm{GA\cdot m^{-2}})$	Q_{max}/TJ	最大值出现位置
1	22	22.4	接触面头部
2	20.4	19	接触面头部
3	19.2	16.8	接触面头部
4	18.8	16.6	电枢中部内侧

(2) 电枢前沿厚度 D 对电枢电流分布特性的影响。

U 形电枢电流分布特性随着前沿厚度的变化如表 5-2 所示。由表 5-2 可知，电枢上分布的最大电流密度值和最大焦耳能量值随着电枢前沿厚度的增加也逐渐减少；随着电枢前沿厚度由薄至厚，最大值出现的位置由电枢的中部逐渐移向电枢的头部。

表 5-2 电枢的电流分布特性随前沿厚度的变化

D/mm	J_{max}/(GA·m^{-2})	Q_{max}/TJ	最大值出现位置
3.6	28.9	27.8	电枢中部内侧
4.6	23.7	23.3	电枢中部内侧
5.6	20.6	19.3	电枢中部内侧
6.6	20.1	18.6	电枢中部内侧
7.6	19.5	17.4	接触面头部
8.6	17.9	14.6	接触面头部
9.6	16.8	13	接触面头部

(3) 电枢尾翼长度 L 对电枢电流分布特性的影响。

U 形电枢电流分布特性随尾翼长度的变化如表 5-3 所示。由表 5-3 可知，尾翼长度变化对最大电流密度值和最大焦耳热能量值的影响不大。分析其原因可知，电流在经轨道流向电枢时，由于电枢的电阻率大于轨道的电阻率，因此在电枢与轨道接触面的尾部和中部，尤其是在接触面的中部，流入的电流较少，且经传导后分布的电流密度也相对较弱，所以即便尾翼长度增加，当电枢的电阻率大于轨道的电阻率时，电流还是主要由电枢与轨道接触面的头部流入，因而电流密度集中区之一还是主要分布在电枢的头部。因此当电枢静止时，长度的增加对电枢的分布特性影响不大。

表 5-3 电枢的电流分布特性随尾翼长度的变化

L/mm	J_{max}/(GA·m^{-2})	Q_{max}/TJ	最大值出现位置
2.4	20.9	19.9	接触面头部
2.5	20.7	19.5	接触面头部
2.6	20.1	18.6	接触面头部
2.7	20.2	18.8	接触面头部
2.8	20.9	19.8	接触面头部
2.9	20.9	19.7	接触面头部

可见，在电枢低速运动或静止时，可设计合适的 D、H 以改善电流的分布。

2. 基于材料的电流密度分布控制

通过在电枢的不同部位采用不同电阻率的金属材料，也可实现对电枢上电流密度分布特性的调节。在电枢静止条件下应用多层电枢的思想，通过调节电枢材料的电阻梯度改变电枢电流分布。对于如图 5-13 所示的 3 种电枢，当用线性增加的轨道电流进行激励时，电枢上的电流呈现出各自的特点。

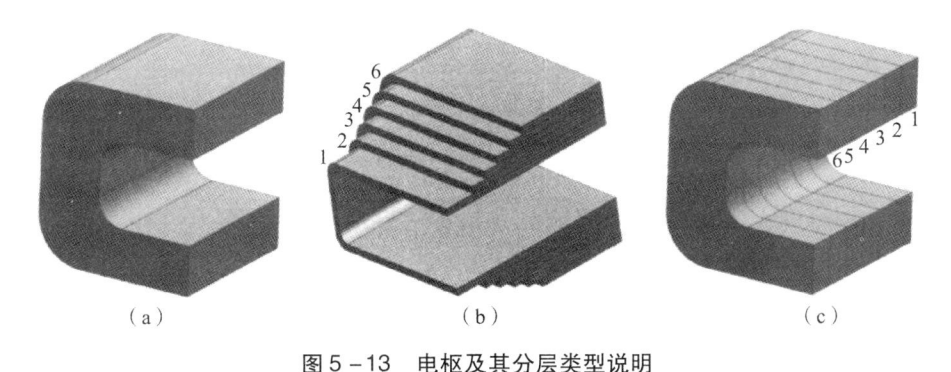

图 5-13　电枢及其分层类型说明

(a) 未分层；(b) 纵向分层类型；(c) 横向分层类型

(1) 对于未分层的 U 形铝电枢来说，电流密度集中在内部的拐角处、电枢的外部边缘及电枢的尾部，如图 5-14 所示。

(2) 将图 5-13 (b) 中的第一、二层的电阻率由 $2.8 \times 10^{-8}\ \Omega \cdot m$ 提高到 $5 \times 10^{-8}\ \Omega \cdot m$ 后重新计算可以发现，第一、二、六层的电流密度峰值显著下降，幅度约为 20%，而其余层的电流密度峰值出现了不同程度的上升。这使得整个电流密度分布变得更加均匀，而且该分层方法易于在轨道发射装置上实现。

图 5-14　未分层电枢的电流密度分布

(3) 应用类似的方法对图 5-13 (c) 中不同层的电阻率进行调整，使得第一、六层电阻率最大为 $4 \times 10^{-8}\ \Omega \cdot m$，而中间层电阻率依次降低（最低为 $2 \times 10^{-8}\ \Omega \cdot m$），重新仿真可以发现各层中电流密度的峰值差异变小，也可以使电流分布变得更加均匀。

(三) 应力分布问题

电枢是轨道发射装置中的关键组件,强大的电磁力极易造成其结构破坏失效。如上节所述,电枢的几何形状影响了电枢上电流的分布,进而影响了发射过程中的应力分布状况。为了确保电枢在发射过程中的结构安全,需要选取高强度的电枢材料及合适的几何形状。为了研究电枢的应力分布以及在电磁力作用下的变形情况,需要对电磁场与应力场进行耦合分析。采用如图 5 – 15 所示的激励电流作为电流源。

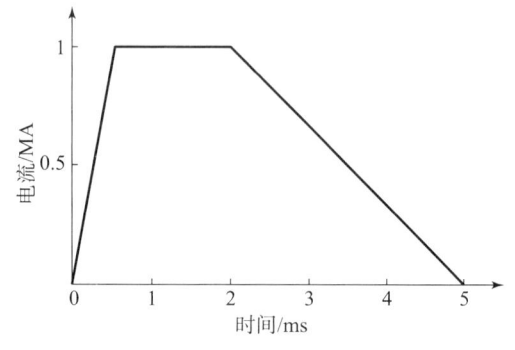

图 5 – 15 仿真用激励电流曲线

所研究的 4 种电枢如图 5 – 16 所示,主要区别在于 U 形铝电枢前导向臂、滑动接触界面尾部圆弧两方面的差异。通过仿真分析可知,电流密度与电磁力的峰值点出现在 0.5 ms 时刻,如图 5 – 17 所示。

(a)

(b)

(c)

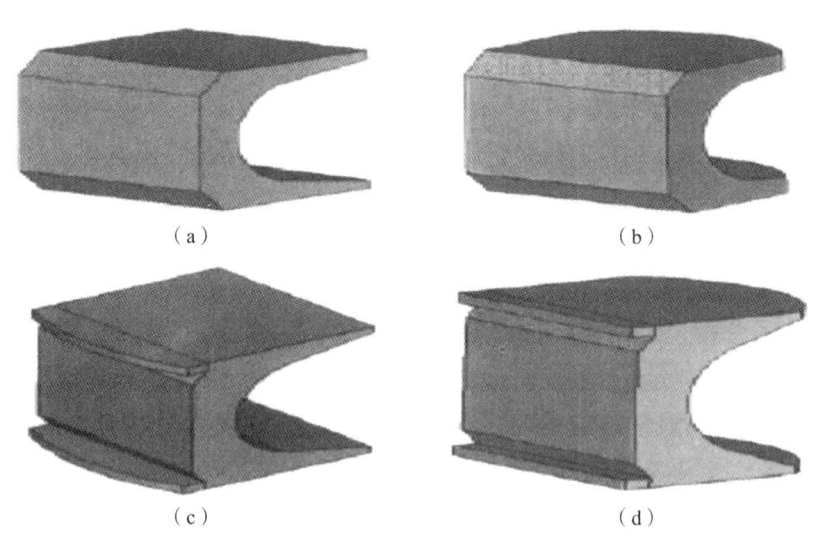

(d)

图 5 – 16 采用的 4 种类型固体电枢形状

(a) 标准 C 形电枢;(b) 曲面 C 形电枢;
(c) 带前导向臂的 H 形电枢;(d) 带前导向臂的曲面 H 形电枢

图 5 – 17 显示出电磁力在 U 形电枢的肩部出现最大点。电磁力可以分为两个部分:一部分推动电枢向前移动,另一部分将电枢臂或尾翼压紧到

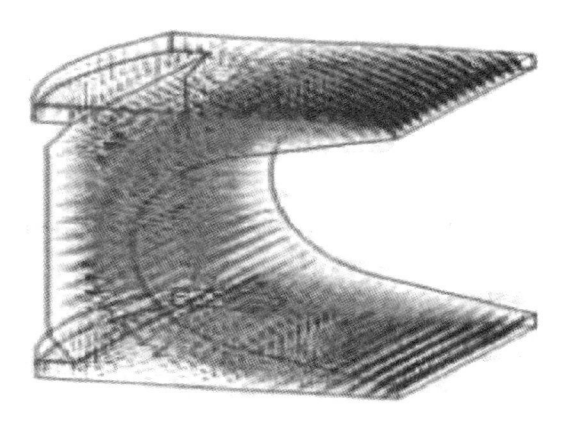

图 5-17 电枢在 0.5 ms 时刻电磁力分布

相应轨道上。4 种典型形状电枢的受力情况如表 5-4 所示，需要注意的是电磁推力（x 方向）远大于电磁压力（y 方向），z 方向的受力最小。

表 5-4 几种不同电枢的受力结果

电枢编号	(a)	(b)	(c)	(d)
电枢与标准 U 形电枢的体积比	100%	98.09%	101.59%	100.55%
电流密度峰值/(kA·mm^{-2})	11.7	11.6	11.65	11.4
电枢内最大磁通密度/T	25.642	25.577	25.476	25.384
x 方向合力/N	-218 921	-216 431	-222 435	-228 528
y 方向合力/N	-99.66	18.95	82.22	-462.32
z 方向合力/N	128.44	-36.52	65.68	84.90
最大形变量/m	0.031 7	0.022	0.022	0.014

在 0.5 ms 时刻，4 种电枢的变形图如图 5-18 所示。

总体来说，电枢的形变在电枢的尾部最大并向电枢的头部递减。从图 5-18 中可以看出，尾翼修正型电枢、前导型电枢的变形小于简单 U 形电枢，尾翼修正兼前导型电枢的形变是最小的。

由于几何形状影响了电枢上电流的分布，因此有理由认为电枢的几何形状会影响到电枢上的应力分布。为此考虑电枢尺寸变化对电枢形变量的影响。

（1）当前沿厚度 D 变化时，电枢的形变量及质量变化如图 5-19 所示。由图 5-19 可知，电枢的形变量随 D 的增加而减小，当 D 增加到一定程度时，电枢的形变减小幅度会降低。

(a)　　　　　　　　　　　　　　(b)

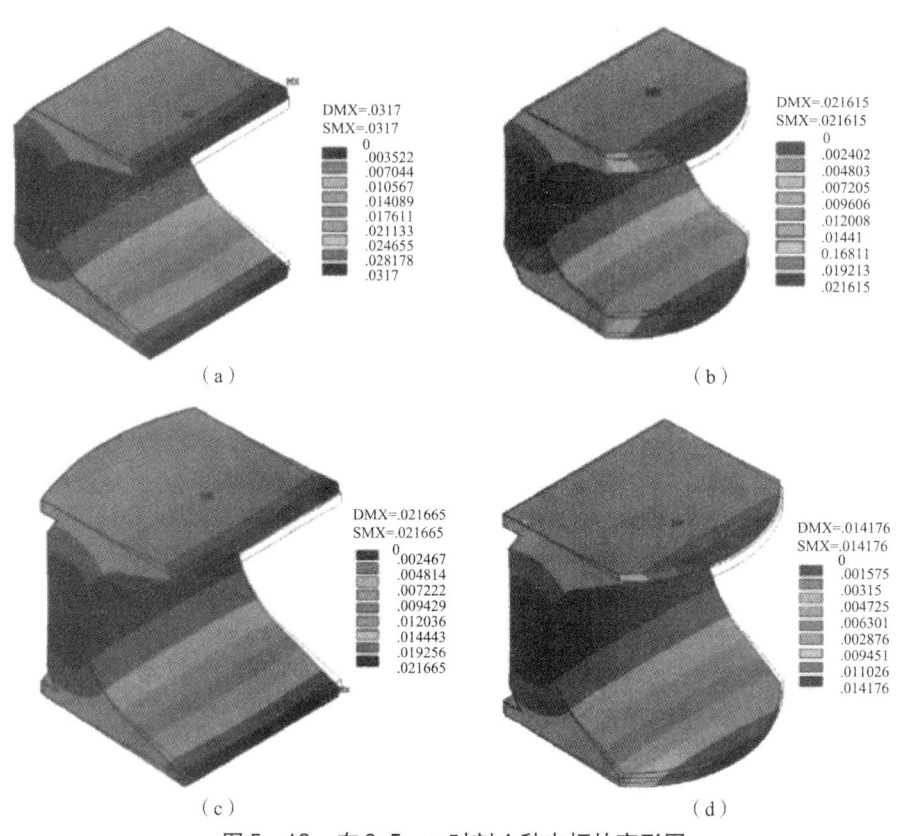

(c)　　　　　　　　　　　　　　(d)

图 5-18　在 0.5 ms 时刻 4 种电枢的变形图

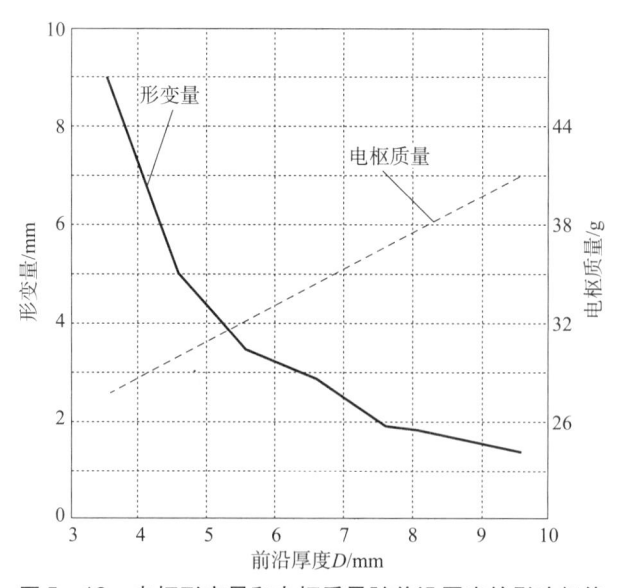

图 5-19　电枢形变量和电枢质量随前沿厚度的影响规律

(2) 尾翼厚度 H 变化时，电枢的质量及变形情况，如图 5-20 所示。由图 5-20 可知，H 增加导致电枢形变量降低。

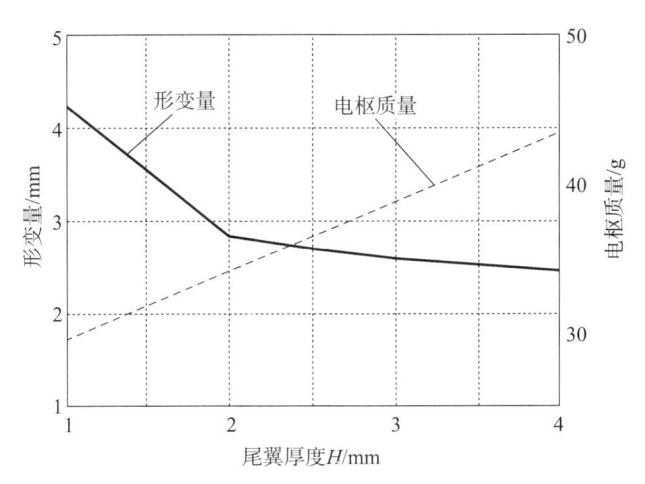

图 5-20　电枢形变量和电枢质量随尾翼厚度的影响规律

(3) 尾翼长度 L 变化时，电枢的形变与质量变化情况如图 5-21 所示。由图 5-21 可知，随 L 的增加，电枢的形变量会降低。

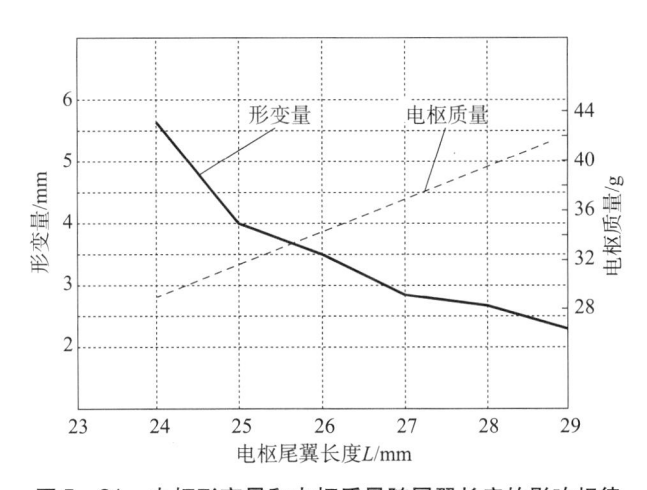

图 5-21　电枢形变量和电枢质量随尾翼长度的影响规律

(4) 当 R 增加时，电枢的质量会降低，同时电枢的形变量会增加，如图 5-22 所示。

通过上述分析可以发现，延长电枢尾部长度或者应用前导向臂可以降低电枢的形变。电枢的最大变形点出现在电枢尾翼附近，电枢头部形变最小。

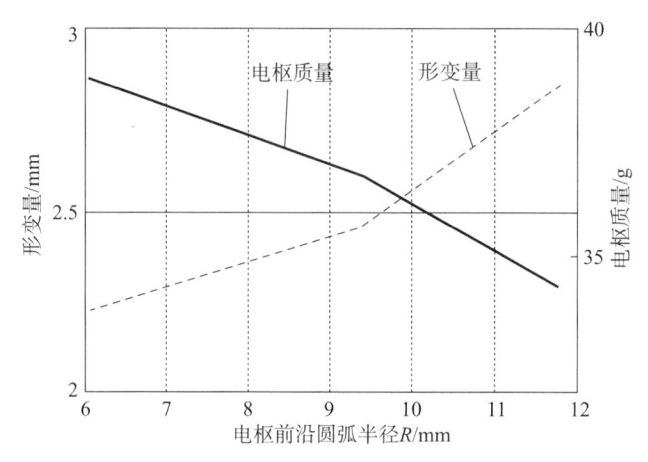

图 5-22　电枢形变量和电枢质量随电枢前沿圆弧半径的影响规律

（四）温度分布问题

电枢上的电流密度分布决定了欧姆加热和温度的分布。如果电枢设计得不合理，会导致电枢上的局部温升过高，从而使电枢失去机械强度，严重时甚至会导致电枢本体出现局部软化、熔化甚至断裂的现象。为了研究电枢上的温度分布，需要耦合分析电枢上的电磁场与温度场。假设电枢在轨道上固定且所采用的铝铜材料为线性及各向同性的，采用图 5-23 所示的模型进行仿真分析。其中，几何尺寸如图 5-24 所示，激励电流如图 5-25 所示。计算所获得的电枢上温度分布如图 5-26 所示。

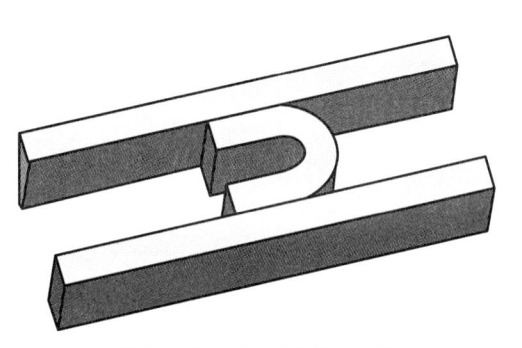

图 5-23　仿真模型示意图

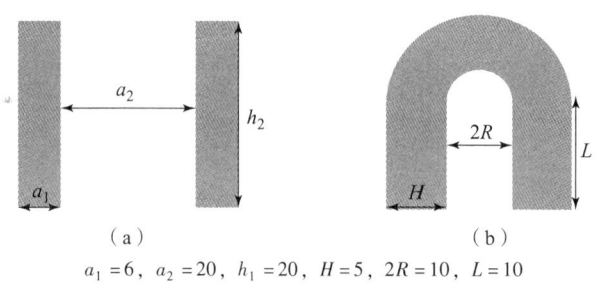

（a）　（b）

$a_1 = 6$，$a_2 = 20$，$h_1 = 20$，$H = 5$，$2R = 10$，$L = 10$

图 5-24　仿真模型几何尺寸（mm）

（a）轨道横截面尺寸；（b）电枢侧截面尺寸

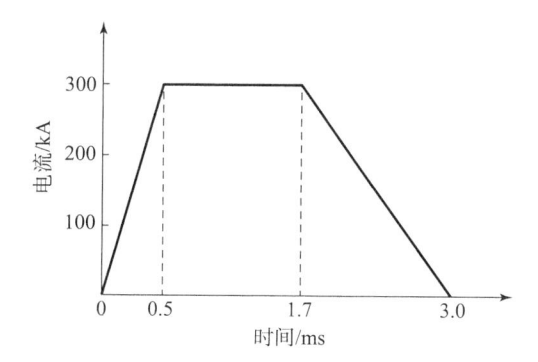

图 5-25　流经轨道炮的激励电流

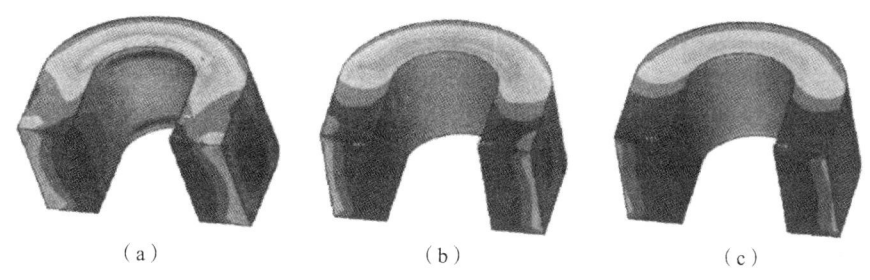

图 5-26　不同时刻电枢温度分布计算结果

(a) 0.5 ms；(b) 1.7 ms；(c) 3.0 ms

从图 5-26 中可知，电枢上的温度随着轨道电流的上升而迅速提高，并且可以发现热产生的速率较热传导的速率高很多。在整个温度升高过程中，电枢上的温度分布不均匀，在 U 形电枢拱形（咽喉）部分及电枢/轨道接触面上的温度较高。

调节激励电流平顶波的幅值，电枢上的最高温度会随之发生变化，当幅值从 100 kA 上升到 500 kA 时，电枢上的最高温度如表 5-5 所示。当电流幅值达到 500 kA 时，电枢上的最高温度可达 567 ℃。可见当进一步提高激励电流的幅值时，电枢的温度可能到达铝材料的熔点。考虑到温度升高时，铝材料机械强度会降低，因此电枢很可能在局部温升达到熔点之前丧失足够的机械强度，从而造成电枢失效。

表 5-5　轨道电流对电枢电磁力与温度的影响

I_{max}/kA	100	200	300	400	500
F_{max}/kN	7.12	12.62	26.7	69.2	171.9
T_{max}/℃	42.1	79.2	132.3	309.1	567.3

5.1.4　高速条件下 U 形电枢的物理特性

（一）速度趋肤效应

转捩现象对电磁轨道炮发射效率、身管寿命、发射性能一致性等有重要的影响。速度趋肤效应不但影响了场量在轨道与电枢内的分布，更是决定电枢/轨道接触状态的重要因素。当在运动导体内建立涡流场控制方程时，方程式（5-7）应该被替换为

$$J = \gamma(E + v \times B) \quad (5-15)$$

式中，v 为导体运动速度。对于给定的轨道炮，可以通过有限元法或有限差分法来求解带有速度项的涡流场方程。除了上述两种数值方法外，速度趋肤效应的估算方法也被提出，假设电枢以恒定速度在静止的轨道上滑动，如果接触面的长度为 l，则电枢经过长度 l 所需的时间为 $\Delta t = l/v$，期间电流由 0 上升到 I_0。如果电流在电枢上均匀分布，或者电流主要通过电枢的尾部，则电流流经枢/轨接触界面的电流（可能为直线或曲线），如图 5-27 所示。

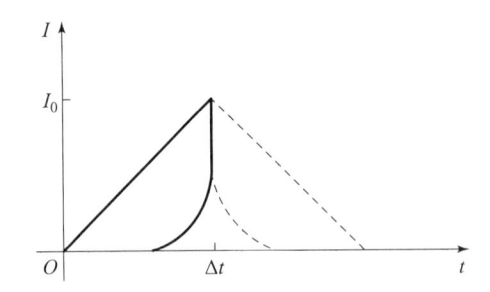

图 5-27　在 Δt 的时间内轨道某截面上的电流升到 I_0

图中的实线部分和虚线部分可以看作是一个长度为 $2\Delta t$ 的锯齿波，根据傅里叶分析，该锯齿波也可看作是一个周期为 $4\Delta t$ 的正弦波的一部分。其等效频率为 $f = v/(4l)$，代入式（5-14）可得趋肤深度为：

$$\delta_v = k_e \sqrt{4l/(\pi\mu v\gamma)} \qquad (5-16)$$

式中，k_e 描述了锯齿波与正弦波的相似程度，一般可取为 1。如图 5-27 中所示，如果电流为尖锐的锯齿波，其等效频率将远远大于 $v/(4l)$，此时穿透深度可表示为：

$$\delta_v = k_e \sqrt{h/(\mu v\gamma)} \qquad (5-17)$$

式中，h 为电枢导通电流的有效长度。显然式（5-16）、式（5-17）都可以用于表达轨道的速度趋肤效应，而由式（5-16）给出的数值较大。对于典型的铜轨道，假设其接触长度为 20 mm，当速度分别为 50 m/s、100 m/s、200 m/s、400 m/s、800 m/s、1 600 m/s、3 200 m/s 时，等效频率和趋肤深度如表 5-6 所示。

表 5-6 等效频率与趋肤深度

$v/(\text{m}\cdot\text{s}^{-1})$	f/kHz	速度趋肤深度/mm
50	0.625	2.680
100	1.25	1.894
200	2.5	1.339
400	5	0.947 7
800	10	0.669 5
1 600	20	0.473 9
3 200	40	0.237 9

可知当速度达到 400 m/s 以上时，趋肤深度小于 1 mm。对比 50 Hz 的轨道电流时铜的频率趋肤深度（约 9.4 mm），可知当电枢处于高速运动状态时，电流更加趋于在轨道表面流动。这对轨道、电枢、枢/轨接触面上的多个物理参数造成了重要影响。

（二）**速度趋肤效应的控制手段**

轨道炮系统内的磁场扩散受两个因素的影响：一是扩散时间，由于电流的频率趋肤效应，在每种材料内建立电磁场都需要一定的时间。该时间与磁导率、电导率和扩散距离的长度有关。二是速度趋肤效应，而速度趋肤效应存在于有相对运动的材料之间，也可以用磁场扩散时间解释，例如可以在频域对速度趋肤效应进行等效分析。

频率趋肤效应和速度趋肤效应对磁场扩散的影响，如图 5-28 所示。两图中的 4 条线分别表示了该区域导通了系统电流的 20%、40%、60%、80%。

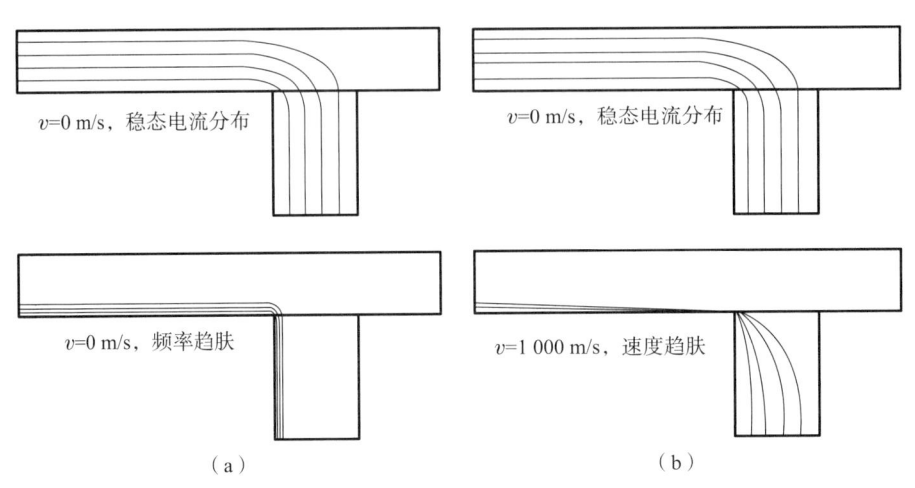

图 5-28 频率趋肤效应与速度趋肤效应对电流分布的影响及对比
(a) 频率趋肤效应；(b) 速度趋肤效应

图 5-28 (a) 中电枢位置固定，可见当电流经过充分扩散后，电流密度分布相对均匀，而频率趋肤效应使得电流仅分布于轨道与电枢的表面。在图 5-28 (b) 中给出了电流均匀分布的情况与速度趋肤效应的对比，可见速度趋肤效应也使得电流沿着轨道表面流动，但对电枢内的电流分布影响相对较小。对比图 5-28 (a)、(b)，可以发现速度趋肤效应使得电枢尾部的电流聚集现象更加严重，将可能导致更大的温升和造成枢/轨接触损坏。

速度趋肤效应与摩擦热、焦耳热一起限制了轨道炮电枢的速度。为了获得更加均匀的电流密度分布，有 3 种方法可供选择：一是采用高熔点电枢材料；二是采用较高电阻的轨道；三是使用具备电阻梯度的电枢。其中后两种改进方案如图 5-29 所示。

此外，国内外学者利用电磁-热耦合二维有限元模型对 4 种电枢的速度趋肤效应进行了仿真分析，如图 5-30 所示。

仿真的激励电流采用相同上升速率的平顶波电流，电流幅值分别为 100 kA、120 kA、150 kA、225 kA、300 kA 和 400 kA。在所有的算例中，当电枢上某点的温度超过材料熔点时，仿真停止，然后评估此时电枢所获的动能。

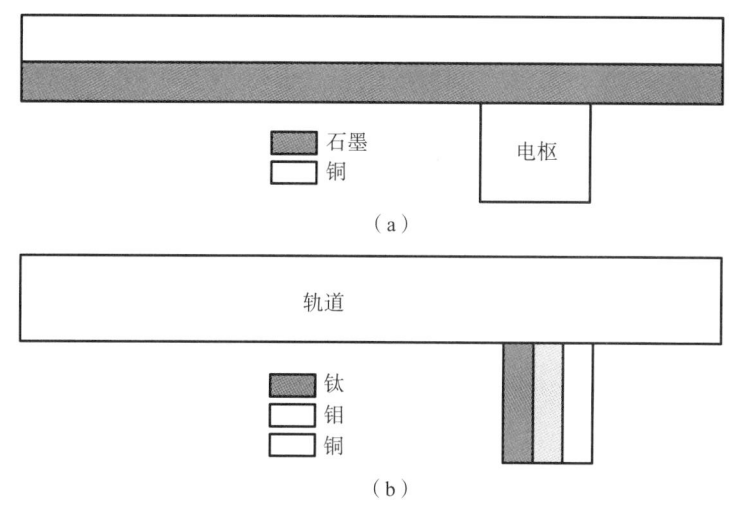

图 5-29 降低速度趋肤效应的两种思路

(a) 采用分层轨道；(b) 采用分层电枢

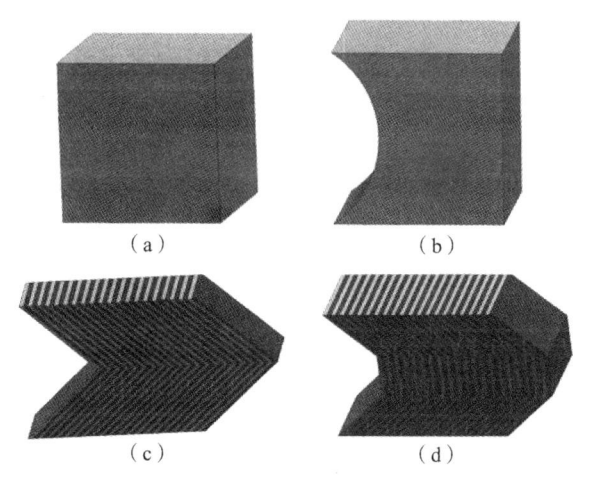

图 5-30 4 种用于研究速度趋肤效应的电枢

(a) 方形；(b) 曲面；(c) V形；(d) V形改

图 5-31 给出了不同长度的方形铜电枢的发射效果，可以发现当轨道电流幅值超过 300 kA 时，电枢所获的动能相近。这主要是由于电枢尾部的电流聚集导致该位置的材料在几乎相同的时间内达到熔点。在较小电流条件下，较长的电枢具备相对均匀的电流密度分布、较低的焦耳热效应及需要较长的时间以达到熔点。另外，由于电流的流动特性导致方形电枢的

拐角处容易出现显著的温度升高，因此采用曲面电枢有望达到更好的发射效果。

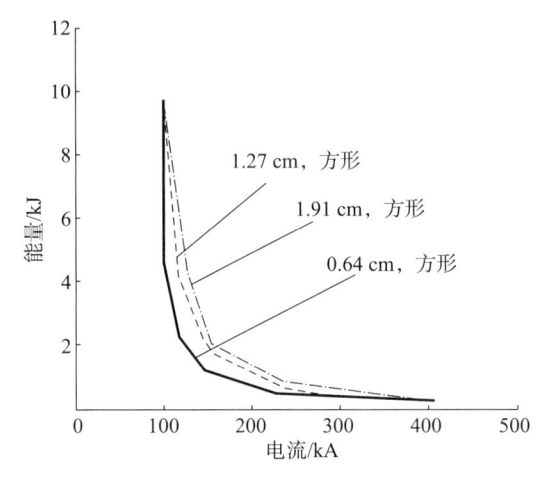

图 5-31　不同长度的方形电枢发射动能对比

图 5-32 给出了 1.27 cm 长度的 V 形电枢、曲面电枢和方形电枢的发射效果对比，可知曲面电枢和 V 形电枢具备较好的发射性能。图 5-33 给出了铜、铝、钼（熔点 2 610 ℃）材料的 1.27 cm 长的 V 形电枢的发射性能对比。结果表明，铝电枢具备较好的发射性能。

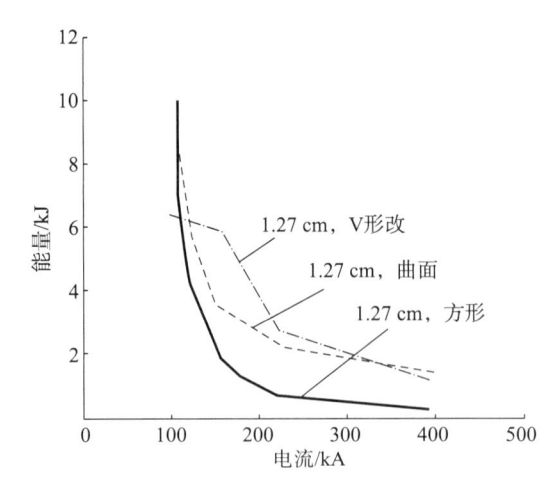

图 5-32　1.27 cm 长的铜质方形电枢、曲面电枢、V 形电枢发射动能对比

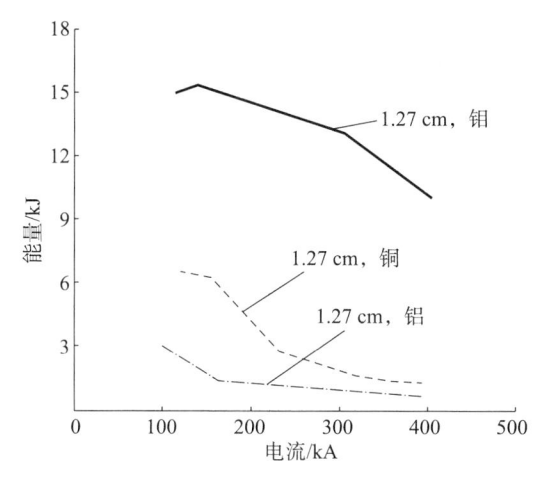

图 5 - 33 1.27 cm 长不同材料 V 形电枢的发射动能对比

高熔点电枢通常密度也比较高，同时具备较短的扩散时间。不过这并不能完全弥补焦耳热效应与质量增加的影响。如图 5 - 34 所示，对 1.27 cm 长的方形铜电枢、钽 V 形电枢、钼 V 形电枢来说，虽然钽的熔点为 2 996 ℃，表现较好的仍然是铝电枢。

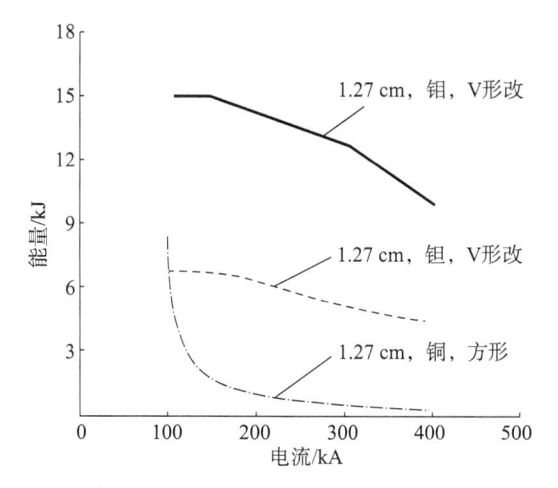

图 5 - 34 1.27 cm 长的方形铜电枢、V 形钼电枢、V 形钽电枢发射动能对比

图 5 - 35 比较了高电阻轨道（0.64 cm 厚铝层覆盖于 0.64 cm 的铜轨道上）与铜轨道对发射效率的影响，结果表明铜轨道与钼电枢具备更好的发射性能。这也说明，降低速度趋肤效应不是补偿枢/轨接触面温度上升的充分条件。

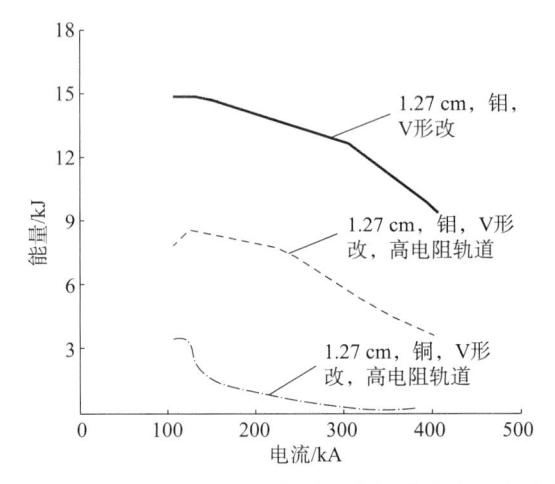

图 5-35　采用不同分层的轨道对电枢动能的影响对比

图 5-36 比较了钼电枢与两种梯度电阻电枢在铜轨道上的发射效果。一种电枢由钼钨材料组成，在电枢长度上各占 50%；另一种电枢为钛钼铜材料组成，在长度上各占 33%。比较可知，钼电枢在所有的电流水平上提供了更好的发射性能。

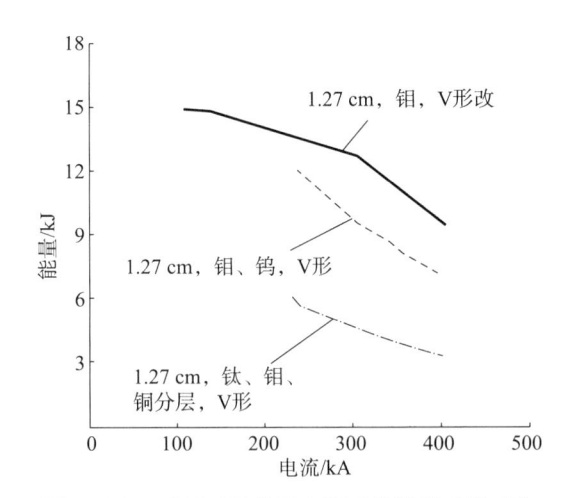

图 5-36　采用不同分层电枢时的发射动能对比

5.1.5　枢/轨接触面上的物理现象

（一）枢/轨接触面上的刨削现象

超高速滑动电接触带来的摩擦磨损不同于常规火炮，最为明显的就是实弹射击后轨道表面泪滴状的刨削坑，即轨道表面局部材料在高应变的物理环境中，受电枢小角度冲击产生的大面积大体积材料剥落现象。除此之外，从轨道和电枢材料上剥落的硬质磨粒导致的犁沟属于常见摩擦磨损机理中的磨粒磨损。

超高速刨削研究最早来自 Graff 和 Deuloff 在 1969 年进行的火箭橇试验，并于 1980 年左右作为固体电枢发射的显著损伤进入电磁轨道炮轨道失效研究领域，典型的刨削坑呈泪滴状，刨槽的弧形尾部带有一层堆积卷边。

为探索刨削的形成机理，Chinamon 等人利用 CTH 编程仿真了滑块在非平滑表面超高速滑过产生刨削的过程，结果与试验现象具有良好的一致性。Bouren 等人根据 HTA 电磁轨道炮的仿真结果，得出铝枢/铜轨超高速滑动副在 1.5 km/s 速度下，微颗粒大于 100 μm 时发生刨削。李鹤等通过失效轨道表面犁削在电枢前端堆积出的微颗粒为启发，利用有限元软件模拟微凸体诱导刨削，成功复现了类似刨坑，并指出微颗粒的出现是导致刨削现象的根本原因。有关刨削形成的原因，国内外还有很多假说，David 认为刨削是由于轨道表面存在的微观缺陷使得轨道表面有微小的凸起，电枢/轨道接触面高速运动时产生一些小范围的碰撞，碰撞的力度非常大以致材料出现类似流体的行为，最终使得轨道表面产生塑性形变，形成刨削。而 Stefani 和 Parker 则认为刨削是因为电枢/轨道间的冲击应力大于轨道材料的硬度。Watt 认为刨削是一种亚稳态现象，即电枢受干扰而非稳态高速运动，在轨道中传播的弯曲波和瑞利逸散波是刨削形成的干扰源。分析上述刨削原因，大致可总结为微凸起诱导机理和干扰源机理，无论哪种机理，都表明轨道间电枢超高速非稳态滑动冲击是导致刨削出现的直接原因。

（二）滑动电接触与轨道炮的转捩烧蚀现象

固体电枢（弹丸）在加速的过程中，电枢与轨道处于滑动电接触状态，电枢/轨道之间的相对运动速度从零到数千米每秒，电流从零增加到数百千安甚至兆安级别，电流密度峰值的量级为 $10^9 \sim 10^{10}$ A/m^2。这样，电枢/轨道间的高速滑动摩擦和欧姆加热将使电枢接触面局部熔化或缺失，从而改变接触状态，导致电枢转捩和轨道刨蚀等现象发生，进而电枢/轨道间表面受损，这将直接影响电磁轨道炮的轨道寿命、发射效率、电枢出膛速度的精度和可重复性。

近年来，国内外学者提出了多种物理模型和假设，试验技术上发展了一些研究电枢转捩现象的诊断手段，可定性地解释部分试验结果。通常认为炮口电压的急剧变化意味着发生了转捩现象。在简单电磁轨道炮（只有两根平行轨道）中，电枢和炮口之间的磁场可以忽略，不影响炮口电压测量，炮口电压可以较直观地反映电枢/轨道接触特性的变化。但在串联双轨增强型电磁轨道炮中，由于电枢和炮口之间存在外层轨道引起的磁场，所测得的炮口电压幅值和变化较大，接触特性变化所引起的炮口电压信号变化较难辨别。

某发射装置在不同电流线密度条件下的炮口电压波形如图 5-37 所示。图中 AB 段为接触电阻稳定段，BC 段为接触电阻上升段。值得注意的是图 5-37（c）中，在 B 点附近存在炮口电压急剧上升的现象，这意味着在发射过程中电枢/轨道接触性能变差，出现了转捩烧蚀。

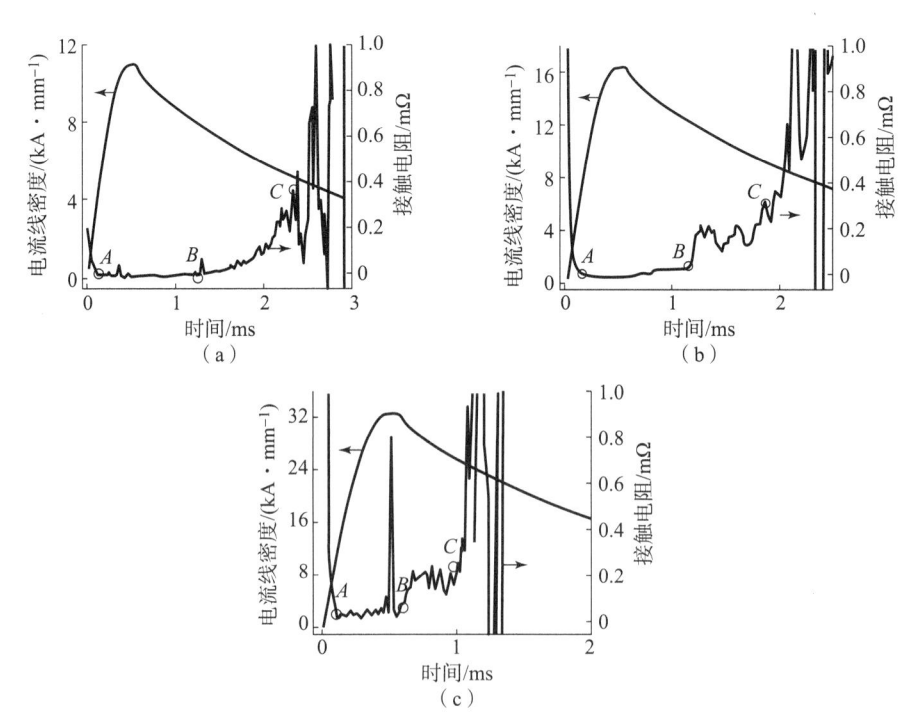

图 5-37　不同电流线密度条件下的炮口电压波形对比
(a) 11 kA/mm；(b) 16.5 kA/mm；(c) 33 kA/mm

固体电枢/轨道之间高速滑动电接触过程涉及摩擦、熔蚀、相变等多种物理现象，是电磁轨道炮发射过程中最为关键和复杂的问题。传统的滑动电接触理论并不适于对电磁轨道炮中高速滑动（1~2 km/s）、大电流（>300 kA）接触特性的描述。如何描述电磁轨道炮中高速滑动电接触过程中的物理和化学现象，评估影响电枢/轨道电接触特性的参数，掌握保持优良滑动电接触性能的方法，是电磁轨道炮发展过程中不可回避且极其重要的问题。

1. 基于 A – spots 的电接触理论

电枢接触失效问题在很久之前就得到了重视。早在 1950 年左右，Bowden 认为当导通的电流密度超过某个由接触压力决定的临界值时，金属/金属接触面上就会出现烧蚀。Barber 推想在轨道炮发射过程中摩擦热与电热的共同作用会在接触面上形成导电能力极差的熔化金属层，并进一步认为热传导不会消除熔化层的热积累，最终导致金属液体的蒸发与电弧放电现象。Barber 提出了枢/轨接触的"三段论"，认为在发射过程中，枢/轨接触面上由炮口方向到炮尾方向存在 3 个区域两个转化。3 个区域分别指的是后备区、导流区与熔化区，其中后备区没有与轨道接触，也不导通电流，导流区与轨道接触并导通了大部分电流，熔化区的液体已经被加热到蒸发温度的临界点，除非发生拉弧击穿现象，否则该区域可被近似认为电流通过。两个转化指的是接触面的后备区向导流区转化，导流区向熔化区转化。当接触面上仅剩余熔化区时，转捩将会发生。最终 Barber 通过引入离散接触点 "A – spots" 的电热特性描述、温度趋肤深度及 3 个接触区域上的材料特性，建立了一个可以估计烧蚀发生时间的公式。

该理论建立在对固体接触的离散点（A – spots）建模上。当电枢/轨道间存在较大接触压力时，接触点处的材料会发生塑性形变，每个 A – spots 的平均面积为

$$A_s = \frac{P}{nH} \tag{5 – 18}$$

式中，P 为接触压力；n 为 A – spots 的数密度；H 为电枢/轨道间较软材料的硬度。当在面积 nA_s 上施加 100 MPa 左右的接触压力时，硬度约为 800 MPa 硬铝合金的实际接触面积为总接触面积的 10% ~ 20%。典型的接触点数密度为 $10^5/m^2$，此时离散接触点的平均接触面积为 1 mm²。已知接触点面积，可以求得接触点平均半径，记为 a。电流流过 A – spots 导致局部温度上升，在电枢/轨道接触条件下，该温升过程可被看作一个绝热过程，而热的传导可以被忽略。与电流趋肤效应类似，可以定义一个温度透入深度：

$$\delta_{th} = \left(\frac{\pi k t}{\rho C}\right)^{1/2} \tag{5 – 19}$$

式中，k 为热 – 电导率系数；t 为时间；ρ 为密度；C 为热容量。同时可以定

义一个时间常数 τ，表示温度透入深度 δ_{th} 等于接触点平均半径 a 时所需的作用时间，即：

$$\tau = \frac{\rho C a^2}{\pi k} \qquad (5-20)$$

在绝热过程的稳恒电流条件下，A-spots 的熔化时间可以用电作用概念计算：

$$t_m = g_m \left(\frac{nA_s}{j}\right)^2 \qquad (5-21)$$

式中，g_m 为使其熔化的作用系数；$j = i/A$ 为电流密度，而 A 是名义接触面积。这样，如果 t_m 小于 τ，接触点将会熔化，该条件还可表述为：

$$j > \pi \left(\frac{nkg_m}{\rho C}\right)^{1/2} \left(\frac{P}{H}\right)^{1/2} \qquad (5-22)$$

进一步地通过分析 3 个区域内的热、机械、电特性，可以发现一个依赖于接触材料特性的转捩常数 K，其表达式为：

$$K = \frac{A}{\int (I^2/F) dt} \qquad (5-23)$$

式中，F 为法向接触压力。选择具备低转捩常数的电枢材料时可以推迟转捩时间。该公式说明与烧蚀相关的参数只有 3 个，其中接触压力 F 是结构设计问题，接触区域 A 是几何形状选择问题，以及电作用量 $\left(\text{Electrical Action}, \int (I^2/F) dt\right)$。

通过试验，Barber 还认为在 2 km/s 炮口初速的条件下，电枢/轨道间的摩擦和速度趋肤效应不会显著影响转捩速度。

2. 基于速度趋肤效应的电接触理论

几乎与 Barber 研究工作开展的同时，一些研究者们逐渐认识到一种被称为"熔化波"的转捩烧蚀机理，认为速度趋肤效应（VSE）带来强烈的电流聚集，这种电流聚集效应将会不断地熔蚀电枢材料，当所有的电枢接触面均发生熔蚀和缺损后，转捩就会发生。Parks 推导了电枢接触面熔蚀的速度，James 通过理论分析认为提高转捩速度的关键在于应用高电阻率电枢材料、高熔点的电枢/轨道材料和优化轨道覆层厚度。James 进一步阐述了为达到 2~3 km/s 的转捩速度，不应采用低电阻率的电枢材料。在基于速度趋肤效应的熔蚀机理提出之后，各国研究者对此展开了深入研究。2011 年，南京理工大学基于二维有限差分法对轨道炮的速度趋肤效应进行了电磁-热耦合分析。所采用的电枢/轨道几何模型如图5-38所示。

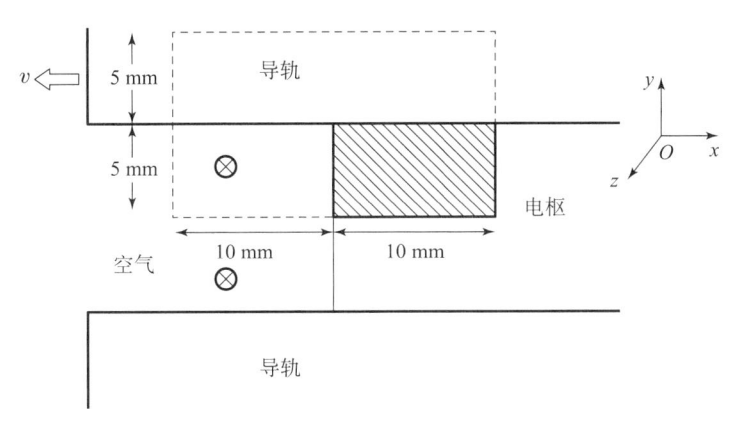

图5-38 速度趋肤效应仿真模型

仿真中电枢/轨道内侧的磁场高达30 T,电枢运动速度为0 m/s及150 m/s。计算获得的电枢/轨道接触面温度分布如图5-39所示。

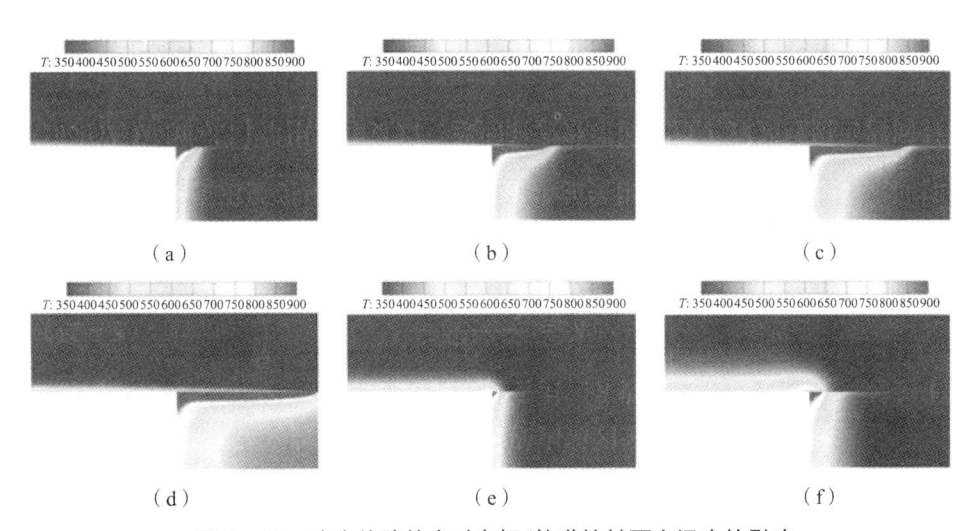

图5-39 速度趋肤效应对电枢/轨道接触面上温度的影响

(a) $v = 150$ m/s, $B_0 = 32$ T, $t = 100$ μs; (b) $v = 150$ m/s, $B_0 = 32$ T, $t = 300$ μs;
(c) $v = 150$ m/s, $B_0 = 32$ T, $t = 500$ μs; (d) $v = 150$ m/s, $B_0 = 32$ T, $t = 700$ μs;
(e) $v = 0$ m/s, $B_0 = 32$ T, $t = 100$ μs; (f) $v = 0$ m/s, $B_0 = 32$ T, $t = 300$ μs

从图5-39中可以看出,烧蚀首先发生在电枢与轨道接触面的尾部区域,这是因为速度趋肤效应使得电流在此区域集中,高电流产生高焦耳热。

图 5 – 39（a）~（d）显示，由于电流始终集中在接触面的尾部边缘，因此在速度趋肤效应的推动下熔化波向前传播，熔蚀形成了一个缝隙，使得熔蚀部分的电枢与轨道不再接触，当熔化波熔蚀掉整个接触表面后，电枢与轨道分离，金属/金属接触将会转变为电弧接触，电枢可能会发生转捩烧蚀。

图 5 – 39（e）、（f）为电枢速度为 0 m/s 时温度分布图。可以发现，因为频率趋肤效应的作用，烧蚀也是发生在轨道与电枢接触面的尾部边缘。烧蚀区域基本固定，没有形成熔化波向前推进的过程。进一步分析可知，电枢运动速度越高，激励磁场的磁感应强度越大，熔蚀进行得越快。

5.2　轨道炮弹药技术

5.2.1　轨道炮弹药技术概述

在设计电磁轨道炮弹药时，会自然地借用传统化学发射药火炮及其弹药的概念、定义和设计方法。然而，由于发射原理不同、发射装置结构不同，使得电磁轨道炮弹药与传统弹药存在很大的区别。截至目前，两者间的主要区别包括：

（1）电磁轨道炮内膛没有膛线，如果人为地制作类似于膛线的旋转轨道，则工艺非常复杂，工程难度极大，因此电磁轨道炮弹药多通过尾翼维持空中姿态稳定。

（2）电枢相当于传统弹药的发射部，电枢设计的主要出发点是保证电磁轨道发射的可靠性和高效性（即弹药系统的内弹道性能），通常不考虑其外弹道的气动特性。因而，电枢在出炮口后通常因影响外弹道的气动性能而被作为寄生质量抛弃。

（3）弹丸相当于传统弹药的战斗部，弹丸设计要考虑其外弹道超高速气动外形。弹丸在电磁轨道炮炮膛内避免与轨道导体接触传电，因此还需要绝缘隔离、弹托及其他固定结构，并且这些固定导向结构在弹丸出膛后被自动抛弃。

（4）电磁轨道炮是靠强大的电磁场和电磁力加速弹丸，因此电磁轨道炮弹药在膛内要经受强电磁场的冲击。

（5）电磁轨道炮弹药具备极高的发射速度，可达马赫数 8（即 $Ma8$）以上。这也意味着电磁轨道炮弹药将承受更高的过载冲击。

因此，电磁轨道炮弹药系统通常包括以下组件中的部分或全部：

(1) 电枢组件：用以承受发射过程中的电磁推力。

(2) 战斗部组件：以动能毁伤或破片毁伤的方式打击厚装甲、轻型装甲及无装甲目标。

(3) 导向组件（弹托）：在发射过程中保证弹药沿着内膛运动。该组件可能与轨道接触，也可能与身管上专门布置的导向槽（条）接触，用以完成弹药在身管内的导向功能。

(4) 电磁防护组件：用以在内弹道过程中保护弹药系统的电子系统，防止电磁轨道炮发射过程中强电磁场对弹载电子系统的破坏。

(5) 导航与制导组件：用于提高弹药超远程覆盖情况下的命中精度。

(6) 气动外形组件：用以提供适当的弹形系数及高速情况下的气动性能。

(7) 高温保护组件：用以避免弹药在稠密大气中因气动热带来的不利影响。

(8) 轨道炮弹药系统集成：为一体化弹药系统各组件提供集成接口和高强度骨架，并在合适情况下自动解体。

上述组件中，出炮口后被抛弃的部分被称为寄生质量部分，如电枢组件和导向组件等。其余在空气中沿着某外弹道轨迹飞行的部分被称为有效质量部分。相对于传统火炮来说，轨道炮武器系统最具吸引力的一个特点是其超高炮口初速（2 500 m/s 以上）。在有限的身管长度上，将弹药系统加速到如此高的初速，弹药系统组成构件将承受很大的过载（可达 $10^5 g$ 以上）。因此在一体化弹药系统的设计中，各组件的结构强度是需要充分考虑的问题。除了高过载问题以外，发射过程中轨道间的高强度磁场（可达 10 T 量级）可能对弹药系统的电子电路组件造成电磁干扰。因此在必要的情况下，要为电磁轨道炮弹药系统的设计考虑相应的抗电磁干扰手段。另外，轨道炮弹药在大气中飞行时，为尽量减小空气阻力和降低热气动热效应带来的不利影响，对弹药系统的气动外形也需要重点考虑。

5.2.2 典型的电磁轨道炮弹药

在电磁轨道炮研制早期，所发射的抛体通常为一个简单的电枢。随着工程应用研究开展，弹药系统所包含的组件逐渐丰富起来。下述三种一体化弹药的应用场景及组成均有不同，基本上可代表当今主流的轨道炮一体化弹药系统。

(一) 电磁炮穿甲弹

与传统弹药相比,利用电磁轨道炮将穿甲弹加速到超高速,可以大幅提高穿甲威力。此类弹药主要依靠动能实现毁伤,有效质量部分主要由侵彻弹本体构成,一般不具备弹药系统总成、气动外形及导航与制导等组件。如图 5-40 所示,此类弹药系统主要包含导向组件(弹托)、穿甲杆及电枢组件三部分。导向组件(弹托)夹着穿甲杆飞出炮膛后脱壳,以发挥穿甲杆的外弹道性能。为减小寄生质量,也可利用中置式电枢同时承担导向功能。

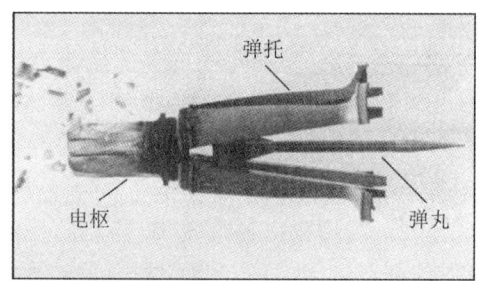

图 5-40 电磁炮穿甲弹药

早期的电磁轨道炮穿甲弹与电枢研究几乎是同步的,结构复杂的多层固体电枢最后被图 5-40 (a) 中最右侧的结构简单的 U 形铝质电枢取代。

(二) 超高速榴弹或超高速子母弹

与传统火炮相比,电磁轨道炮的优势就是炮口速度高。因此,电磁轨道炮的首要目的就是军事使用。受其影响,由于圆形弹丸的气动外形好,早期的电磁轨道炮也为圆膛的。早期的电磁轨道炮榴弹发射试验如图 5-41 所示。图 5-41 (a) 为整装的电磁轨道炮射弹组件,包括部分表面呈黑色的 U 形电枢、有金属光泽的弹托、白色的约束套环、有金属光泽的弹丸等部分。图 5-41 (b) 为刚刚出膛的电磁轨道炮射弹组件,U 形电枢已经变形，约束套环已经解体粉碎，弹托在空气阻力作用下已经开始分离，弹托头部拖动的激波也很明显，具有超高速气动外形的锥形弹丸已经露出。

(a)

(b)

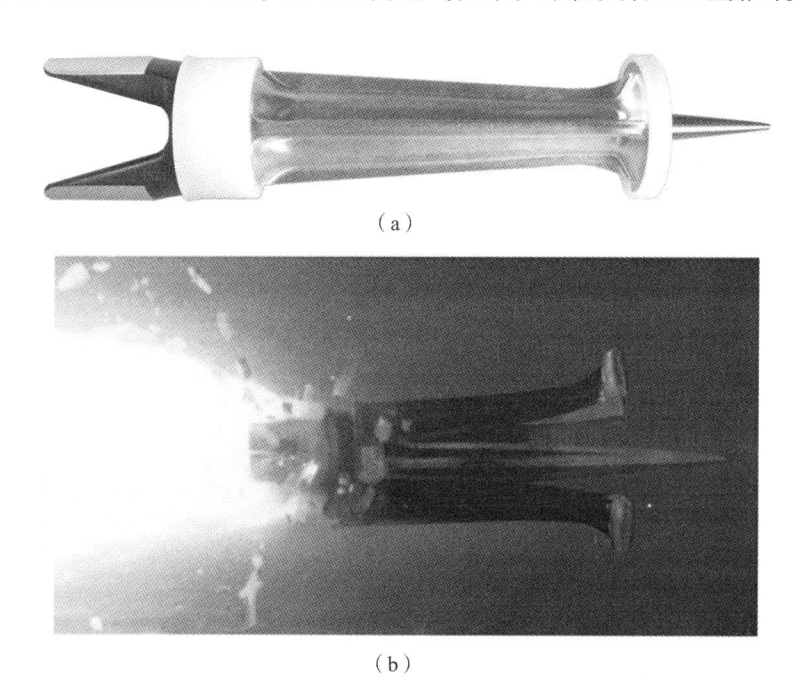

图 5-41　圆膛电磁轨道炮发射的弹药组件和刚出膛的弹药组件
(a) 圆膛电磁轨道炮发射的弹药组件；(b) 刚出膛的弹药组件

随着电枢的研究进展，电磁轨道炮由圆膛逐步过渡到了方膛，电磁轨道炮弹药也进行了相应的调整。如图 5-42 所示的是针对方膛轨道炮的超高速榴弹或子母弹。

如图 5-42 所示，针对方膛的电磁轨道炮一体化弹药包括 U 形铝质电枢、绝缘隔板、超高速射弹（Hyper Velocity Projectile，HVP）、四片可分离的绝缘弹托、后套环、前套环等。其中的电枢配合电磁轨道炮，将电源的电磁能转换为一体化弹药的超高速动能；绝缘隔板把导电的电枢与 HVP 战斗部隔离；四片可分离弹托可保证战斗部在膛内的约束和稳定；前后约束套环可使电枢、绝缘隔板、战斗部、弹托组合成一个整体，顺利发射，并在出膛后各自分离。

另外，从弹药角度出发，受到世界各国关注的"超高速射弹"（HVP）也考虑使用电磁轨道炮平台发射。HVP 是美国海军研发的下一代通用化、低风阻、多任务制导弹药，可用于巡航导弹防御、弹道导弹防御、反水面

(a)

(b)

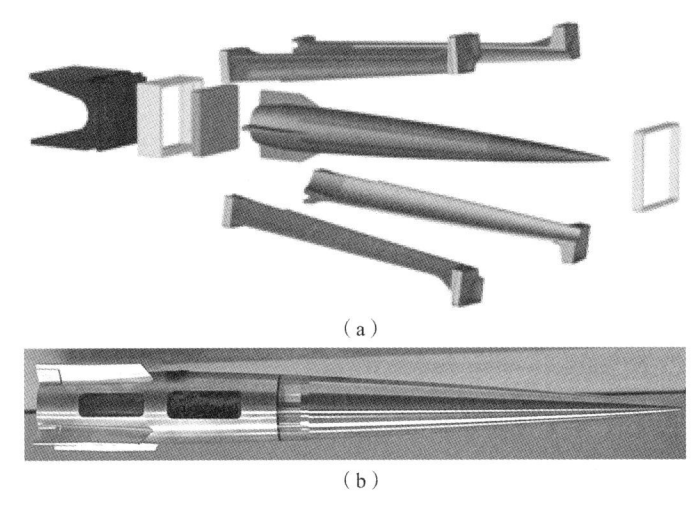

图 5-42 电磁轨道炮一体化弹药

(a) 方膛电磁轨道炮发射的一体化弹药的分解图；(b) 超高速射弹（HVP）照片

战以及海军未来其他任务。

HVP 采用 GPS 闭环火控指令制导，有动能战斗部、高爆榴弹战斗部、子母弹战斗部三种类型，可攻击水面目标、地面目标以及空中目标。其中，动能战斗部装药不超过 0.1 kg，采用触发延迟引信控制，当穿过掩体、工事、甲板等硬质防护层后，战斗部在目标内部爆炸形成冲击波和破片，可用于打击地面建筑、地下掩体或舰船目标；高爆战斗部装有约 0.9 kg 炸药，采用近炸引信，炮弹在空中爆炸形成破片，杀伤目标，可用于防空反导；子母弹战斗部可不带炸药，接近目标后抛射大量的动能子弹，对地面的飞机、车辆等装备进行密集覆盖和打击。

HVP 尾部有 4 片弹翼，其中 2 片为固定弹翼，另外 2 片为活动弹翼用于控制炮弹飞行。通过配置直径不同的 4 片铝制弹托（未来可能采用更轻的碳纤维复合材料），HVP 可由不同口径的火炮发射，包括海军 127 mm MK45 型舰炮、155 mm "先进舰炮系统"、陆军 155 mm 榴弹炮，以及未来的电磁轨道炮。

HVP 具有较高的飞行速度，由电磁轨道炮发射的 HVP 飞行速度可达到 $Ma7$。同时，HVP 没有火箭发动机，成本相对较低，单价只需要约 2.5 万美元。相比之下，目前美国海军装备的"渐进式海麻雀"防空导弹和"标准"-3 Block 1 导弹成本分别为 150 万美元和 1 400 万美元。在应对敌方较廉价的巡航导弹和弹道导弹时，HVP 具有较高的效费比。与传统弹药相比，轨道炮弹药可对目标造成更高的动能损伤，消除了炸药生产、储存、运输、处理过程中产生的昂贵成本，提高了发射平台的安全性和可维护性。

2005 年，美国海军研究署启动了"海军电磁轨道炮创新性样机"项目，计划发展一种可低成本、快速、远程精确打击敌方目标的颠覆性武器。2012 年，该项目完成第一阶段主要任务，开发了 33 MJ 动能的电磁轨道炮实验室样炮。随后，海军研究署启动该项目第二阶段任务，研发 HVP 是这一阶段的重点工作之一。2015 年，完成了 HVP 关键部件设计、炮弹飞行模拟、毁伤效能评估、弹载电子器件开发等工作，并于 2017 年完成 HVP 试射。

图 5-43 给出了 3 种 HVP 外形图。其中图 5-43（a）为传统 127 mm 口径火炮平台发射；图 5-43（b）为传统 155 mm 口径火炮平台发射；图 5-43（c）为当前电磁轨道炮平台发射。对比三种 HVP 可知，图 5-43（c）所示的发射组件除配备专用导向组件（弹托）外，还需在炮弹底部增加电枢，另外电磁轨道炮也不是圆膛。

图 5-43（c）与图 5-42（a）对比，电磁轨道炮的炮膛不再是方膛，而是轨道截面向膛内凸出的结构，这符合 2008 年以后的美国海军电磁轨道炮发展方向。关于电磁轨道炮采用轨道截面向膛内凸出的结构代替方膛，其优势已经在第 3 章电磁轨道发射器相关内容中论述。

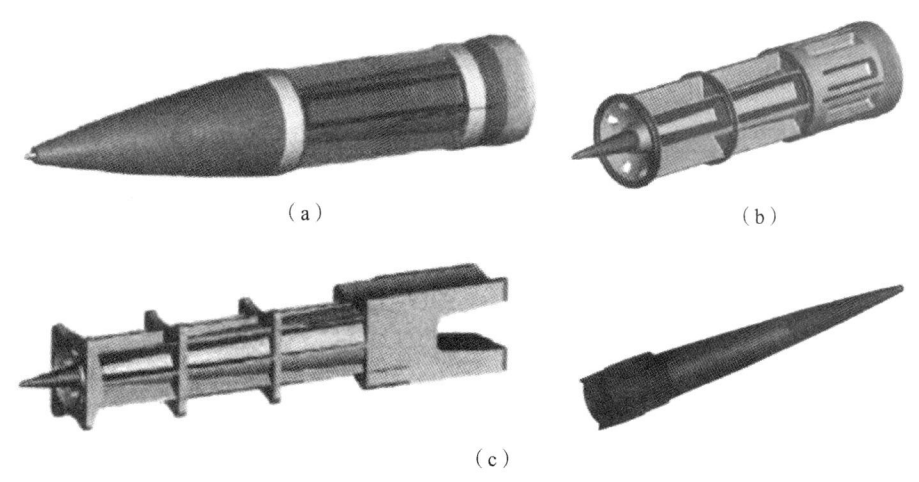

图 5-43 用于 3 种不同发射装置的 HVP 外形图
(a) 安装在 127 mm 发射系统中的 HVP；(b) 安装在 155 mm 发射系统中的 HVP；
(c) 安装在电磁轨道炮中的 HVP

关于电磁轨道炮超远程超高速射弹（HVP）的打击模式，对于地面装备，可利用电磁轨道炮弹药的超高速动能、采用子母弹形式的动能子弹进行打击。图 5-44 展示的是超远程超高速子母弹的动能子弹覆盖导弹发射车及飞机场的概念图。

图 5-44 超远程超高速子母弹的动能子弹覆盖打击敌方导弹发射车和飞机场的概念图

5.3 弹丸强磁环境控制

对于超远程、超高空打击的电磁轨道炮，弹道的终点散布很大，超远程、超高空精确打击的作战任务迫切需要在弹药上附加制导组件。而对于近距防空反导的电磁轨道炮，弹载电子感应引信是其发挥效能的有效方式，因此电磁轨道炮弹载电子组件是电磁轨道炮军事应用的关键技术之一。

另外，电磁轨道炮发射过程中伴随着脉冲强电流（MA 级）和强磁场

(十几 T～几十 T)，必然会产生辐射强度大、分布复杂的电磁场环境。这样的电磁场环境会对电磁轨道炮本体附近的电源及电路系统造成严重的干扰，对膛内弹载电子组件的影响更大，因此需要对弹载电子组件在电磁轨道炮发射过程中的强磁场环境适应性开展研究。

为了充分发挥电磁轨道炮最大毁伤效能，并配合电磁轨道炮弹载电子组件布局，原则上要求屏蔽体应具有质量轻、占据空间小、屏蔽效能高等特点。因此本节采用理论分析和数值仿真方法，对铜导体的电磁感应屏蔽、铁磁材料磁屏蔽，以及活动制导组件的控制技术进行磁感应强度分布有限元分析，研究电磁轨道炮发射过程中弹载电子组件所处磁场环境的抑制方法。

5.3.1 电磁轨道炮弹丸磁场屏蔽方法

（一）高频磁场的屏蔽

较高频段的电磁屏蔽主要依靠良导体金属外壳的涡流消耗。对于电磁轨道炮，电枢和轨道内的脉冲电流会在附近产生强磁场；强磁场的变化能够感应产生电场；感应电场能够在附近导电材料内部形成涡电流；涡电流产生的感应磁场方向与原磁场方向相反，两者互相抵消，从而达到磁场屏蔽的目的。涡流消除机理的本质是电流趋肤效应，导电材料的屏蔽效能与电流趋肤深度有密切联系。导体表面电流趋肤深度的表达式与第 2 章中一致，即：

$$\delta \approx \sqrt{\frac{2}{\omega\mu\sigma}} = \sqrt{\frac{1}{\pi f \mu \sigma}} \quad (5-24)$$

式中，δ 为趋肤深度；ω 为振荡角频率；f 为电磁振荡频率；μ 为导电材料的磁导率；σ 为导电材料的电导率。

由趋肤深度表达式（5-24）可知，导电材料的屏蔽效能主要由材料的电导率、磁导率和电磁振荡频率决定。对于轨道炮回路通断电瞬间或电流上升前沿这类短脉冲引起的强电磁辐射属于高频电磁场，屏蔽材料适合选用导电材料，如铜。对于电磁轨道炮，膛内电流脉宽为 ms 量级，相应的磁场为低频场，导电材料对磁场屏蔽效果较弱。还需要补充考虑使用高磁导率的铁磁材料。

（二）低频磁场的磁屏蔽

对于纯铁等铁磁材料组成的屏蔽体，由于此类材料的磁导率比空气的磁导率大得多，即空气的磁阻比导磁材料的磁阻大，使得外部磁场绝大部分通量从导磁材料通过，而进入空气内部的磁通量较少，从而实现对低频或稳恒磁场的磁场屏蔽。

一般情况下，距离磁场源越远，磁感应强度越弱。如果外磁场磁通密度未达到屏蔽材料的饱和磁通密度，导磁材料不会进入磁饱和，那么导磁材料在弱磁场的屏蔽效果会更好。安装位置合理的屏蔽体能够充分发挥屏蔽材料的优势，显著提高屏蔽效能。

对于频率极低（如直流或 50 Hz）的磁场，基于磁旁路原理的高磁导率材料屏蔽有着十分明显的作用。如图 5-45 所示，使用高磁导率材料构成的屏蔽体，会形成一条能够使磁场顺畅通过的低磁阻通路，这样能够使屏蔽体内的敏感电子元件不受周围强磁场的影响。磁旁路原理的屏蔽效能计算模型如图 5-46 所示。

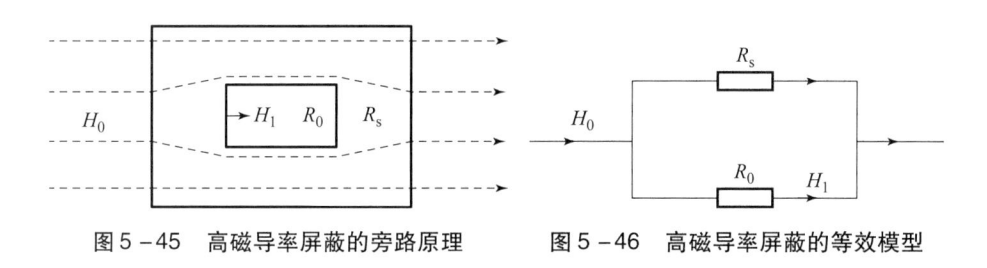

图 5-45　高磁导率屏蔽的旁路原理　　图 5-46　高磁导率屏蔽的等效模型

在图 5-46 中，使用与电阻等效的磁阻，使用与电流等效的磁通量，通过类比电路模型的方式来建立等效磁路模型。在图 5-46 中，R_s 代表屏蔽材料的磁阻，R_0 代表屏蔽体中空气的磁阻。流过两个电阻的电流分别对应通过屏蔽体壁和屏蔽体中央的磁通量。用计算并联电路电流的方法可得：

$$H_1 = H_0 R_s / (R_s + R_0) \qquad (5-25)$$

式中，H_1 为屏蔽体内部的磁场强度；H_0 为屏蔽体外部的磁场强度；R_s 为屏蔽体的磁阻；R_0 为屏蔽体中空气的磁阻。

根据屏蔽效能的定义有：

$$SE = 20\lg(H_0/H_1) = 20\lg[(R_s + R_0)/R_s] = 20\lg(1 + R_0/R_s)$$

$$(5-26)$$

磁阻的计算公式为：

$$R = S/(\mu A) \qquad (5-27)$$

式中，S 为屏蔽体中磁路的长度；A 为屏蔽体中穿过磁力线的截面面积；$\mu = \mu_0 \mu_r$。

在上述的研究过程中可发现：屏蔽体的磁阻越小，屏蔽效能越高。一般设计遵循 3 个原则：使用高磁导率的材料以减小磁阻；在可承受前提下，增加磁路的截面积；使屏蔽体长度尽量小，以达到缩短磁路、减小磁阻的目的。

为了减小电磁轨道炮发射过程中强磁场对弹载电子组件的影响，应将控制电子组件尽可能远离电枢。本节将电子组件安装于轨道炮弹丸头部的屏蔽体内部。屏蔽体结构设计成开口的圆桶壳，安装于弹丸头部，开口向前。这样一方面可使电子组件尽量远离电枢，避免强磁场的干扰，保证工作可靠性；另一方面，弹体空间的合理利用可将电磁轨道炮弹药毁伤效能最大化。

综上所述，通过对高电导率材料铜和高磁导率材料铁的复合运用，可以有效屏蔽电磁轨道炮的强磁场。

5.3.2 弹载电子组件的强磁场屏蔽方法

实用的电磁轨道炮发射过程中，几兆安的电枢电流会产生几十 T 的强磁场。而轨道炮弹载电子组件在如此强脉冲磁场中的可靠性和安全性问题需要定量研究。下面利用电磁轨道炮磁感应强度分布特性，采用铜导体电磁屏蔽与铁磁材料的磁屏蔽双重措施，考虑军事实用性（采用开口的屏蔽罩方式），探究电磁轨道炮制导组件所处环境的脉冲磁场衰减特性，为制导弹药的磁场环境适应性研究提供参考。磁场控制方法主要分以下几个步骤：

（1）屏蔽罩远离电枢。

根据电磁轨道炮磁感应强度分布特征，尽可能使弹载电子组件所处空间远离电枢，本节把屏蔽罩所处空间控制在远离电枢头部的轴线上 300 mm 以外。

（2）在电磁轨道炮发射过程中，把弹载电子组件置于金属屏蔽罩中，金属屏蔽罩采用开口外有绝缘封盖结构。

在电磁轨道炮发射过程中，弹载电子组件处在金属屏蔽罩内底部；而当电磁轨道炮发射完毕，炮弹处于自由飞行阶段时，无磁性的弹簧可将弹载电子组件弹离屏蔽罩底部，固定在屏蔽罩开口部。绝缘封盖可以透过光电信号，方便弹载电子组件探测或接收外界光电控制信号。

(3) 屏蔽罩包含两层，外层为高电导率的铜，内层为高磁导率的铁。

由于对于强磁场情况，铁存在磁饱和现象。所以外层先用铜作外屏蔽层，降低磁感应强度到一定程度后，再用铁进行内层屏蔽。

对于电磁轨道炮所用的脉宽 10 ms 梯形波电流，取傅里叶级数展开的一级近似，可得 50 Hz 半周期正弦波。对于 50 Hz 正弦波，室温下铜导体内的趋肤深度为 9.42 mm。如果铜屏蔽罩厚度为 10 mm，则可屏蔽 60% 的强磁场，约 1/3 磁场可透过此屏蔽罩。如果铜屏蔽罩厚度再薄些情况下，则屏蔽效果不明显。当然，对于脉宽更短的电流脉冲（如电磁轨道炮回路电流上升前沿），趋肤深度更小，屏蔽效果当然会更好。

(4) 屏蔽罩内层为高磁导率的铁磁材料。

由于纯铁的相对磁导率最高可达 2×10^5，可以有效屏蔽磁场。铁屏蔽罩厚度可确定为 5 mm。

(5) 屏蔽罩内材料为无磁材料或绝缘材料。

(6) 本模型中，忽略电磁轨道炮弹丸的铁壳。

由于铁壳弹丸对磁场的聚集作用，导致弹丸头部（屏蔽罩处）实际的磁感应强度更弱小，这样更有利于电磁轨道炮发射过程中弹载电子组件的强磁环境适应性。

5.3.3 电磁轨道炮弹载电子组件磁屏蔽的数值仿真

(一) 仿真模型

根据前面磁场控制方法分析，建立了实用化轨道炮的三维仿真模型，并用 Maxwell 13.0 对磁感应强度分布进行数值仿真。

电磁轨道炮三维模型如图 5-47 所示，铜轨道长度为 2 500 mm，轨道截面为 300 mm × 80 mm，两轨道沿 z 方向并列，两轨道间用两根 2 500 mm × 200 mm × 50 mm 绝缘层间隔，形成 200 mm × 200 mm 方膛。U 形铝电枢长 300 mm，沿 z 方向发射。本节采用的屏蔽罩结构为开口杯状，外层为铜，外径为 80 mm，厚度为 10 mm，长度为 300 mm。屏蔽罩底部距离 U 形电枢前端 300 mm。紧贴铜屏蔽罩内层为铁屏蔽罩，铁屏蔽罩厚度为 5 mm，长度为 250 mm，开口方向与发射方向一致。杯内空间形成长径比为 5∶1 的圆柱形空间。$O-xyz$ 坐标原点取炮口对称中心位置。除了铜轨道、铝电枢、外层铜屏蔽罩、内层铁屏蔽罩，该模型其他空间设为空气，所取外围空气域尺寸为 1 200 mm × 1 440 mm × 3 000 mm。

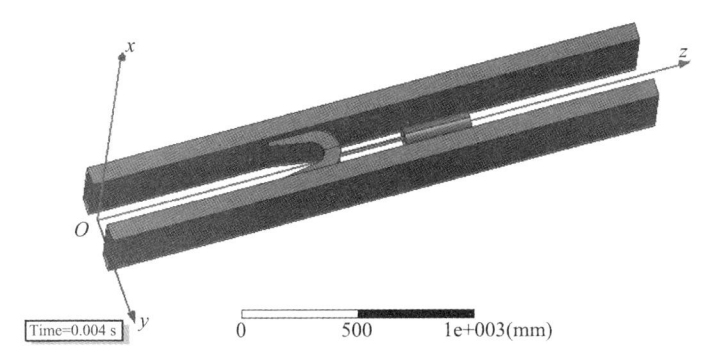

图 5-47 电磁轨道炮弹药制导组件磁场环境模型

（二）仿真结果

建立模型以后，在轨道炮的两轨道尾端通以振荡频率 50 Hz、幅值 6 MA 的正弦波电流，取 4 ms 时刻的磁感应强度分布，分别如图 5-48（单纯用铜屏蔽罩）、图 5-49（单纯用铁屏蔽罩）和图 5-50（采用外铜内铁双层屏蔽罩）所示。

图 5-48 是仅用铜屏蔽罩的轨道炮模型磁感应强度分布仿真效果。图 5-48（a）所示的是 $y \leq 0$ 空间内的磁感应强度分布，是图 5-47 所示模型的一半。从图中可以看出，铜轨道和铝电枢内部空间磁场较弱（呈黄色或黄绿色），铜轨道与铝电枢外表面磁场最强（呈红色）。尤其 U 形铝电枢拱形部内侧，磁感应强度最高达到 30.54 T。30 T 强磁场对应的磁压强达到 360 MPa，这是实用化轨道炮所需要的压强数值。U 形电枢前部磁场逐步降低，铜屏蔽罩所处位置（300 mm 外）的磁场均值为 0.306 T，磁场沿轴线方向降低了 2 个量级。

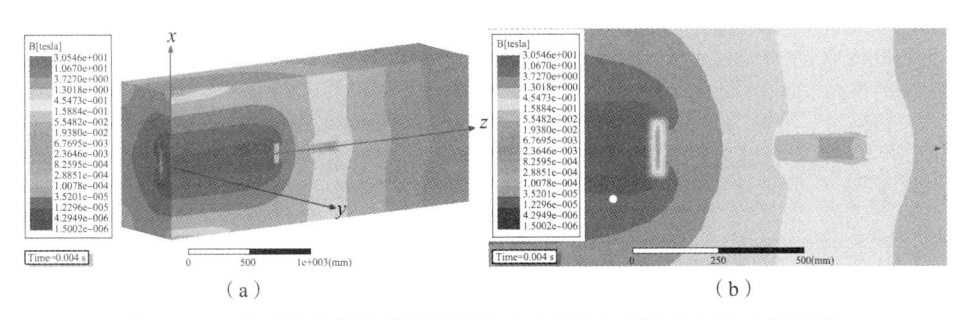

(a)　　　　　(b)

图 5-48 轨道炮及铜屏蔽罩附近的磁感应强度标量分布图（附彩插）

图 5-48（b）是 $y=0$ 处截面所示的仅用铜屏蔽罩的轨道炮模型磁感应

强度分布仿真效果。从图中还可以看出，铜屏蔽罩存在对磁场有排斥作用，铜屏蔽罩外杯底附近的磁场比临近位置磁场明显变小。铜屏蔽罩对磁场的屏蔽作用较弱。铜屏蔽罩内部杯底区域的磁场范围在 0.055 4 ~ 0.158 T；而远离杯底的区域最小磁场达 0.019 3 T。铜屏蔽罩对磁场屏蔽达一个量级。

图 5-49 是仅用铁屏蔽罩后的模型仿真效果。图 5-49（a）所示的是 $y \leqslant 0$ 空间内的磁感应强度分布，是图 5-47 所示模型的一半。从图中可以看出，铜轨道和铝电枢内部空间磁场较弱，铜轨道与铝电枢外表面磁场最强。尤其 U 形电枢拱形部内侧，磁感应强度达到 13.88 ~ 41.70 T。U 形电枢前部磁场逐步降低，铁屏蔽罩所处位置（300 mm 外）的磁场达到了 0.512 ~ 1.540 T，磁场沿轴线方向降低了 1 ~ 2 个量级。

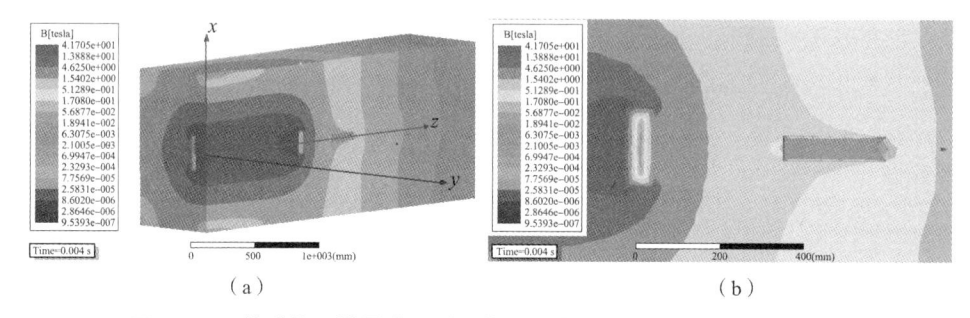

图 5-49 轨道炮及铁屏蔽罩附近的磁感应强度标量分布图（附彩插）

图 5-49（b）所示的是采用铁屏蔽罩后 $y=0$ 对称面上的磁感应强度分布的局部放大图。从图中还可以看出，铁屏蔽罩存在对磁场有强烈的吸引和屏蔽双重作用。一方面，铁屏蔽罩的存在使附近磁场由 0.170 ~ 0.512 T 上升到了 0.512 ~ 1.540 T，这是对磁场的吸引作用；与图 5-48（b）对比，图 5-49（b）中的铁屏蔽罩还改变了轨道-电枢间的磁感应强度分布，U 形电枢拱形部内侧的磁场得到有效增强。另一方面，铁屏蔽罩内部杯底附近的磁场降低至 2.10 ~ 6.30 mT；铁屏蔽罩内部大部分空间磁场达 0.699 ~ 2.10 mT。铁屏蔽罩对磁场屏蔽效果明显，达 2 个量级。

图 5-50 所示的是外铜内铁双层屏蔽罩作用后 $y \leqslant 0$ 空间内的磁感应强度分布，图 5-50（a）是图 5-47 模型的一半。从图中可以看出，铜轨道和铝电枢内部空间磁场较弱，铜轨道与铝电枢外表面磁场最强。尤其 U 形电枢拱形部内侧，磁感应强度达到 9.80 ~ 30.59 T。U 形电枢前部磁场逐步降低，铜铁双层屏蔽罩所处位置（300 mm 外）的磁场达到了 0.322 ~ 1.006 T，

磁场沿轴线方向降低了 1~2 个量级。

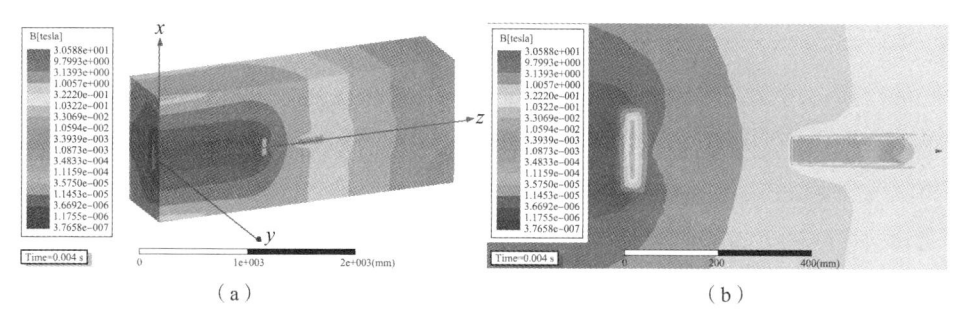

（a） （b）

图 5-50 轨道炮及外铜内铁双层屏蔽罩附近的磁感应强度标量分布图（附彩插）

图 5-50（b）所示的是采用双层屏蔽罩后 $y=0$ 对称面上的磁感应强度分布的局部放大图。从中可以看出，U 形铝电枢体内部最弱磁场为 10.59 mT；U 形电枢拱形部内侧的磁场最强，达到 30.59 T；屏蔽罩所处空间磁感应强度为 0.322~1.006 T。而铜铁双层屏蔽罩内底部大部分区域为 $1.116\times10^{-4}\sim3.483\times10^{-4}$ T；屏蔽罩内局部的磁场最小可达 3.575×10^{-5} T；当然，屏蔽罩开口处磁感应强度变化剧烈，从 10.59 mT 至 0.322 T。铜铁双层屏蔽罩对磁场屏蔽效果好，屏蔽罩开口处磁场为 0.103~0.322 T，而屏蔽罩内大部分空间磁场为 0.111~0.348 mT，双层屏蔽罩屏蔽磁场达 3 个量级。

此外，屏蔽罩内层铁磁材料的磁感应强度突变，从杯底外侧的大于 3.14 T 过渡到杯底内侧的 0.103~0.322 T。而铜屏蔽罩对铁屏蔽罩的屏蔽作用也很明显：铁屏蔽罩（由于铜材屏蔽）磁感应强度较弱，而铁屏蔽罩开口处（没有屏蔽）磁感应强度较强。

（三）仿真结果分析

针对电磁轨道炮弹载电子组件对电磁轨道炮发射过程中强磁场环境适应性要求，设计了一种可用于电磁轨道炮弹载电子组件的开口屏蔽罩。在发射过程，弹载电子组件处于屏蔽罩内的底部；在发射过程结束后，弹载电子组件被无磁弹簧弹至屏蔽罩开口部。经过建立模型和数值仿真分析，在轨道炮发射过程中，单独采用铜屏蔽罩，屏蔽罩内部磁场仍然较强；单独采用铁屏蔽罩，铁屏蔽罩对电枢附近的磁场有影响；采用铜铁双层结构的屏蔽罩，对轨道炮电枢附近磁场影响较弱，屏蔽罩内磁场环境从 0.103~0.322 T 环境降低至 $3.575\times10^{-5}\sim1.116\times10^{-4}$ T 环境，平均降低约 4 个量级。

参考现有民用电网 10 A 的铜导线，根据毕奥 – 萨伐尔定律

$$B = \mu_0 I/(2\pi r) \qquad (5-28)$$

导线轴线外 10 mm 处的磁感应强度为 2×10^{-4} T，这种日常电气化生产、生活所接触到的磁感应强度值，已经远远高于轨道炮屏蔽罩底部的磁感应强度 $3.575 \times 10^{-5} \sim 1.116 \times 10^{-4}$ T 了。所以说，采用双层屏蔽罩的结构设计，可以满足电磁轨道炮弹药制导组件的强磁场环境适应性的要求。

在分析高频磁屏蔽、低频磁屏蔽理论和方法的基础上，采用空间远离电枢、高电导率铜与高磁导率铁复合屏蔽、屏蔽罩内弹载组件弹离底部结构及信息接收窗口结构设计等，可实现电磁轨道炮发射过程中弹载电子组件的强磁屏蔽。

第6章 电磁轨道炮电源技术

电炮主要包括电磁炮、电热炮，通常由具有 ms 级脉宽、MA 以上量级的强电流驱动工作，为电炮提供该强电流的装置被称为脉冲功率电源。

脉冲功率技术是一门新兴学科，脉冲强电流技术是其中的重要内容。脉冲强电流技术的发展趋势之一就是建造输出几百兆安培的大电流巨型脉冲功率系统。形成脉冲强电流有多种方式，通常利用高压电容器将能量慢慢积累起来，再通过触发开关实现快速对负载放电，瞬间产生很高的冲击电流。其装置一般包括直流充电系统、高压电容器组、高功率开关和脉冲负载。

目前，世界各国的高校和研究机构都在积极研究脉冲强电流技术：美国 Sandia 国家实验室的"Z"装置已经成功运行的 36 路（每路 0.5 MA）超大脉冲功率装置，总储能 3 MJ，电功率 50 TW，总输出电流 18 MA，脉冲前沿 100 ns，用于辐射效应和聚变物理研究；美国 Los Alamos 国家实验室建造的"Atlas"脉冲功率装置，总储能为 36 MJ，总电流为 50 MA，上升时间为 5 μs，可分为 38 路或者 19 路并联运行，用于高速冲击和材料物理方面的研究。而作为电炮电源的脉冲功率系统由于应用场景和负载特性的不同，具有自己的特点。

6.1 脉冲功率电源概述

6.1.1 电炮对脉冲功率电源的基本要求

一般来说，驱动电炮工作的脉冲强电流的脉度为 ms 级，能量输出为 MJ 级至 10^2 MJ 级。由于工作特性不同或其他能量参与与否，电炮需要的电流、电压、功率等也不同。一般来说，电炮对电源的要求为：

能量：1~100 MJ 电能。

脉宽时间：1~10 ms。

电流：10 kA～MA。

电压：1～10 kV。

功率：GW 及以上量级。

机动性：20 t（现有坦克装载）～1 000 t（舰船装载）。

针对不同类型的负载，驱动不同类型电磁武器工作的典型电流波形如图 6-1 所示。

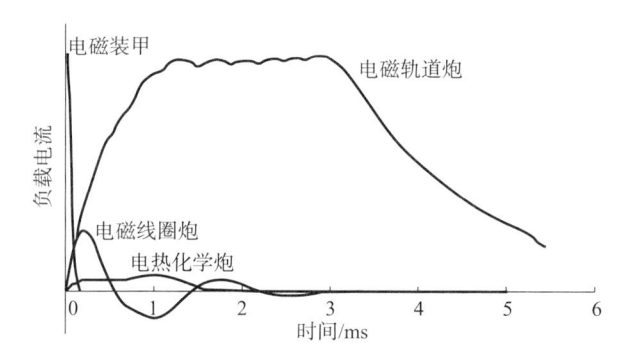

图 6-1 电磁轨道炮、电磁线圈炮、电热化学炮、电磁装甲所需电流波形

在图 6-1 中，电磁轨道炮、电磁线圈炮、电热化学炮、电磁装甲所需电流的波形各不相同。电磁轨道炮电流幅值最大、脉宽最宽。电磁线圈炮仅仅显示了单级驱动线圈情况，所需电流幅值较小，脉宽也较小。电热化学炮由于采用了化学能，所需电能更小，电流幅值小，电流脉宽稍长。无论是主动电磁装甲还是被动电磁装甲，所需脉宽更窄，所需电流很大。

6.1.2 现有的脉冲功率电源系统

现有机动性较强的 ms 级脉冲功率电源系统主要有：

（1）机动核能发电机→电磁轨道炮。

（2）柴油机→发电机→电容储能模块→PFN→电磁轨道炮。

（3）柴油机→发电机→电容储能模块→多级 *LCR* 并联振荡电源→电磁轨道炮。

（4）柴油机→发电机→储能电感器→电磁轨道炮。

（5）柴油机→拖动机→惯性储能飞轮→单极发电机→电磁轨道炮。

（6）柴油机→拖动机→惯性储能飞轮→补偿脉冲交流发电机→电磁轨道炮。

(7) 脉冲高频发电机（如圆盘发电机）→电磁轨道炮。

(8) 脉冲直线动力→活塞式螺旋绕组磁通压缩发电机→电磁轨道炮。

(9) 蓄电池→逆变器→电容器→PFN→电磁轨道炮。

对于核能激励电磁轨道炮，在美国总统里根时代的战略防御倡议（SDI）中就提出：在地基或空间，用核能电源驱动电磁轨道炮，用于反洲际弹道导弹和本土防御。2008 年美国专家 James R. Powell 提出了机动核反应堆驱动电磁轨道炮的概念。整个设备仅仅 2 m 高，直径约 1 m，可连续输出 50 MW 的电功率，10 s 内可积累 500 MJ 电能，满足电磁轨道炮需要。一般认为，核能发电机储存的是核能，采用磁流体发电或其他发电方式供电炮使用。

对于采用电容器组储存电能的电源，一般采用时序触发放电的方式控制输出电流波形，由 6~9 个电流脉冲组形成近似平顶的矩形波，如图 6-1 所示。图 6-2 是法德圣路易斯研究所于 1999 年发布的 10 MJ 脉冲电容器电源系统。它由 200 个独立的放电模块构成，每个模块储能 50 kJ。当然 20 个独立模块也可以为 10 级电磁轨道炮供电。

图 6-2 圣路易斯研究所的 20×50 kJ 电源及其驱动的电炮

还有一种基于电容储能的 PFN（脉冲成形网络）电源，也可以输出矩形电流波形，这是借用傅里叶级数提出的新概念电磁轨道炮电源。

另外一种正在探索的基于电感器储存磁能的脉冲功率电源，称为多级电感绞肉机（Meat Grinder with Multi-inductors）。它采用强耦合的多级储能电感储存能量，当某一级电感断路时，其能量将耦合到剩余闭环电感器中。这样的多级强耦合电感器，各级电感逐步断路后，剩余闭合回路中的电流将倍增，倍增的电流可供电磁轨道炮负载使用。

目前电容器组的储能密度还比较低，储能 1MJ 需要约 1t 重电容，约占 1 立方米空间。机动战车上的 20 MJ 能源就需要 20 立方米空间。鉴于电容器组储能电源的储能密度低，脉冲功率技术专家开展了旋转储能脉冲发电机的工作。一种飞轮旋转储能配合被动补偿脉冲交流发电机（CPA）的结构如图 6-3 所示。

如图 6-3（b）所示，线圈 BB' 为旋转线圈，旋转角速度为 ω，转角为 θ。BB' 在两磁极 NS 间旋转而发电，形成感应电流。AA' 为固定线圈，与 BB' 材料、匝数形状几乎完全相同；线圈 AA' 与线圈 BB' 串联，线圈 AA' 是线圈 BB' 的一个负载，线圈 BB' 的另一个小负载为电炮。当线圈 AA' 与线圈 BB' 重合且电流方向一致时，总线圈电感最大；当线圈 AA' 与线圈 BB' 重合且电流方向相反时，总线圈电感最小；两线圈总电感由最大值转变为最小值时，由于总磁通守恒，回路电流会反比例放大；回路巨大的电流可驱动电炮加速弹丸。

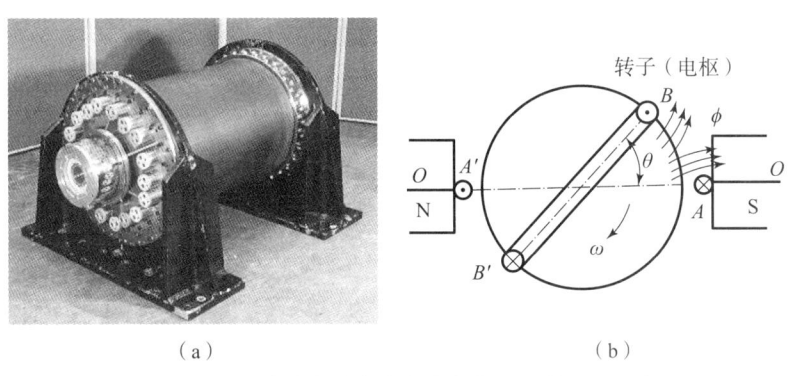

图 6-3 一种被动补偿脉冲交流发电机及其原理示意图
(a) 一种被动补偿脉冲交流发电机；(b) 原理示意图

惯性飞轮旋转储能配合脉冲发电机代替电容器组储能电源可以大幅降低电源空间和重量。一种舰载平台的电容器组电源与旋转储能脉冲发电电源的体积对比如图 6-4 所示。从图上可以看出，用旋转储能脉冲发电机代替电容器组储能电源，可节约空间约一个量级。此外，两个旋转发电机的高速相对旋转可以避免巨大转动惯量对舰船平台操控性能的影响。且电容器组电源的储能过程较慢，而旋转惯性储能功率较高，因此，旋转储能发电机的另一优势是能够提供足够高的重复发射频率。其他种类的基于旋转飞轮惯性储能的脉冲发电机还有单极发电机、飞盘发电机等。

(a)

(b)

图 6-4　一种舰载平台电炮电源的电容器组与旋转发电机所占空间的比较

(a) 电容器组；(b) 旋转发电机

脉冲功率装置中的开关对于整个装置起至关重要的作用，其性能的好坏对脉冲波形的参数产生直接影响。常用的开关有三电极气体间隙开关、磁开关、真空触发开关、固体开关、激光触发开关、等离子体熔蚀开关等。这些开关都是采用击穿原理实现导通。其中三电极间隙开关最普遍，半导体可控硅开关可靠性高，如图 6-5 所示。

(a)

(b)

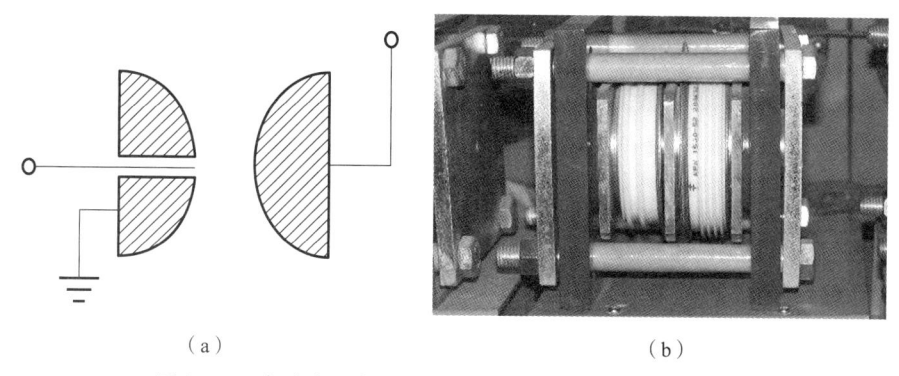

图 6-5　高功率三电极间隙开关和一种半导体可控硅开关

(a) 高功率三电极间隙开关；(b) 半导体可控硅开关

对于脉冲功率系统中的开关，最基本的要求是可以承受大功率、具有较长寿命、工作稳定可靠。除此之外，还需有较高的重复频率，具有很小的延迟和抖动时间等特点，才能具备良好的工作性能。脉冲功率开关的主要发展方向是：

（1）研制具有低抖动和高可靠性的新型开关技术，提高脉冲功率系统运行的稳定性。

（2）发展各种固体开关、半导体开关、激光触发开关，进一步研究开关的击穿机理，开展开关的数值模拟。

（3）研制高重复频率的开关技术，比如磁开关、吹气火花间隙开关，实现高功率装置的小型化和重复频率工作。

6.1.3 一种全电战车的脉冲功率电源系统

下面以一种全电战车的脉冲功率电源系统为例，介绍陆军机动战车使用的脉冲功率系统。全电战车的"全电"主要包括以下四部分：电驱动、电武器、电防护和电控制（弱电）。其中的详细功能或优势具体如下。

（一）电驱动

（1）驱动轮上可增加 50% 扭矩功率。

（2）可节约 10% 的燃油。

（3）运动或静止时的声学安静性好。

（4）储存更多能量供电能激励武器使用。

（5）可移动的脉冲功率电源。

（二）电装甲

降低装甲质量达 75%。

（三）电热化学炮

（1）高能发射药精确点火。

（2）电控等离子体点火，炮口动能提升 40%。

（四）电磁炮

（1）质量降低 50%，体积降低 67%。

（2）射弹速度大于 2.5 km/s。

（五）电控制

典型的陆军全电战车的脉冲功率电源的发电、储存、分配供应方案如图 6-6 所示。脉冲功率系统功能包括连续功率调解和分配、转换、逆变、功率电子学、交流/直流用途、接地、屏蔽、故障控制等。脉冲功率系统应用包含了两类：武器耗能和平台耗能。武器耗能包括高功率激光、电热化学炮、高功率微波、电磁装甲、其他脉冲负载。平台耗能主要包括临时的车外载荷、生命维持系统、C⁴I信息系统、控制系统、随车携带的辅助系统等。该脉冲功率系统包含5个子系统：功率产生（柴油发电或涡轮发电）、能量保存（锂离子电池及储能飞轮）、脉冲功率应用（脉冲成形网络或脉冲飞轮）、机动性应用（移动式拖动电机或电磁悬挂或电动驾驶）、热管理系统（热交换、电扇、泵、流体）等。

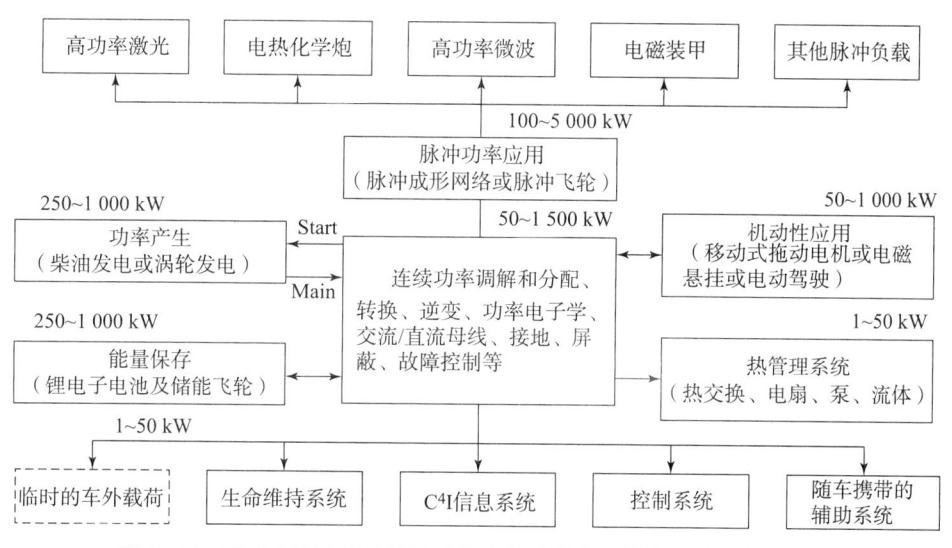

图6-6 陆军全电战车的脉冲功率电源的发电、储存、分配供应方案

6.2 基于电容器组的时序触发电路

基于电容器组轨道炮电源的时序触发电路的工作电路原理如图6-7所示。脉冲电源由 n 个电容器模块（支路）构成，其工作过程为：首先由高功率充电电源对其进行充电；然后在合适的时机，向电磁轨道炮负载放电，短时间内释放电能，从而在主回路中形成脉冲电流。负载部分为电磁轨道炮，用串联的可变电感 L'（典型值为 0.42 μH/m）和可变电阻 R'（典型值为 10^{-1} mΩ/m 量级）表示。通过调节控制 n 级模块（支路）的触发时序及其他参数，就可得到主回路中所需要的电流波形。

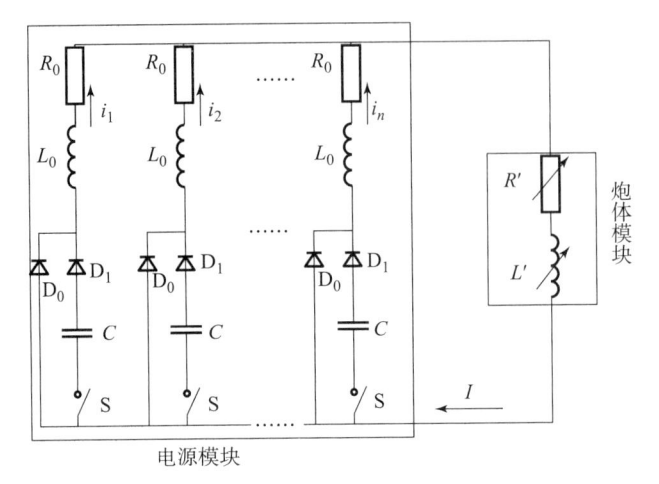

图 6-7 轨道炮系统电路图

电容器时序放电电路的每个模块均由电容器支路（电容器 C 和二极管 D_1）、续流支路（二极管 D_0）、波形调节部分（图中调波电感 L_0 和回路电阻 R_0）三部分组成。其中电容器支路主要由储能电容器 C、防止反向充电二极管 D_1、触发控制开关 S 构成；电容器 C 目前主要采用高储能密度的薄膜电容器；开关 S 主要采用大功率半导体开关；D_1 为硅堆，在本模块意外短路情况下，二极管硅堆 D_1 可以阻止其他模块向本模块电容器 C 充电而导致电容器 C 爆炸。其中续流支路主要部件为硅堆组件 D_0，其主要作用为防止电感器为电容器反向充电。在电源上还串联有调波电抗器，即图 6-7 中的 L_0 和 R_0，这是由于轨道炮本身电感梯度较小，放电速度快，易出现脉冲电流周期短而峰值高的特点，这不利于电枢的平稳发射。调波电感 L_0（电抗器）的主要作用为调波，起到延展脉冲周期的作用。电容器组通过并联连接后接入轨道炮负载，各电容器可通过时序控制调整输出电流波形，也可同时放电以提供更强的电流。轨道炮作为电路的负载部分，可视为与电枢运动规律相关的不断变化的电阻和电感。

单个电容器模块的放电过程可分为以下几个阶段。

在 $0 \leqslant \omega t \leqslant 0.5\pi$ 时段内，电容器（除去电阻耗能外）对电感器放电，主回路属于 LCR 振荡电路，流经电感器的电流按照正弦律振荡和指数律衰减，其电流的表达式为：

$$I = I_{\max}\sin(2\pi ft)\exp(-t/\tau) \tag{6-1}$$

其中

$$f = \frac{1}{2\pi}\sqrt{\frac{1}{LC} - \frac{R^2}{4L^2}} \qquad (6-2)$$

$$T = \frac{2\pi}{\sqrt{\frac{1}{LC} - \frac{R^2}{4L^2}}} \qquad (6-3)$$

当电流达到峰值时刻时,电感器磁场能最大、电容器 C 电场能最小。

此后,$\omega t \geq 0.5\pi$,D_0 旁路电容器 C,阻止电感器为电容器 C 反向充电,主回路为 LR 电路,电流变化方程为:

$$i = i_{\max}\left[1 - \exp\left(-\frac{R}{L}t\right)\right] = i_{\max}\left[1 - \exp\left(-\frac{t}{\tau}\right)\right] \qquad (6-4)$$

其中的时间常数 $\tau = L/R$,波形调节部分主要是调波电感 L_0 和回路电阻 R_0。

对于 PFN 模块,C 典型值取 2 mF、充电电压 10 kV,则单模块储能 0.1 MJ。由于电磁轨道炮本体电感系数(约 0.42 μH/m)较小,调波电感 L_0(约 42 μH)的作用是拉宽 LCR 振荡电流脉冲宽度(与 C、L_0 参数密切相关)至亚毫秒或毫秒级。例如,$T = 1/f = 2\pi\sqrt{LC}$,其 0.25 倍振荡周期(电流上升沿宽度)为 $0.5\pi\sqrt{LC} = 0.455$ ms,相应的电流幅值 $I_{\max}$ 约为 69 kA。

当然,在充电电压及电流振荡脉宽不变的前提下,如果为了提高电流强度,可以把电容值 C 提高到原来的 m 倍,同时把调波电感 L_0 降低到原来的 $1/m$,则振荡频率 ω 不变,储能提高到原来的 m 倍,电流幅值提高到原来的 m 倍。

若 $m = 10$,即电容 $C = 20$ mF,充电电压 10 kV,单模块储能 1 MJ,$L_0 = 4.2$ μH,则 $0.5\pi\sqrt{LC} = 0.455$ ms,电流幅值 $I_{\max}$ 约为 0.69 MA。

当然,如果单模块电容 $C = 200$ mF,充电电压 10 kV,储能 10 MJ,调波电感 $L_0 = 0$ μH,10 m 长轨道炮本体电感 L' 达到了 4.2 μH/m,则 $0.5\pi\sqrt{LC} = 1.0$ ms,电流幅值 $I_{\max}$ 约为 2.18 MA。如果为 24 级模块,总储能达 240 MJ,按照发射效率 26.67%,则炮口动能为 64 MJ。

n 个脉冲功率模块的时序放电,可形成近似平顶的电流波形,从而使轨道炮较均匀地加速。轨道炮典型的工作电流波形如图 6-8 所示。

图 6-8 中,6 级 PFN 形成了近乎平顶的梯形波电流,需要注意的是,$0 < t < 0.5$ ms 阶段,电流上升较缓,不利于电磁轨道炮发射;在电流平台阶段(0.5 ms $< t < 1.5$ ms),电流波形明显有逐步上升和振荡趋势;在电流下

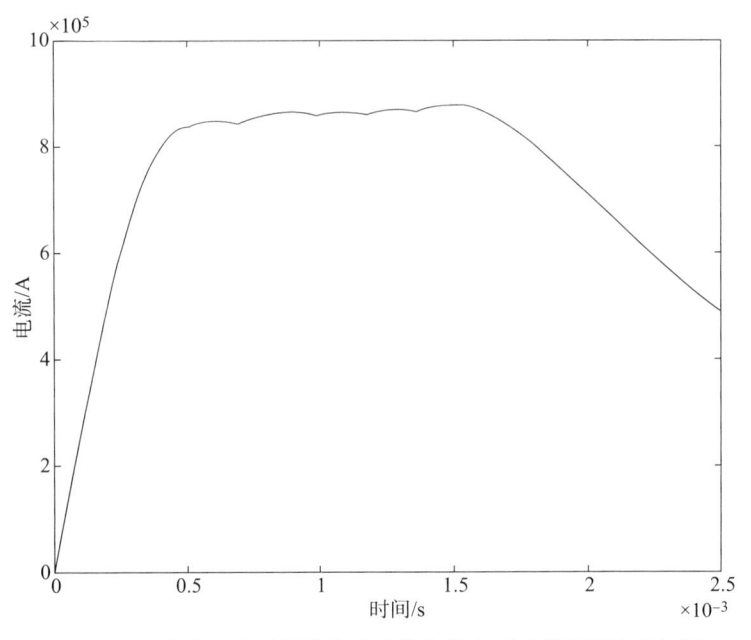

图 6-8 6 级脉冲成形网络在轨道炮负载上形成的平顶电流波形

降阶段（1.5 ms < t < 2.5 ms），下降沿过缓，而且在电枢出膛瞬间，尚有近 5 MA 残余电流，会引起炮口电弧导致放电烧蚀。因此，基于电容器组的时序放电可以得到近似平顶电流波形，但与理想中的矩形波电流尚有不小的差别。

法德圣路易斯（ISL）研究所于 1999 年的分布储能导轨炮所使用的脉冲功率电源参数为：200×50 kJ 电容器模块，总储能 10 MJ；半导体开关（含触发和控制，模块数量随脉冲数的要求而定）；1 kg 弹丸（初速为 2 km/s），2 MJ 炮口动能，系统发射效率 20%；口径 50 mm；炮管长 6 mm。该脉冲功率电源如图 6-9 所示。

电容器组 PFN 由 200 个模块构成，其中每一个电源模块包含储能电容器、调波电感器、续流二极管、放电开关、回路电阻等。

总之，基于电容器组储能对轨道炮提供强电流的过程，本质上是 *LCR* 的四分之一周期振荡电路和 *LR* 暂态过程的组合。由于单个振荡电路电流作用时间有限，作用力不够充分，于是形成了多级电容储能、按时序放电形成梯形波电流的方法，充分发掘了电流的加速力，是目前电磁轨道炮主要的电源形式。当然，电容器储能密度较小，除了在基地固定平台以及海军

(a)

(b)

图6-9 脉冲功率电源

(a) 法德圣路易斯研究所的脉冲功率电源；
(b) 美国绿色农场（Green Farm）的 32 MJ 脉冲功率电源

巨大战舰平台上，可以使用电容器储能带动电磁轨道炮的技术方案，其他陆基机动场合、飞机平台、太空平台等都不适合电容器组储能方式。

6.3 基于 PFN 脉冲成形网络的脉冲功率电源

如上节所述，一方面，电磁轨道炮需要脉冲矩形波电流驱动以获得均匀加速力；另一方面，简单的电容器组 LCR 放电电流一般为电阻损耗的指数律衰减和电磁能转换的正弦振荡波，如何把指数律衰减和正弦振荡的电流调整为矩形波电流是电炮电源研究的重要任务。基于电容器组时序放电是一种比较成熟的方法，可控制多重参量，方便地用于电磁轨道炮试验研究。当然，其不利因素也很明显：在硬件方面，采用的 n 级开关电路控制，系统复杂，影响系统可靠性；在电路输出特性方面，梯形波电流与理想的矩形波电流尚有不小差异，尤其过缓的电流下降沿，容易导致约 80% 电流幅值时的转捩发生，或大量电磁能以炮口放电电弧方式损耗能量，影响炮口段轨道寿命，影响系统效率。因此基于电容器电源的矩形波电流形成技术仍然是电磁轨道炮电源一个重要的探索方向。

基于 LC 振荡的矩形波电流，可以参考傅里叶级数展开式。当 $0 \leqslant t \leqslant \pi$ 时，傅里叶表达式为：

$$f(t) = \frac{4}{\pi}\Big[\sin t + \frac{1}{3}\sin 3t + \frac{1}{5}\sin 5t + \cdots + \frac{1}{2k-1}\sin(2k-1)t + \cdots\Big]$$

(6-5)

随着 k 的提高，式（6-5）代表的曲线则越来越趋近于矩形。因此，根据需要设置 k 级 LCR 振荡电路就可以得到近乎矩形的衰减电流波形。

参考实用化电磁轨道炮参数，如：10 m 长电磁轨道炮，电感为 0 ~ 4 μH，电阻为 0.1 ~ 0.5 mΩ，炮口速度为 2.5 km/s，加速时间为 10 ms（对应于 50 Hz 振荡频率的半周期）。现选择脉冲功率电源的总电容值为 300 mF 电容器，充电电压 40 kV 时，总储能达 240 MJ。这样，为了保持电流矩形波，针对调波电感 L = 40 μH（此固定值可以对应于多级电容器的相同充电电压），则第一级电容为 253.3 mF（对应于 50 Hz 振荡频率），第二级为 28.144 mF（对应于 150 Hz 振荡频率），第三级为 10.132 mF（对应于 250 Hz 振荡频率），第四级为 5.169 2 mF（对应于 350 Hz 振荡频率），第五级为 3.127 mF（对应于 450 Hz 振荡频率）。即相应的频率之比为 1∶3∶5∶7∶9，电感之比为 1∶1∶1∶1∶1，电容值平方根之比为 1/1∶1/3∶1/5∶1/7∶1/9，充电电压之比为 1∶1∶1∶1∶1，电容值之比为 $1/1^2∶1/3^2∶1/5^2∶1/7^2∶1/9^2$，储能之比为 $1/1^2∶1/3^2∶1/5^2∶1/7^2∶1/9^2$，峰值电流之比为 1/1∶1/3∶1/5∶1/7∶1/9，恰好满足傅里叶展开式中的系数比。这样，多级 LCR 振荡的矩形波电流的电源参数如表 6-1 所示。

表 6-1 多级 LCR 振荡矩形波电源模型参数

元件	单位	负载	一级电源	二级电源	三级电源	四级电源	五级电源
电容 C	mF	0	253.3	28.144	10.132	5.169 2	3.127
电感 L	μH	4	40	40	40	40	40
电阻 R	mΩ	0.5	1	1	1	1	1
电压 U	kV	—	40	40	40	40	40
回路频率	Hz	~50	50	150	250	350	450
回路周期	ms	~20	20	6.667	4	2.857	2.222
平均峰值电流	MA	~2.78	2.784	—	—	—	—
		~2.38	2.784	0.982	—	—	—
		~2.31	2.784	0.982	0.596	—	—
		~2.30	2.784	0.982	0.596	0.428	—
		~2.30	2.784	0.982	0.596	0.428	0.334

针对表 6-1 所示的多级 LCR 振荡的矩形波电源，采用电路建模、数学分析、仿真计算的方法，得到了一级 LCR 振荡、二级 LCR 振荡、三级 LCR 振荡和五级 LCR 振荡的电流波形。

6.3.1 一级 LCR 振荡电路模型及其理论分析

图 6-10 中，对于一级 LCR 振荡的电源：电源电容 C_1，电压 U_0，调波电感 L_1，回路电阻 R_1，电流 I_1，负载电阻 R_{load}，电感 L_{load}，电流 I_{load}，电路仿真模型如下所示：

其导电回路为：$C_1 \to L_1 \to R_1 \to R_{load} \to L_{load}$

根据基尔霍夫电压定律，列出回路方程式：

$$L_1 \frac{di_{c1}}{dt} + R_1 i_1 + R_{load} i_{load} + L_{load} \frac{di_{load}}{dt} = U_0 - \frac{1}{C_1} \int_0^t i_{c1} dt \quad (6-6)$$

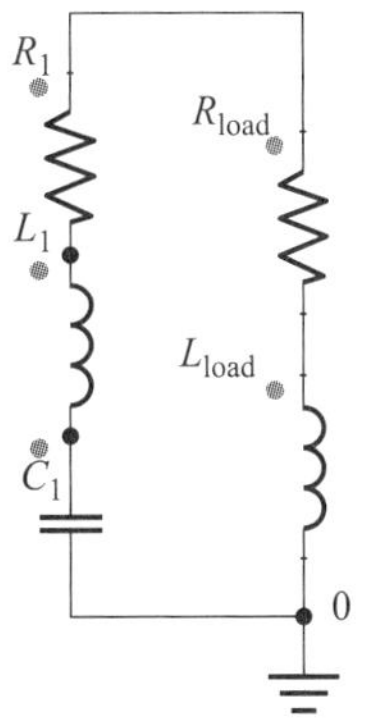

图 6-10 一级 LCR 振荡电路仿真模型

且回路电流相同，$i_{c1} = i_1 = i_{load}$。代入回路方程式并且移项得：

$$(L_1 + L_{load})\frac{di_1}{dt} + (R_1 + R_{load})i_1 - U_0 + \frac{1}{C_1}\int_0^t i_1 dt = 0 \quad (6-7)$$

对时间 t 求导后得：

$$(L_1 + L_{load})\frac{d^2 i_1}{dt^2} + (R_1 + R_{load})\frac{di_1}{dt} + \frac{1}{C_1}i_1 = 0 \quad (6-8)$$

令

$$a = L_1 + L_{load}, b = R_1 + R_{load}, c = \frac{1}{C_1} \quad (6-9)$$

则式（6-8）变为二阶常系数齐次线性微分方程：

$$a\frac{d^2 i_1}{dt^2} + b\frac{di_1}{dt} + ci_1 = 0 \quad (6-10)$$

上述二阶常系数齐次线性微分方程的特征方程为：

$$a\gamma^2 + b\gamma + c = 0 \quad (6-11)$$

解此二元一次方程得：

$$\gamma = -\alpha \pm \beta \quad (6-12)$$

其中

$$\alpha = \frac{b}{2a}, \beta = \sqrt{\frac{b^2}{4a^2} - \frac{c}{a}} \quad (6-13)$$

令 $d = b^2/(4ac)$，d 称为阻尼度。此处根据实际情况电路存在电阻，且电路为欠阻尼状态，只考虑 $d < 1$ 的情况，即 $b^2/(4a^2) < c/a$，此时 β 为虚数，令 $\beta = j\omega$，其中

$$j = \sqrt{-1}, \omega = \sqrt{\frac{c}{a} - \frac{b^2}{4a^2}} \quad (6-14)$$

此时特征方程 $a\gamma^2 + b\gamma + c = 0$ 有两个复数根：$\gamma_1 = -\alpha + j\omega$，$\gamma_2 = -\alpha - j\omega$。

在此情况下，上述二阶常系数齐次线性微分方程通解为：

$$i_1 = e^{-\alpha t}(Ae^{j\omega t} + Be^{-j\omega t}) \quad (6-15)$$

式中，A、B 为任意常数，由初始条件决定。

用另外两个任意常数 K 和 ϕ 来代替 A、B，则有：

$$K = 2\sqrt{AB}, \phi = \frac{1}{2j}\ln\frac{A}{B} \quad (6-16)$$

则上述二阶常系数齐次线性微分方程通解可改写为：

$$i_1 = \mathrm{e}^{-\alpha t}\frac{K}{2}[\mathrm{e}^{\mathrm{j}(\omega t+\phi)} + \mathrm{e}^{-\mathrm{j}(\omega t+\phi)}] = K\mathrm{e}^{-\alpha t}\cos(\omega t + \phi) \qquad (6-17)$$

该解具有衰减振荡的形式。

考虑初始条件：$t=0$ 时 $i_1=0$，即 $i_1 = K\cos\phi = 0$，$\phi = 0.5\pi$。从而通解变为：

$$i_1 = \frac{U_0}{\omega(L_1 + L_{\text{load}})}\mathrm{e}^{-ut}\sin(\omega t) \qquad (6-18)$$

其中

$$u = \frac{R_1 + R_{\text{load}}}{2(L_1 + L_{\text{load}})} \qquad (6-19)$$

$$\omega = \sqrt{\frac{1-d}{(L_1 + L_{\text{load}})C_1}} = \sqrt{\frac{1 - \dfrac{(R_1 + R_{\text{load}})^2 C_1}{4(L_1 + L_{\text{load}})}}{(L_1 + L_{\text{load}})C_1}}$$

$$= \sqrt{\frac{4(L_1 + L_{\text{load}}) - (R_1 + R_{\text{load}})^2 C_1}{4(L_1 + L_{\text{load}})^2 C_1}} \qquad (6-20)$$

振荡频率为：

$$f = \frac{\omega}{2\pi} = \frac{1}{2\pi}\sqrt{\frac{c}{a} - \frac{b^2}{4a^2}} = \frac{1}{2\pi}\sqrt{\frac{4(L_1 + L_{\text{load}}) - (R_1 + R_{\text{load}})^2 C_1}{4(L_1 + L_{\text{load}})^2 C_1}} \qquad (6-21)$$

振荡周期为：

$$T = \frac{1}{f} = 2\pi\sqrt{\frac{4a^2}{4ac - b^2}} = 2\pi\sqrt{\frac{4(L_1 + L_{\text{load}})^2 C_1}{4(L_1 + L_{\text{load}}) - (R_1 + R_{\text{load}})^2 C_1}} \qquad (6-22)$$

将方程的通解展开得：

$$i_1 = \frac{U_0\sqrt{4C_1}}{\sqrt{4(L_1 + L_{\text{load}}) - C_1(R_1 + R_{\text{load}})^2}} \cdot$$

$$\exp\left(-\frac{R_1 + R_{\text{load}}}{2(L_1 + L_{\text{load}})}t\right)\sin\left(\sqrt{\frac{4(L_1 + L_{\text{load}}) - (R_1 + R_{\text{load}})^2 C_1}{4(L_1 + L_{\text{load}})^2 C_1}}\,t\right)$$

$$(6-23)$$

要实现低衰减的振荡，采用小电阻，可设定图 6-10 中的回路电阻 $R_1 = 1\ \text{m}\Omega$，负载电阻 $R_{\text{load}} = 0.5\ \text{m}\Omega$，负载电感 $L_{\text{load}} = 4\ \mu\text{H}$，调波电感 $L_1 = 40\ \mu\text{H}$，电容器电容 $C_1 = 253.3\ \text{mF}$，初始电压 $U_0 = 40\ \text{kV}$，则仿真得到电路

负载电流波形如图 6-11 所示。

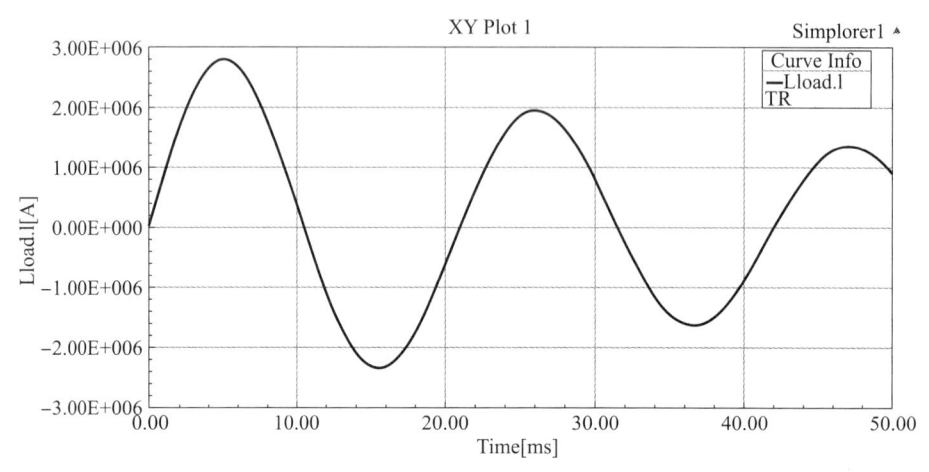

图 6-11 一级 LCR 振荡仿真电路负载电流波形图

图 6-11 中，仿真得到低衰减的正弦振荡电流波形，第一个峰值电流约为 2.78 MA，第二个峰值电流约为 2.35 MA，第三个峰值电流约为 2 MA，第四个峰值电流约为 1.6 MA。周期略大于 20 ms。

6.3.2 二级 LCR 并联振荡电路模型及其理论分析

对于两级 LCR 并联振荡的电源，负载电阻 R_{load}，电感 L_{load}，电流 I_{load}，一级电源电容 C_1，电压 U_0，调波电感 L_1，电阻 R_1；二级电源电容 C_2，电压 U_0，调波电感 L_2，电阻 R_2。等效电路如图 6-12 所示。

导电回路一：$C_1 \to L_1 \to R_1 \to R_{load} \to L_{load}$

导电回路二：$C_2 \to L_2 \to R_2 \to R_{load} \to L_{load}$

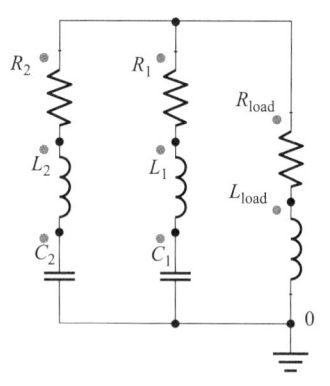

图 6-12 二级 LCR 并联振荡电路仿真模型

忽略回路之间互相影响，根据基尔霍夫电压定律，分别分析每一级回路，列出电路方程式：

$$L_1 \frac{di_1}{dt} + R_1 i_1 + R_{load} i_1 + L_{load} \frac{di_1}{dt} = U_0 - \frac{1}{C_1} \int_0^t i_1 dt \qquad (6-24)$$

$$L_2\frac{\mathrm{d}i_2}{\mathrm{d}t} + R_2i_2 + R_{\text{load}}i_2 + L_{\text{load}}\frac{\mathrm{d}i_2}{\mathrm{d}t} = U_0 - \frac{1}{C_2}\int_0^t i_2\mathrm{d}t \qquad (6-25)$$

对式 (6-24) 移项, 并对时间 t 求导后得:

$$(L_1 + L_{\text{load}})\frac{\mathrm{d}^2 i_1}{\mathrm{d}t^2} + (R_1 + R_{\text{load}})\frac{\mathrm{d}i_1}{\mathrm{d}t} + \frac{1}{C_1}i_1 = 0 \qquad (6-26)$$

参考一级 LCR 振荡电路电流求解过程, 得到上述二级常系数齐次线性微分方程的解为:

$$i_1 = \frac{U_0\sqrt{4C_1}}{\sqrt{4(L_1 + L_{\text{load}}) - C_1(R_1 + R_{\text{load}})^2}} \cdot$$

$$\exp\left(-\frac{R_1 + R_{\text{load}}}{2(L_1 + L_{\text{load}})}t\right)\sin\left(\sqrt{\frac{4(L_1 + L_{\text{load}}) - (R_1 + R_{\text{load}})^2 C_1}{4(L_1 + L_{\text{load}})^2 C_1}}t\right)$$

$$(6-27)$$

对式 (6-25) 移项, 并对时间 t 求导后得:

$$(L_2 + L_{\text{load}})\frac{\mathrm{d}^2 i_2}{\mathrm{d}t^2} + (R_2 + R_{\text{load}})\frac{\mathrm{d}i_2}{\mathrm{d}t} + \frac{1}{C_2}i_2 = 0 \qquad (6-28)$$

参考一级 LCR 振荡电路电流求解过程, 得到上述二级常系数齐次线性微分方程的解为:

$$i_2 = \frac{U_0\sqrt{4C_2}}{\sqrt{4(L_2 + L_{\text{load}}) - C_2(R_2 + R_{\text{load}})^2}} \cdot$$

$$\exp\left(-\frac{R_2 + R_{\text{load}}}{2(L_2 + L_{\text{load}})}t\right)\sin\left(\sqrt{\frac{4(L_2 + L_{\text{load}}) - (R_2 + R_{\text{load}})^2 C_2}{4(L_2 + L_{\text{load}})^2 C_2}}t\right)$$

$$(6-29)$$

在实际电路设计中, 希望降低每一级 LCR 振荡电路的电阻, 使得衰减振荡趋近于等幅振荡, 进而在进行傅里叶级数求和后得到近似平顶电流, 实现更好的电磁轨道炮的发射效果。

如果对于 $f(x)$ 在 $[0, \pi]$ 上的值为 1, 傅里叶级数展开为:

$$f(x) = \frac{4}{\pi}\left[\sin x + \frac{1}{3}\sin 3x + \ldots + \frac{1}{2k-1}\sin(2k-1)x + \ldots\right]$$

$$(6-30)$$

要实现衰减振荡趋近于等幅振荡, 因此可设定电路图 6-11 中的第一级和第二级电路回路电阻为小电阻: $R_1 = R_2 = 1 \text{ m}\Omega$, 负载电阻 $R_{\text{load}} = 0.5 \text{ m}\Omega$。

参考傅里叶级数展开式，忽略电流指数率衰减规律的情况下，依据振幅之比：

$$\frac{U_0 \sqrt{4C_1}}{\sqrt{4(L_1+L_{\text{load}})-C_1(R_1+R_{\text{load}})^2}} \approx 3 \frac{U_0 \sqrt{4C_2}}{\sqrt{4(L_2+L_{\text{load}})-C_2(R_2+R_{\text{load}})^2}}$$

(6-31)

可得：

$$C_1 \approx 9C_2$$

依据频率之比：

$$\sqrt{\frac{4(L_1+L_{\text{load}})-(R_1+R_{\text{load}})^2 C_1}{4(L_1+L_{\text{load}})^2 C_1}} = \frac{1}{3}\sqrt{\frac{4(L_2+L_{\text{load}})-(R_1+R_{\text{load}})^2 C_2}{4(L_2+L_{\text{load}})^2 C_2}}$$

(6-32)

可得：

$$C_1 = 9C_2 \qquad (6-33)$$

因此可设定本节电路图中的负载电感 $L_{\text{load}} = 4\ \mu\text{H}$，调波电感 $L_1 = L_2 = 40\ \mu\text{H}$；电容器电容 $C_1 = 253.3\ \text{mF}$，$C_2 = 28.144\ \text{mF}$，初始电压 $U_0 = 40\ \text{kV}$。仿真得到电路负载电流波形如图 6-13 所示。

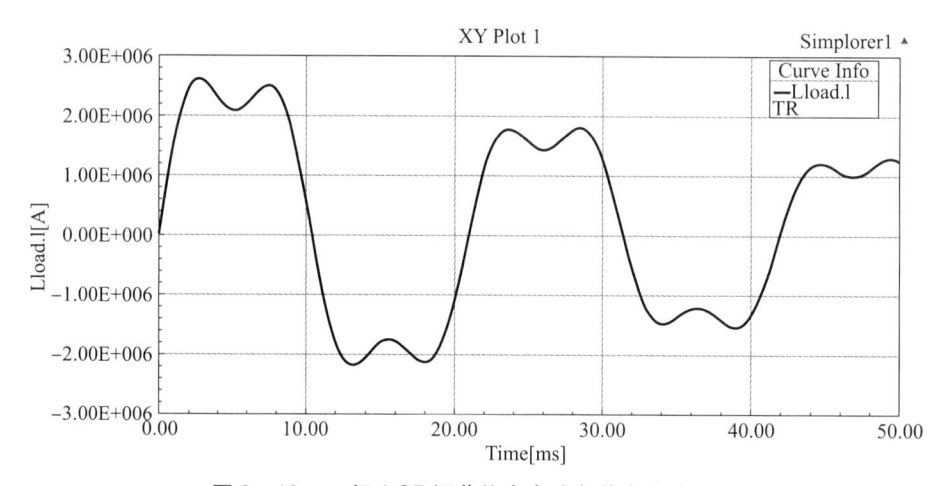

图 6-13 二级 LCR 振荡仿真电路负载电流波形图

图 6-13 中已经显示振荡电流的平台效应，第一个峰值电流平均值大概为 2.38 MA。

6.3.3 多级 *LCR* 并联振荡电路模型及其理论分析

对于三级 *LCR* 并联振荡的电源，负载电阻 R_{load}，电感 L_{load}，电流 I_{load}；
一级电源电容 C_1，电压 U_0，调波电感 L_1，电阻 R_1；
二级电源电容 C_2，电压 U_0，调波电感 L_2，电阻 R_2；
三级电源电容 C_3，电压 U_0，调波电感 L_3，电阻 R_3；
建立三级 *LCR* 振荡并联电路如图 6 – 14 所示。

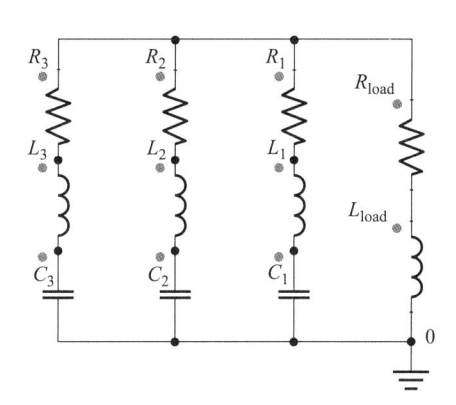

图 6 – 14 三级 *LCR* 振荡电路仿真模型

导电回路一：$C_1 \rightarrow L_1 \rightarrow R_1 \rightarrow R_{load} \rightarrow L_{load}$
导电回路二：$C_2 \rightarrow L_2 \rightarrow R_2 \rightarrow R_{load} \rightarrow L_{load}$
导电回路三：$C_3 \rightarrow L_3 \rightarrow R_3 \rightarrow R_{load} \rightarrow L_{load}$

忽略回路之间的互相影响，根据基尔霍夫电压定律，分别分析每一级回路，列出电路方程式：

$$L_1 \frac{di_1}{dt} + R_1 i_1 + R_{load} i_1 + L_{load} \frac{di_1}{dt} = U_0 - \frac{1}{C_1} \int_0^t i_1 dt \qquad (6-34)$$

$$L_2 \frac{di_2}{dt} + R_2 i_2 + R_{load} i_2 + L_{load} \frac{di_2}{dt} = U_0 - \frac{1}{C_2} \int_0^t i_2 dt \qquad (6-35)$$

$$L_3 \frac{di_3}{dt} + R_3 i_3 + R_{load} i_3 + L_{load} \frac{di_3}{dt} = U_0 - \frac{1}{C_3} \int_0^t i_3 dt \qquad (6-36)$$

根据上一节内容可得：

$$i_1 = \frac{U_0 \sqrt{4 C_1}}{\sqrt{4(L_1 + L_{load}) - C_1 (R_1 + R_{load})^2}} \cdot$$

$$\exp\left(-\frac{R_1 + R_{\text{load}}}{2(L_1 + L_{\text{load}})}t\right)\sin\left(\sqrt{\frac{4(L_1 + L_{\text{load}}) - (R_1 + R_{\text{load}})^2 C_1}{4(L_1 + L_{\text{load}})^2 C_1}}t\right)$$

(6 – 37)

$$i_2 = \frac{U_0 \sqrt{4C_2}}{\sqrt{4(L_2 + L_{\text{load}}) - C_2(R_2 + R_{\text{load}})^2}} \cdot$$

$$\exp\left(-\frac{R_2 + R_{\text{load}}}{2(L_2 + L_{\text{load}})}t\right)\sin\left(\sqrt{\frac{4(L_2 + L_{\text{load}}) - (R_2 + R_{\text{load}})^2 C_2}{4(L_2 + L_{\text{load}})^2 C_2}}t\right)$$

(6 – 38)

$$i_3 = \frac{U_0 \sqrt{4C_3}}{\sqrt{4(L_3 + L_{\text{load}}) - C_3(R_3 + R_{\text{load}})^2}} \cdot$$

$$\exp\left(-\frac{R_3 + R_{\text{load}}}{2(L_3 + L_{\text{load}})}t\right)\sin\left(\sqrt{\frac{4(L_3 + L_{\text{load}}) - (R_3 + R_{\text{load}})^2 C_3}{4(L_3 + L_{\text{load}})^2 C_3}}t\right)$$

(6 – 39)

使用小电阻使得在实际电路中每一级 *LCR* 振荡电路的电阻造成的衰减振荡趋近于等幅振荡，降低能量损失，进而在进行傅里叶级数求和后得到近似平顶电流，实现更好的电磁轨道炮的发射效果。

并且对于 $f(x)$ 在 $[0, \pi)$ 上的值为 1，傅里叶级数展开为：

$$f(x) = \frac{4}{\pi}\left[\sin x + \frac{1}{3}\sin 3x + \frac{1}{5}\sin 5x + \ldots + \frac{1}{2k-1}\sin(2k-1)x + \ldots\right]$$

(6 – 40)

要实现衰减振荡趋近于等幅振荡，因此可设定电路图 6 – 14 中的第一级、第二级和第三级电路回路电阻为小电阻：$R_1 = R_2 = R_3 = 1 \text{ m}\Omega$，负载电阻 $R_{\text{load}} = 0.5 \text{ m}\Omega$。

依据振幅之比：

$$\frac{U_0 \sqrt{4C_1}}{\sqrt{4(L_1 + L_{\text{load}}) - C_1(R_1 + R_{\text{load}})^2}} \approx \frac{3U_0 \sqrt{4C_2}}{\sqrt{4(L_2 + L_{\text{load}}) - C_2(R_2 + R_{\text{load}})^2}}$$

$$\approx \frac{5U_0 \sqrt{4C_3}}{\sqrt{4(L_3 + L_{\text{load}}) - C_3(R_3 + R_{\text{load}})^2}}$$

(6 – 41)

可得：

$$C_1 \approx 9C_2 \approx 25C_3 \quad (6 – 42)$$

依据频率之比：

$$\sqrt{\frac{4(L_1 + L_{load}) - (R_1 + R_{load})^2 C_1}{4(L_1 + L_{load})^2 C_1}} = \sqrt{\frac{4(L_2 + L_{load}) - (R_2 + R_{load})^2 C_2}{9 \times 4(L_2 + L_{load})^2 C_2}}$$

$$= \sqrt{\frac{4(L_3 + L_{load}) - (R_3 + R_{load})^2 C_3}{25 \times 4(L_3 + L_{load})^2 C_3}}$$

(6-43)

可得：

$$C_1 = 9C_2 = 25C_3 \quad (6-44)$$

因此设定本节电路图中的负载电感 $L_{load} = 4\ \mu H$，调波电感 $L_1 = L_2 = L_3 = 40\ \mu H$，电容器电容 $C_1 = 253.3\ mF$，$C_2 = 28.144\ mF$，$C_3 = 10.132\ mF$，初始电压 $U_0 = 40\ kV$。

仿真得到电路负载电流波形如图 6-15 所示。

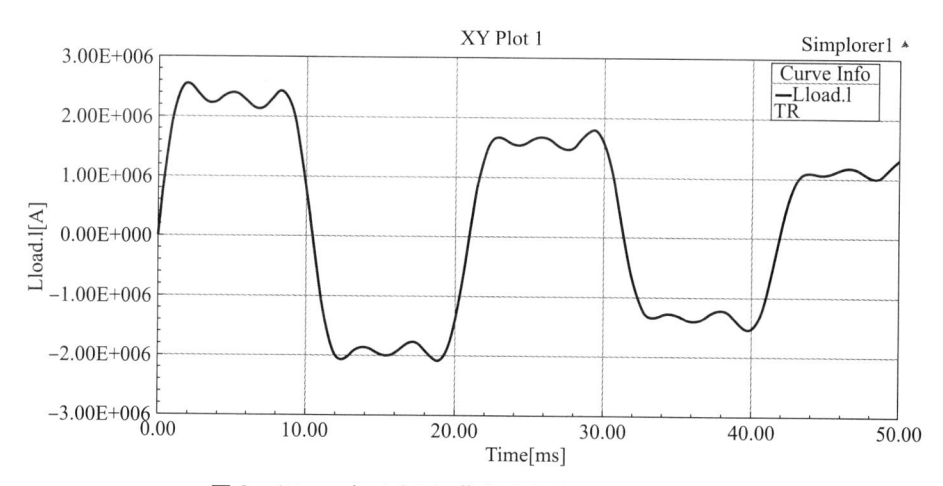

图 6-15 三级 LCR 振荡电路负载电流波形仿真图

从图 6-15 中可见，电流波形平台效应明显，峰值电流波动减小。

6.3.4 五级 LCR 振荡并联电路模型及其理论分析

对于五级 LCR 振荡的电源，负载电阻 R_{load}，电感 L_{load}，电流 I_{load}；
一级电源电容 C_1，电压 U_0，调波电感 L_1，电阻 R_1；
二级电源电容 C_2，电压 U_0，调波电感 L_2，电阻 R_2；
三级电源电容 C_3，电压 U_0，调波电感 L_3，电阻 R_3；

四级电源电容 C_4，电压 U_0，调波电感 L_4，电阻 R_4；
五级电源电容 C_5，电压 U_5，调波电感 L_5，电阻 R_5；
建立具有五级 LCR 振荡电路模型如图 6-16 所示。

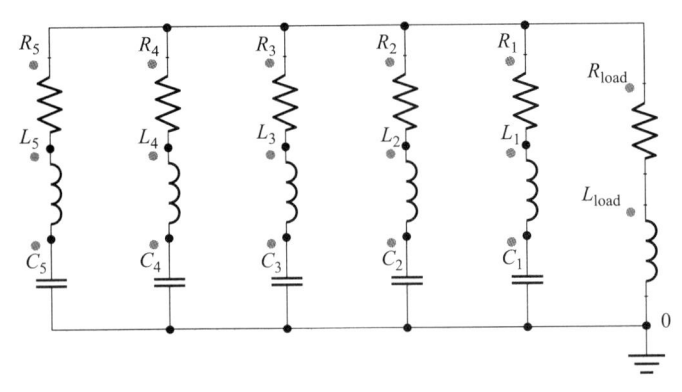

图 6-16　五级 LCR 振荡电路仿真模型

使用小电阻使得在实际电路中每一级 LCR 振荡电路的电阻造成的衰减振荡趋近于等幅振荡，降低能量损失，在进行傅里叶级数求和后得到近似平顶电流，实现更好的电磁轨道炮的发射效果。

并且对于 $f(x)$ 在 $[0, \pi)$ 上的值为 1，傅里叶级数展开为：

$$f(x) = \frac{4}{\pi}\left[\sin x + \frac{1}{3}\sin 3x + \frac{1}{5}\sin 5x + \ldots + \frac{1}{2k-1}\sin(2k-1)x + \ldots\right]$$
(6-45)

要实现衰减振荡趋近于等幅振荡，可设定电路图 6-16 中的每一级电路的回路电阻为小电阻：$R_1 = R_2 = R_3 = R_4 = R_5 = 1\ \text{m}\Omega$，负载电阻 $R_{\text{load}} = 0.5\ \text{m}\Omega$。

依据振幅之比：

$$\frac{U_0 \sqrt{4C_1}}{\sqrt{4(L_1 + L_{\text{load}}) - C_1(R_1 + R_{\text{load}})^2}} = 3\frac{U_0 \sqrt{4C_2}}{\sqrt{4(L_2 + L_{\text{load}}) - C_2(R_2 + R_{\text{load}})^2}}$$
(6-46)

$$\frac{U_0 \sqrt{4C_1}}{\sqrt{4(L_1 + L_{\text{load}}) - C_1(R_1 + R_{\text{load}})^2}} = 5\frac{U_0 \sqrt{4C_3}}{\sqrt{4(L_3 + L_{\text{load}}) - C_3(R_3 + R_{\text{load}})^2}}$$
(6-47)

$$\frac{U_0\sqrt{4C_1}}{\sqrt{4(L_1+L_{\text{load}})-C_1(R_1+R_{\text{load}})^2}} = 7\frac{U_0\sqrt{4C_4}}{\sqrt{4(L_4+L_{\text{load}})-C_4(R_4+R_{\text{load}})^2}}$$
(6-48)

$$\frac{U_0\sqrt{4C_1}}{\sqrt{4(L_1+L_{\text{load}})-C_1(R_1+R_{\text{load}})^2}} = 9\frac{U_0\sqrt{4C_5}}{\sqrt{4(L_5+L_{\text{load}})-C_5(R_5+R_{\text{load}})^2}}$$
(6-49)

可得:

$$C_1 \approx 9C_2 \approx 25C_3 \approx 49C_4 \approx 81C_5 \qquad (6-50)$$

依据频率之比:

$$\sqrt{\frac{4(L_1+L_{\text{load}})-(R_1+R_{\text{load}})^2 C_1}{4(L_1+L_{\text{load}})^2 C_1}} = \frac{1}{3}\sqrt{\frac{4(L_2+L_{\text{load}})-(R_2+R_{\text{load}})^2 C_2}{4(L_2+L_{\text{load}})^2 C_2}}$$
(6-51)

$$\sqrt{\frac{4(L_1+L_{\text{load}})-(R_1+R_{\text{load}})^2 C_1}{4(L_1+L_{\text{load}})^2 C_1}} = \frac{1}{5}\sqrt{\frac{4(L_3+L_{\text{load}})-(R_3+R_{\text{load}})^2 C_3}{4(L_3+L_{\text{load}})^2 C_3}}$$
(6-52)

$$\sqrt{\frac{4(L_1+L_{\text{load}})-(R_1+R_{\text{load}})^2 C_1}{4(L_1+L_{\text{load}})^2 C_1}} = \frac{1}{7}\sqrt{\frac{4(L_4+L_{\text{load}})-(R_4+R_{\text{load}})^2 C_4}{4(L_4+L_{\text{load}})^2 C_4}}$$
(6-53)

$$\sqrt{\frac{4(L_1+L_{\text{load}})-(R_1+R_{\text{load}})^2 C_1}{4(L_1+L_{\text{load}})^2 C_1}} = \frac{1}{9}\sqrt{\frac{4(L_5+L_{\text{load}})-(R_5+R_{\text{load}})^2 C_5}{4(L_5+L_{\text{load}})^2 C_5}}$$
(6-54)

可得:

$$C_5 \approx \frac{49}{81}C_4 \approx \frac{25}{81}C_3 \approx \frac{9}{81}C_2 \approx \frac{1}{81}C_1 \qquad (6-55)$$

因此可设定电路图 6-16 中的负载电感 $L_{\text{load}} = 4~\mu\text{H}$,调波电感 $L_1 = L_2 = L_3 = L_4 = L_5 = 40~\mu\text{H}$;电容器电容 $C_1 = 253.3~\text{mF}$, $C_2 = 28.144~\text{mF}$, $C_3 = 10.132~\text{mF}$, $C_4 = 5.169~\text{mF}$, $C_5 = 3.127~\text{mF}$。初始电压 $U_0 = 40~\text{kV}$。

仿真得到电路负载电流波形如图 6-17 所示。

图 6-17 中,梯形波电流明显,电流平台处波动进一步减小,与图 6-8 的 PFN 电流波形相比,具有明显的优势。

从图 6-17 可以看出,五级 LCR 振荡电路获得了平顶为 5 个振荡波形

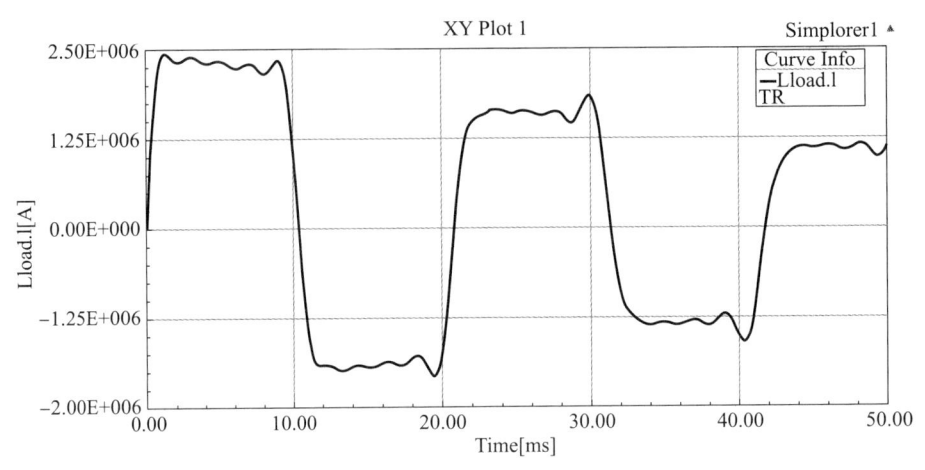

图 6-17 五级仿真电路负载电流波形图

的矩形波。如果在电流强度达到零点时断开负载回路，这时电枢/轨道间不会发生放电烧蚀问题；残存的电能仍然可以为下一发使用，提高电能的利用率。

总之，基于多级 LCR 并联振荡电路，可以作为电源带动小电感小电阻特性负载的电磁轨道炮。该电源带动弹丸质量确定、炮口速度确定的定装轨道炮有如下的优势：

(1) 矩形电流波形，电磁轨道炮工作状态好。

(2) 在电枢出膛瞬间，恰好回路电流降低至零，避免了炮口电弧现象的出现，减小了炮口段的轨道烧蚀以及发射时的特征信号（有利于隐蔽），提高了能量的利用率。

(3) 残存电磁能可以供下一发使用，适合轨道炮的连发打击模式。

(4) 与现有基于电容器组的时序触发放电方式相比，减少了时序开关的数量，获得了更加良好的电流波形。

当然，基于多级 LCR 并联振荡电路的电源方案在其工程方面有如下问题需要解决：

(1) 需要能够反向充电的高储能密度的电容器组。

(2) 需要正向/反向的双向断路开关，及时断开电源与轨道炮负载之间的电路连接。

(3) 需要正向/反向的双向转换充电开关。

(4) 需要大储能规模的电容器组。

总之，现有基于电容器组的时序触发放电方式更有利于电磁轨道炮的研究试验；而基于多级 LCR 并联振荡电路电源方案方便于电磁轨道炮的军事实用。

6.4 多级电感绞肉机

作为一种脉冲功率器件，多级电感绞肉机（Meat Grinder with Multi-inductors）是一种高效的磁场能量转换器，如图 6-18 和图 6-19 所示。多级电感绞肉机的工作过程是由一系列磁能量耦合构成的，当多级强耦合电感器串联充电结束后，某一电感器被旁路后再断路，将该电感器所储磁能耦合至含其他电感器及负载在内的回路中，表现为在含负载在内的电感回路中形成了放大的电流，完成了一级"绞肉"（输入电流较小而输出电流放大）过程。多级"绞肉"过程后，电流成倍数上升，负载获得绝大部分最初所存储的磁场能量。

图 6-18 美国得克萨斯大学的多级电感绞肉机

图 6-19 展示的是绞肉机电路的基础结构，其中，U_s 为直流充电电源，R 为充电回路的电阻，$L_1 \sim L_n$ 为紧密耦合的理想电感，电感值均为 L，且每两个电感器之间的耦合系数均为 k_a，D_1 为晶闸管，R_0 和 L_0 为负载，在这里假设所有的开关均为理想开关。

在初始状态时，$S_1 \sim S_{n-1}$ 断开，S_{op} 闭合，晶闸管不进行触发，直流电源 U_s 对储能电感链进行串联充电，此时电路为一阶 RL 电路，充电至预设电流

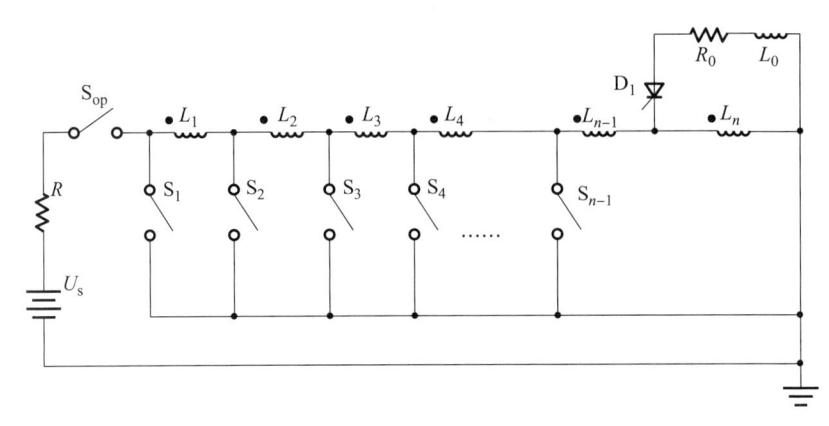

图 6-19 绞肉机电路基础结构

I_0 后,S_{op} 断开。

为了达到电流放大的目的,从第一级电感开始,闭合 S_{i+1} 的同时断开 S_i,由于放电回路被断开,L_i 中的电流会迅速下降,突变为零。而电感器之间存在强耦合,根据法拉第电磁感应定律,磁链减小会产生感应电动势,导致剩余电感中的电流增大,补偿由于 L_i 中电流下降带来的磁通损失,上一级被削去的电感所储存能量就被传递到了剩余电感中,通过不断地重复此操作,从而实现能量传递。最终 S_{n-1} 断开的同时,触发晶闸管 D_1。L_n 中的电流将以初始电流的数倍,对负载进行放电。相比于直流电源直接对负载进行放电,这种方法极大地提升了放电功率。

6.4.1 多级电感绞肉机单次过程的电流分析

下面对多级电感绞肉机的工作原理进行数学上的推导。为了简便起见,仅讨论旁路并断开某一级电感器的电路变化过程。

以 S_1 开关断开时刻作为 0 时刻,那么此时 $I_1(0) = I_2(0) = I_0$,从零时刻开始,可以将此电磁耦合过程与变压器的工作原理等效,因此构建了如图 6-20 所示的电路。根据基尔霍夫电压定律列出电路方程:

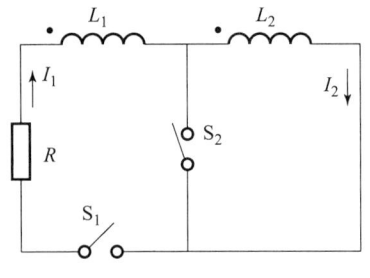

图 6-20 两级电感绞肉机工作原理图

$$\begin{cases} L_1 \dfrac{dI_1}{dt} + M \dfrac{dI_2}{dt} + RI_1 = 0 \\ L_2 \dfrac{dI_2}{dt} + M \dfrac{dI_1}{dt} = 0 \end{cases} \quad (6-56)$$

对该方程组进行拉普拉斯变换，得到：

$$\begin{cases} I_1(s)(L_1 s + R) + I_2(s) M s - I_0(L_1 + M) = 0 \\ I_1(s) M s + I_2(s) L_2 s - I_0(L_2 + M) = 0 \end{cases} \quad (6-57)$$

通过求解该拉普拉斯变换，得到：

$$\begin{cases} I_1 = I_0 \exp\left(\dfrac{L_2 R t}{M^2 - L_1 L_2}\right) \\ I_2 = I_0 \dfrac{L_2 + M}{L_2} - \dfrac{I_0 M}{L_2} \exp\left(\dfrac{L_2 R t}{M^2 - L_1 L_2}\right) \end{cases} \quad (6-58)$$

分析 L_1 和 L_2，可以发现当 $t = 0$ 时，$I_1 = I_0$，$I_2 = I_0$，因此电路的初始条件是满足的。

下面考虑当 $t \to \infty$ 时，I_1 和 I_2 的取值情况。考虑级间耦合系数 k 满足 $M = k\sqrt{L_1 L_2}$，则式（6-58）中的指数项为：

$$\exp\left(\dfrac{L_2 R t}{M^2 - L_1 L_2}\right) = \exp\left(\dfrac{L_2 R t}{(k^2 - 1) L_1 L_2}\right) \quad (6-59)$$

当 $k \to 0$ 时，指数项 $\exp(-Rt/L_1)$ 为暂态过程。经过长时间的衰减，$\exp(-Rt/L_1)$ 趋近于零。互感 $M = k\sqrt{L_1 L_2}$ 为零。线圈 L_1 内的电流减少，磁通损失。

当 $k \to 1$ 时，$M = \sqrt{L_1 L_2}$，指数项直接趋近于零，由于 $L_2(I_2 - I_0) = -M(0 - I_0)$ 即磁通守恒，参考式（6-56），线圈 L_1 的电流 $I_1(t)$ 减小，通过互感 M 的作用，导致电感 L_2 内的磁通减少，形成感应电动势 $-MdI_1/dt$；感应电动势 $-MdI_1/dt$ 为电感 L_2 充电，形成放大的电流 I_2，而且 I_2 变化形成的磁通 $L_2 dI_2/dt$ 正好弥补了 $I_1(t)$ 减小带来的磁通损失 $-MdI_1/dt$，即总磁通守恒。磁通守恒反映了线圈间强耦合与零电阻的特殊情况。

当 $0 < k < 1$ 时，$k^2 - 1 < 0$，因此当 $t \to \infty$ 时，指数项为 0，I_1 和 I_2 最终的电流为：

$$\begin{cases} I_1(\infty) = 0 \\ I_2(\infty) = I_0 \dfrac{(L_2 + M)}{L_2} = I_0 \left(1 + \dfrac{M}{L_2}\right) \end{cases} \quad (6-60)$$

可以看出，从 S_1 开关断开瞬间到 I_1 和 I_2 电流均趋于稳定值，I_1 电流是随着时间指数衰减的，最终衰减到无限趋近于零。I_2 电流随着时间指数上升，最终趋近于 $I_0(1 + M/L_2)$。

6.4.2 多级电感绞肉机电路耦合能量分析

先考虑两级电感绞肉机的情况，在 S_1 未断开时，电路的总能量为：

$$E_{初} = \frac{1}{2}L_1 I_0^2 + \frac{1}{2}L_2 I_0^2 + M I_0^2 \qquad (6-61)$$

当 $t \to \infty$ 时，电路的总能量为：

$$E_{终} = \frac{1}{2}L_2 I_2(t)^2 \Big|_{t\to\infty} = \frac{1}{2}L_2 I_0^2 \left(1 + \frac{M}{L_2}\right)^2 \qquad (6-62)$$

初始态和终态能量的变化量 ΔE 为：

$$\Delta E = E_{初} - E_{终} = \frac{1}{2}I_0^2 \left(L_1 - \frac{M^2}{L_2}\right) \qquad (6-63)$$

能量的转化率 η 为：

$$\eta = \frac{E_{终}}{E_{初}} = \frac{(L_2 + M)^2}{L_1 L_2 + L_2^2 + 2ML_2} \qquad (6-64)$$

对于该绞肉机电路来说，耗能元件只有 L_1 回路的电阻 R，因此对 R 在该放电时间内的能耗进行分析，已知 L_1 回路电流，则列写 R 的能量方程为：

$$W = \int_0^{+\infty} I_1^2 R \mathrm{d}t = \int_0^{+\infty} I_0^2 \exp\left(\frac{2L_2 Rt}{M^2 - L_1 L_2}\right) R \mathrm{d}t = \frac{I_0^2}{2}\left(L_1 - \frac{M^2}{L_2}\right) \quad (6-65)$$

可以看出 $W = \Delta E$，整个系统初始态和终态的能量差均由电阻消耗。从理论上来说，能量转化率的大小与耦合系数相关，耦合系数越大，能量转化率越高，同时可以看出能量差 ΔE 与 L_1 和 L_2 相关，而对这两个参数来说，影响最大的就是级数，因此下面将考虑绞肉机电路的电感级数 n 与耦合系数 k_a 对能量转化率的影响。

假设系统共有 n 级电感，任意两级电感的互感为 M_a，任意一个电感为 L，所有线圈的耦合系数均为 k_a，$0 \leqslant k_a \leqslant 1$，那么：

$$\begin{cases} L_1 = L \\ L_2 = (n-1)L + M_a(n-1)(n-2) = (n-1)L + k_a L(n-1)(n-2) \\ M = M_a(n-1) = k_a L(n-1) \end{cases}$$

$$(6-66)$$

代入 ΔE 和 η 中,可得到能量变化量:

$$\Delta E = \frac{1}{2}LI_0^2 \frac{-k_a^2(n-1) + k_a(n-2) + 1}{k_a(n-2) + 1} \qquad (6-67)$$

能量的转化率为:

$$\eta = \frac{(n-1)[1 + k_a(n-1)]^2}{[1 + k_a(n-2)][1 + (n-1)(1 + nk_a)]} \qquad (6-68)$$

首先分析能量变化量 ΔE。如果把 $0.5LI_0^2$ 看作不变量,因此可定义能量损失系数为:

$$\beta = \frac{-k_a^2(n-1) + k_a(n-2) + 1}{k_a(n-2) + 1} = 1 - \frac{k_a(n-1)}{(n-2) + 1} \qquad (6-69)$$

对电感级数 n 以及耦合系数 k_a 取不同值,可通过数值分析能量损失系数 β 随 n 和 k_a 的变化规律。

首先分析 k_a 固定时的情况,图 6-21 是能量损失系数 β 随电感级数 n 的变化曲线,可以看出,不论耦合系数 k_a 取何值,β 与 n 始终成负相关特性,当 n 较小时,每提高一级 n 能够显著降低 β,然而当 n 增加到某一值时,再增加每一级 n 对减小 β 的作用非常小。

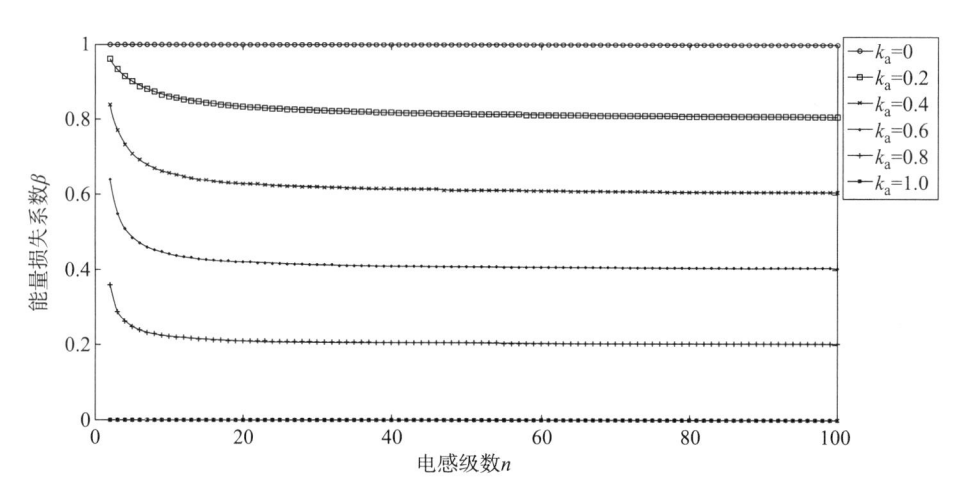

图 6-21 能量损失系数 β 随电感级数 n 和耦合系数 k_a 的变化规律

从物理角度去考虑,能量损失来自 L_1 回路的电阻,图 6-22 表明了 L_1 回路中在不同的 n 条件下,I_1^2 随时间的变化规律,为了方便直观地观察电流波形,在这里取 $I_0 = 1$,且拟定 R 为一较小值进行分析。

图 6-22 中电流波形显示,随着 n 的增加,$I_1^2(t)$ 的衰减速度加快,该曲

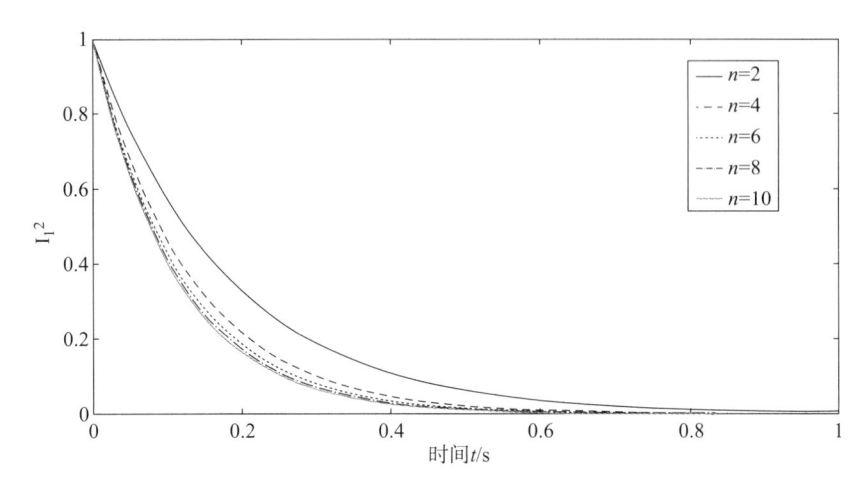

图6-22 电流平方 I_1^2 随时间 t 及电感级数 n 的变化规律

线与横轴、纵轴所包围的面积即为绞去一级电感时电阻消耗的能量,即为系统损失能量,当 n 增大到 10 以上时,再增加 n 对电流衰减速度的影响并不是很大,包围面积趋于定值,损失能量趋于定值。

如果从时间常数的角度分析,L_1 回路的时间常数 τ 可由下式表示:

$$\tau = \frac{L_1 L_2 - M^2}{L_2 R} \tag{6-70}$$

分析思路与上述相当,随着 n 的增加,时间常数 τ 减小,电流衰减加快,最终导致消耗的能量减小。

下面考虑耦合系数 k_a 变化时的情况,图 6-21 中显示,k_a 决定了最大损失能量,k_a 越大,最大能量损失越小,且当 n 较小时,每增加一级电感线圈,带来的减少能量损失的收益越大。随着 n 的增加,k_a 越大,能量损失系数 β 衰减得越快,这意味着,只需要更少的线圈就可以达到最小的能量损耗。根据图 6-21 中曲线可以断定,当 $n \to \infty$ 时,能量损失接近为常数 $(1 - k_a)$。

下面对此推论进行了验证,对 n 固定时,能量损失系数 β 随 k_a 的变化曲线进行分析:

图 6-23 ~ 图 6-25 显示,不论 n 取何值,β 随着 k_a 减小而减小,且当 n 趋近于无穷时,β 与 k_a 的函数关系近似为:$\beta = 1 - k_a$。此公式表明,耦合系数 k_a 决定了系统能量损失的下限,综合考虑 k_a 和 n 对能量损耗的影响,可以得出结论,k_a 决定了系统绞去一级线圈时,能量损失的上限和下限,

对于尽可能小地减小能量损失来说，增大 k_a 是最有效的方法。

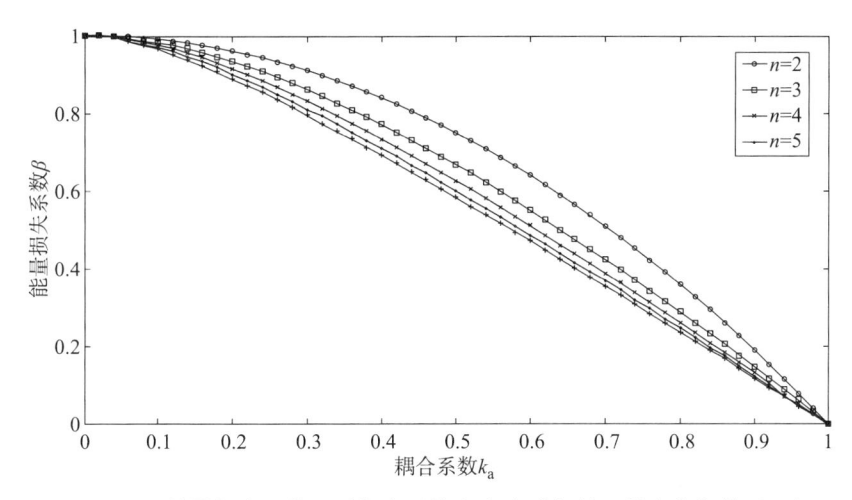

图 6-23　能量损失系数 β 随耦合系数 k_a 和电感级数 n 的变化规律（一）

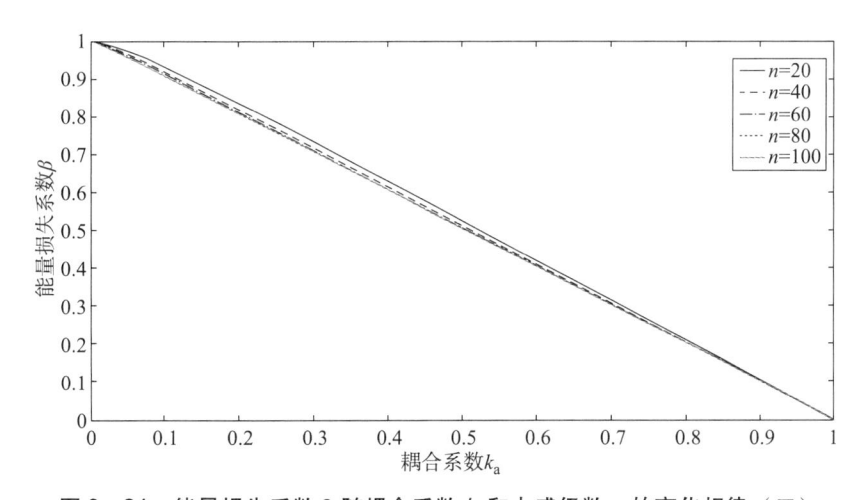

图 6-24　能量损失系数 β 随耦合系数 k_a 和电感级数 n 的变化规律（二）

下面分析能量转化率 η。与分析能量差 ΔE 的方法相同，分别对 n 和 k_a 进行取值，利用 MATLAB 软件对数据进行处理，可以得到几组能量转化率 η 随 n 和 k_a 的变化曲线，通过分析得出结论，如图 6-26 和图 6-27 所示。

图 6-26 中曲线从下到上依次是 $n=2,4,6,8,10$ 的情况，可以看出，随着耦合系数 k_a 的增加，能量转化率 η 也越来越高，这是因为耦合系

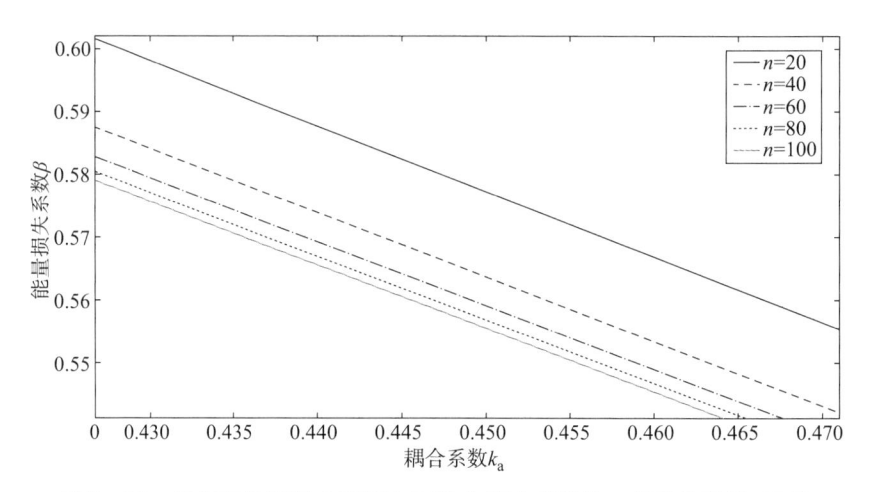

图 6-25 能量损失系数 β 随耦合系数 k_a 和电感级数 n 的变化规律（三）

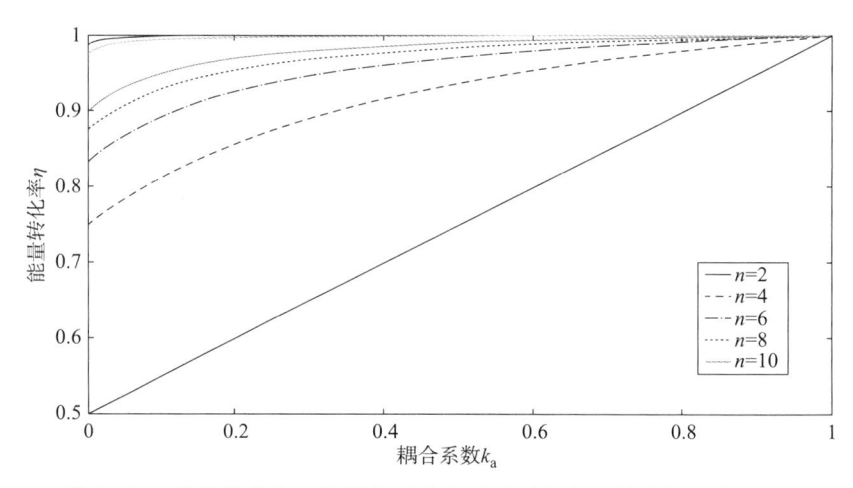

图 6-26 能量转化率 η 随耦合系数 k_a 和电感级数 n 的变化规律（一）

数 k_a 的增加使得 L_1 中的能量更多地被传递到 L_2 中去，提高了能量转化率 η。而在图 6-27 中，随着电感级数 n 的增加，能量转化率 η 也比较高，因为随着 n 的增大，L_1 所占系统能量的比例会越来越低，所以，当 n 比较大时，耦合系数 k_a 对单次转化效率带来的影响并不明显，即便是当 k_a 等于零时，由于被绞去的线圈所占能量对于整个系统来说很小，仅有 $1/n$，所以能量转化率 η 依然较高，可以确定，不论耦合系数 k_a 取值多么大，当 n 趋近于无穷大时，绞去一级电感时的能量转化率接近 100%。但当 $n=2$ 时，L_1 线圈所占

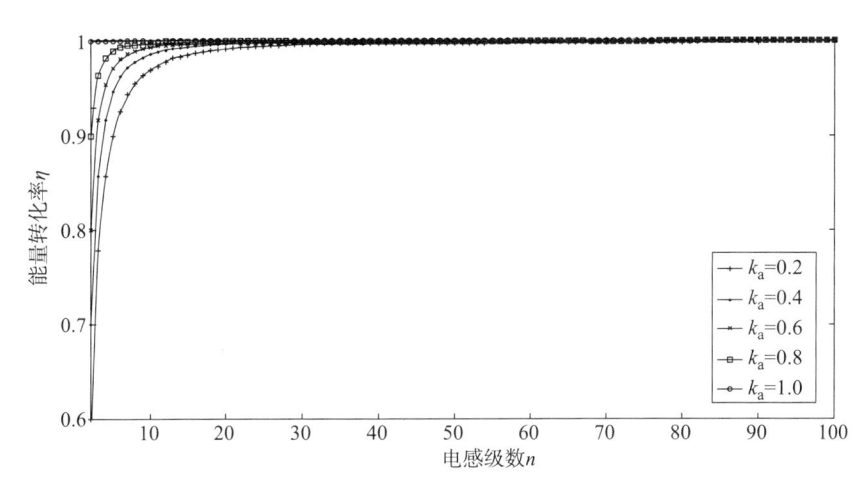

图6-27 能量转化率 η 随耦合系数 k_a 和电感级数 n 的变化规律（二）

能量占系统能量的 1/2，此时提高耦合系数对系统效率的提升作用非常明显。

通过上述分析，我们可以得出如下结论：系统电感级数和线圈之间的耦合系数 k_a 对电流放大倍数、能量差 ΔE，以及能量转化率 η 有影响。在本节中认为这两项参数是相互独立的，但实际上并非如此，它们之间的内在联系体现在，对于能量差 ΔE 来说，耦合系数 k_a 决定了能量差 ΔE 的上限和下限，而电感级数 n 决定了能量差 ΔE 随着耦合系数 k_a 的变化过程，所以我们可以通过调节 n 的大小，来减小能量损失，但如果想对系统进行突破性优化，只能通过提升系统的耦合系数 k_a 来实现。对于能量转化率 η 来说，耦合系数 k_a 决定了能量转化率 η 的下限和随电感级数 n 的变化过程，电感级数 n 决定了能量转化率 η 的上限，当 k_a 较小时，提升一级 n 带来的收益会高于 k_a 较大时的情况，但仍小于同级情况下，k_a 较大时的能量转化率，当 $n \to \infty$ 时能量转化率趋近于1，但是这种决定能量转化率上限的方式是通过增大系统能量来近似抵消掉损失的能量，以上分析是基于绞肉机电路的单次耦合，在电路的实际应用中，多次耦合的结果必然会面临 $n=2$ 的情况，在这时绞去 L_1 所损失的能量会远高于绞去第一级电感时所损失的能量，因此可以预测，在耦合系数相同的情况下，电感级数 n 越大，能量转化率 η 越低。

6.4.3 绞肉机电路多次耦合电流及能量分析

通过对多级电感绞肉机电路单次耦合的分析可以得知：

$$I_2(\infty) = I_0\left(1 + \frac{M}{L_2}\right) \quad (6-71)$$

$$\Delta E = \frac{1}{2}LI_0^2 \frac{-k_a^2(n-1) + k_a(n-2) + 1}{k_a(n-2) + 1} \quad (6-72)$$

$$\eta = \frac{(n-1)[1 + k_a(n-1)]^2}{[1 + k_a(n-2)][1 + (n-1)(1 + nk_a)]} \quad (6-73)$$

多次耦合过程相当于单次耦合的叠加,对于一个具有 n 级电感的系统,则耦合结束后的电流 I_∞、能量差 $\Delta E_{合}$ 以及总体转化效率 $\eta_{总}$ 分别为:

$$I_\infty = I_0 \prod_{i=1}^{n-1} \left(1 + \frac{k_a}{1 + k_a(n-i-1)}\right) \quad (6-74)$$

$$\Delta E_{合} = \frac{1}{2}LI_0^2 \frac{-k_a^2(n-1) + k_a(n-2) + 1}{k_a(n-2) + 1} +$$

$$\sum_{i=2}^{n-1} \frac{1}{2}L\left[I_0 \prod_{m=1}^{i-1}\left(1 + \frac{k_a}{1 + k_a(n-m-1)}\right)\right]^2 \cdot$$

$$\frac{-k_a^2(n-i) + k_a(n-i-1) + 1}{k_a(n-i-1) + 1} \quad (6-75)$$

$$\eta_{总} = \prod_{i=1}^{n-1} \frac{(n-i)[1 + k_a(n-i)]^2}{[1 + k_a(n-1-i)][1 + (n-i)][1 + (n-i+1)k_a]}$$

$$(6-76)$$

利用 MATLAB 软件,分别分析耦合系数 k_a 和级数 n 对整个系统耦合完毕的电流 I_∞、能量差 $\Delta E_{合}$ 以及总体的转化效率 $\eta_{总}$ 进行分析。

图 6-28 显示,电流放大倍数 ε 随着耦合系数 k_a 的增大而增大,它们之间的关系可以用下式表示:

$$\varepsilon = n \times k_a \quad (6-77)$$

式中,k_a 为耦合系数,n 为电感级数。

图 6-29 显示,系统总的能量损失系数 β 与耦合系数 k_a 的关系为二次函数的关系,通过推导,得出了能量差 ΔE 和 k_a 的关系式:

$$\Delta E = \frac{1}{2}LI_0^2(n-1)[(1-n)k_a^2 + (n-2)k_a + 1] \quad (6-78)$$

ΔE 是电阻消耗的能量,也就是在各级开关闭合时的耗能之和,从物理角度考虑,之所以 ΔE 和 k_a 会成为二次函数的关系,是因为,当 n 较大时,开关闭合的次数较多,因此消耗能量也就多,因此相同的耦合系数,n 越大,ΔE 也越大,如果想尽可能地减小 ΔE,最有效的是减小 n,同时应合理

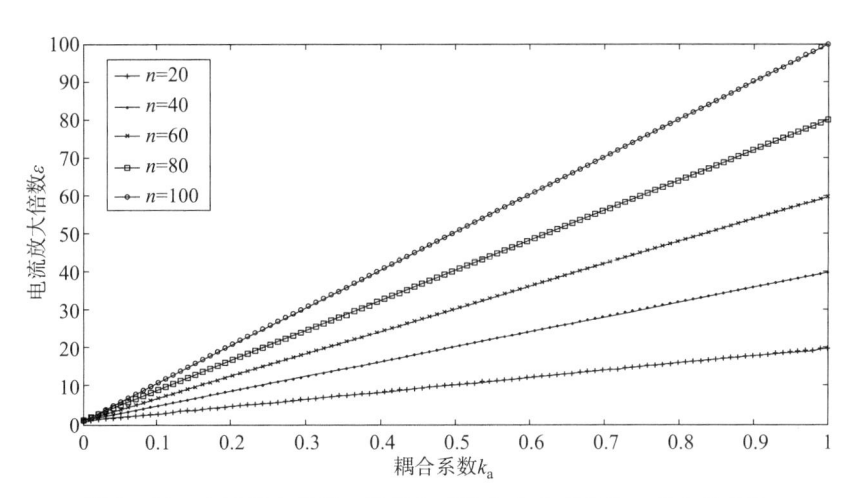

图 6-28 电流放大倍数 ε 随耦合系数 k_a 和电感级数 n 的变化规律

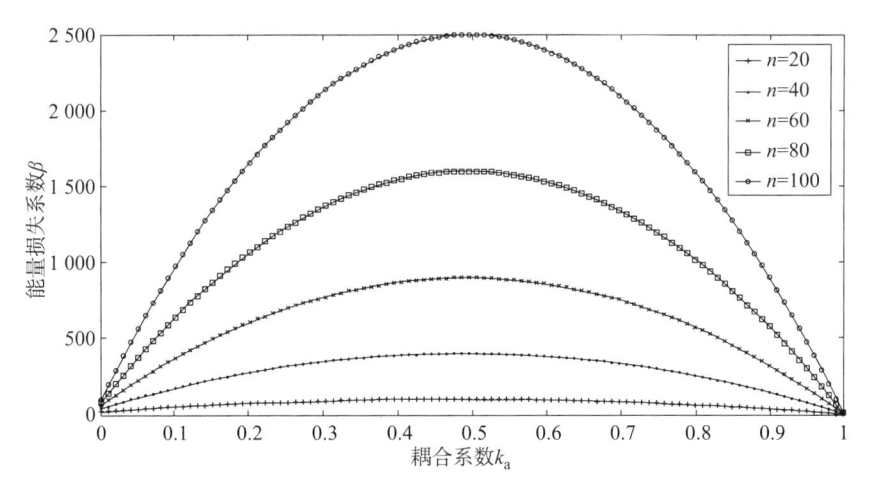

图 6-29 能量损失系数 β 随耦合系数 k_a 和电感级数 n 的变化规律

地配置耦合系数 k_a。

通过图 6-30、图 6-31 和图 6-32 可以看出，系统的整体能量转化率 $\eta_{总}$ 与耦合系数 k_a 为一次函数的关系，其关系方程可以表示为：

$$\eta = \left(1 - \frac{1}{n}\right)k_a + \frac{1}{n} \qquad (6-79)$$

式中，n 为系统中总的电感级数；k_a 为系统中每两匝线圈的耦合系数。可以看出，耦合系数对能量转化率的影响是最大的，提升耦合系数能够有效提高能量转化率。耦合系数相同时，每增大一级 n，系统就多失去一次能量，从单次耦合的分析中也可以得出这一结论，增大 n 不利于提高能量转化率。

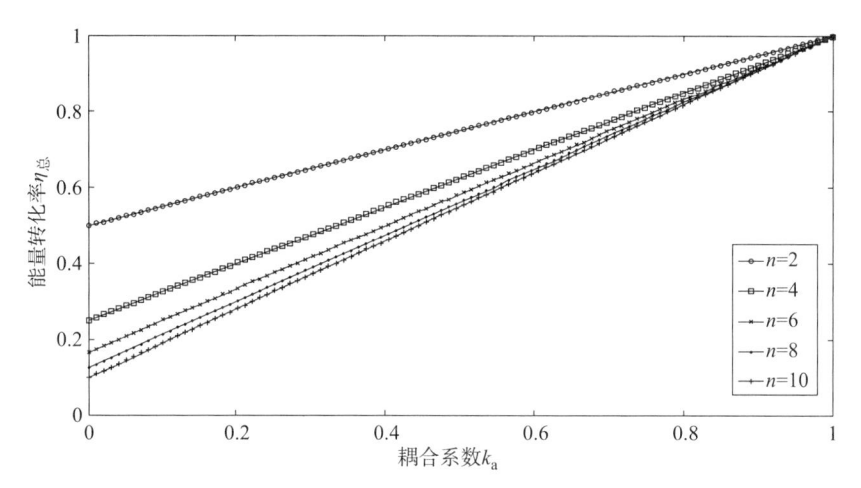

图 6-30 能量转化率 $\eta_{总}$ 随耦合系数 k_a 和电感级数 n 的变化规律（一）

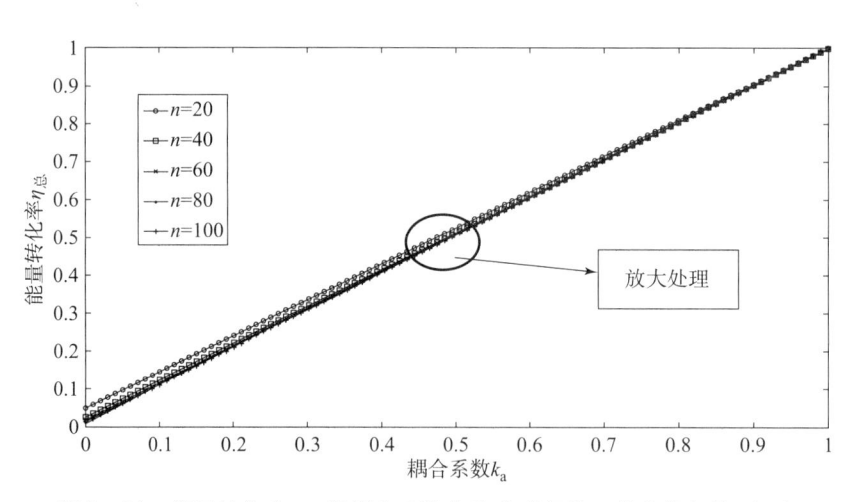

图 6-31 能量转化率 $\eta_{总}$ 随耦合系数 k_a 和电感级数 n 的变化规律（二）

6.4.4 小结与思考

本节阐述了多级电感绞肉机电路的工作原理，分析了单次耦合和多次耦合情况下，电流放大倍数、能量差以及能量转化效率这三个参数随电感级数 n 和耦合系数 k_a 的变化规律，从数学角度和物理角度解释了这种规律，

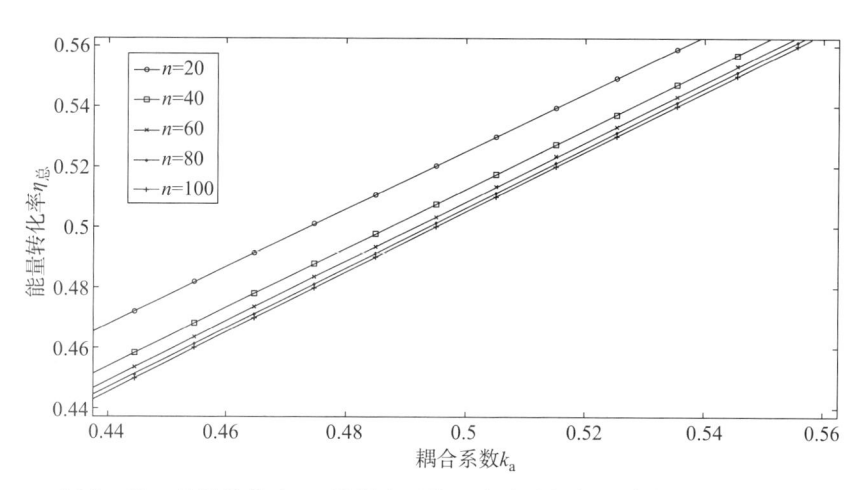

图 6-32　能量转化率 $\eta_{总}$ 随耦合系数 k_a 和电感级数 n 的变化规律（三）

并推导了多次耦合情况下，这三种参数随 n 和 k_a 的关系式，为绞肉机电路的实际应用提供了参考。从上述分析中可以看出，提高耦合系数 k_a 是优化系统最有效的方式，但同时应注意的是，能量差 ΔE 与 k_a 为二次函数的关系，对 k_a 选择不合理会增大系统损耗。由于 n 过大不利于节约能量和提高效率，因此考虑实际情况中 n 不可能趋近于无穷，但对于提高电流放大倍数方面的作用是显而易见的。综上所述，应该先根据工业水平确定出 k_a 的取值范围，然后在满足需要的情况下，尽可能减小 n，并通过电流放大倍数的关系式，确定出 k_a。

6.5　直线式磁通压缩发电机

在高功率脉冲电源技术领域，现有电容器组储（电）能电源、电感器储（磁）能电源、单极发电机（HPG）、磁流体（MHD）发电机、磁通压缩发电机（MFCG）等电源方案。其中磁通压缩发电机（MFCG）可以集动力系统、发电、波形调节于一体，技术集成度高、结构紧凑、质量轻、体积小。基于机动性和准备性较好的特点，MFCG 目前主要应用于电磁发射、强电磁脉冲、强磁场物理、模拟核爆炸试验等研究领域。

经过几十年的研究，MFCG 种类繁多，工作方式多样，使用领域广泛。然而，人们对一些 MFCG 概念和具体方案仍然存在模糊的认识，这影响了其技术进步和军事应用。本节从空间电磁场模型和电路模型两个角度给出了 MFCG 规范的定义，总结了 MFCG 区别于普通发电机的根本特征。这些基础性的工作对 MFCG 概念研究和技术革新有重要参考价值。

6.5.1 空间电磁场参量的 MFCG 定义

从空间电磁场出发，如果外力 $F(t)$ 作用于导体使闭合回路所围磁力线的截面积迅速减小，则由于良导体的瞬时抗磁性，磁力线密度 $B(t)$ 就相应地增大，空间磁场能量密度 $E_B(t)$ 也相应地增加，以增加磁能密度 $E_B(t)$ 形成强电流驱动负载作业即为 MFCG。简单地说，MFCG 就是通过压缩磁场所占体积来获得更大的磁力线密度和磁场能量的过程。

举例来说，对于截面积为 $S(t) = \pi R^2(t)$ 的理想螺线管，内有磁感应强度为 $B(t)$ 的匀强磁场，则磁能密度自然为 $\rho = B^2(t)/(2\mu)$，磁力线间的横向压强力（斥力）密度自然为 $f = B^2(t)/(2\mu)$。当外力迫使螺线管迅速变细时，一方面由于良导体的瞬时抗磁性，磁感应强度将变大，磁能也将相应地变大；另一方面，外力克服磁力线间的斥力运动而做功。具体地，理想螺线管变细包括两种情况，分别对应于磁通守恒和磁通匝链数守恒这两种典型的 MFCG 工作模式，如图 6-33 和图 6-34 所示。

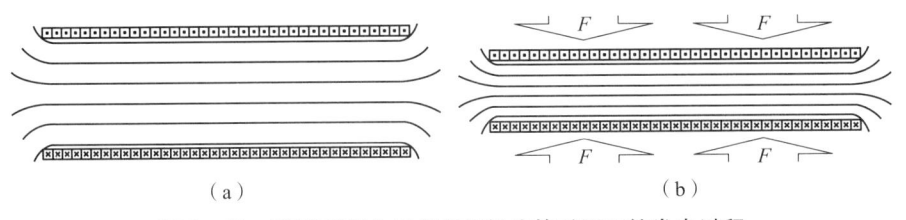

图 6-33 遵循磁通守恒的理想螺线管磁通压缩发电过程
(a) 磁通压缩之前磁力线分布；(b) 磁通压缩过程中磁力线分布

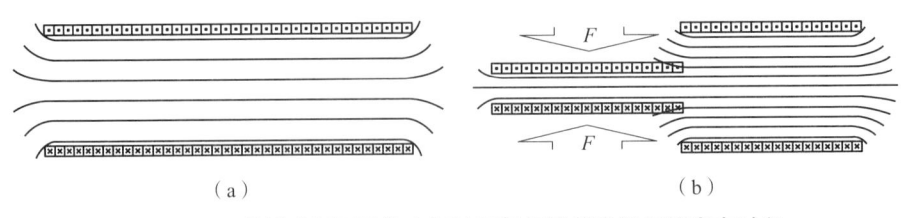

图 6-34 遵循磁通匝链数守恒的理想螺线管磁通压缩发电过程
(a) 磁通压缩之前磁力线的分布；(b) 磁通压缩过程中磁力线的分布

图 6-33 中，理想螺线管首尾外接短路，在外力作用下螺线管半径均匀

迅速变小，磁感应强度 $B(t) = \eta(t)S(0)B(0)/S(t)$，其中带（0）的表示磁通压缩之前的初始量，带（t）的表示磁通压缩过程的参量，$\eta(t)$ 为磁通损失系数，一般取值大于 0 且小于 1。在欧姆损失可以忽略的理想情况下 $\eta(t) = 1$，$B(t)S(t) = B(0)S(0)$，即磁通守恒。这种结构和位形 MFCG 的具体应用如苏联的 MK-1 发生器。

图 6-34 中，理想螺线管首尾外接短路，在外力作用下，总长度为 l 的螺线管只有长度为 l_1 的部分螺线管半径均匀变小（长度为 l_2 的剩余部分不变化），磁感应强度为：

$$B(t) = \eta(t) \frac{S(0)(l_1 + l_2)}{S(t)l_1 + S(0)l_2} B(0) \qquad (6-80)$$

式中，$\eta(t)$ 为磁通损失系数，一般取值大于 0 且小于 1。在欧姆损失可以忽略的理想情况下，$\eta(t) = 1$，$B(t)[S(t)l_1 + S(0)l_2] = B(0)S(0)l$，即磁通匝链数守恒。这种结构和位形 MFCG 的具体应用如苏联的 MK-2 发生器、单端起爆的爆炸式螺旋绕组 MFCG 等。

对于上述两种典型的 MFCG 工作过程，磁能增加量均可以表示为末、始两状态磁能之差，其表达式为：

$$\Delta E_B(t) = \sum_i \frac{1}{2\mu} B_i^2(t) V_i(t) - \sum_i \frac{1}{2\mu} B_i^2(0) V_i(0) \qquad (6-81)$$

外力克服磁力线间斥力运动而做功可表示为环面力对径向位移的积分，其表达式为：

$$W(t) = \int_{R(0)}^{R(t)} \left(\frac{1}{2\mu} B^2(t) \times 2\pi R(t) \times l_1 \right) dR(t) \qquad (6-82)$$

实际上，外力做功 $W(t)$ 正好等于磁能的增量 $\Delta E_B(t)$。

MFCG 的空间电磁场模型简单、直观，有助于 MFCG 结构和位形的设计。

6.5.2 电路参量的 MFCG 定义

基于电路模型分析，MFCG 是法拉第电磁感应产生的电动势（伴随电感减少）为低损耗 LR 电路充电并形成指数率放大电流，产生电磁能的过程，简单地说，MFCG 是减少电感以获得放大的电流和电磁能的过程。MFCG 的等效电路如图 6-35 所示。

如图 6-35 所示的电路图中，一个可变电感 $L(t)$ 和可变电阻 $R(t)$ 串联为回路，回路电流为 $I(t)$。当种子电流源 S 为回路充电后闭合旁路开关 K，

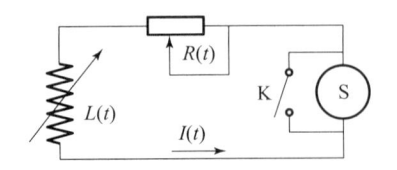

图 6 - 35 磁通压缩发电机的电路模型

$I(t)$ —回路电流；K—旁路开关；$L(t)$ —回路总电感；
$R(t)$ —回路总电阻；S—种子电流源

则有回路电压方程：

$$\frac{\mathrm{d}}{\mathrm{d}t}[L(t)I(t)] + R(t)I(t) = 0 \tag{6-83}$$

另有初始条件：

$$I(t)\big|_{t=0} = I(0), L(t)\big|_{t=0} = L(0) \tag{6-84}$$

得到电流表达式：

$$I(t) = \frac{L(0)}{L(t)}I(0)\exp\left[-\int_0^t \frac{R(t)}{L(t)}\mathrm{d}t\right] \tag{6-85}$$

以及能量表达式：

$$E(t) = \frac{1}{2}L(t)I^2(t) = \frac{L(0)}{L(t)}\exp\left[-2\int_0^t \frac{R(t)}{L(t)}\mathrm{d}t\right]\frac{1}{2}L(0)I^2(0)$$
$$\tag{6-86}$$

在忽略电阻的理想条件下，电流表达式变为 $L(t)I(t) = L(0)I(0)$，即磁通（匝链数）守恒。或者说，欧姆损耗为零的理想条件下有磁通（匝链数）守恒，即电感减小则电流放大、磁能增多。

MFCG 的电路模型精确、严谨，有助于模拟计算 MFCG 详细的工作过程。

6.5.3 两种 MFCG 定义的一致性

如上所述，电磁场模型的 MFCG 定义较直观，是磁场所占体积减小、磁感应强度变大的过程。回路模型的 MFCG 定义较严谨，是电感减少、电流放大的过程。但二者是一个事物的两个方面，必然存在着一致性。

根据毕奥 - 萨伐尔定律，空间中任意一点的磁场与 MFCG 线圈中流过电流的关系为：

$$B = \frac{\mu_0}{4\pi} \oint \frac{I \mathrm{d}l \times \hat{r}}{r^2} \tag{6-87}$$

回路模型的自感系数 $L(t)$ 本身就是空间参量的函数。对于理想螺线管，$B = \mu n I$，自感系数 $L = \mu n^2 V$，磁场能量的空间参量表达式 $E_B = B^2 V/(2\mu)$（V 指代线圈体积）与电路模型表达式 $E_B = 0.5LI^2$ 也是一致的。最后，把两类表达式联系起来，磁通损失系数自然为：

$$\eta(t) = \exp\left[-\int_0^t \frac{R(t)}{L(t)} \mathrm{d}t \right] \tag{6-88}$$

6.5.4　MFCG 的根本特征

从上述两种定义出发，可以总结 MFCG 区别于其他类型发电机的根本特征：

（1）从应用角度出发，负载的电阻、电感等特性参数相对于绕组参数均较小，甚至相差一个量级。

（2）不论种子磁通采用何种方式（永磁铁的磁场、超导磁体的磁场、恒定电流磁场、缓变磁场、脉冲电流的磁场），MFCG 工作过程中磁场主要由励磁电流引起。

（3）回路电阻较小，其欧姆值远小于回路电感的减小率（欧姆量纲）。

（4）MFCG 只能以脉冲方式工作。

（5）回路电流充当励磁电流，电流呈现指数率上升。

（6）从直观角度，MFCG 过程伴随着磁场所占据空间体积的减小，伴随着电感的减少。

因此，MFCG 与连续工作方式的普通发电机相比，有明显的区别：

（1）MFCG 负载参数与绕组参数极不匹配，绕组参数远大于负载参数；而普通发电机负载与绕组参数相匹配。

（2）MFCG 励磁电流即负载电流，以近指数率上升；而普通发电机的励磁电流一般近恒流，且与负载电流相隔离。

（3）MFCG 只能以脉冲方式工作，普通发电机则无此限制。

6.5.5　MFCG 的系统分类

根据 MFCG 的根本特征，MFCG 分类如表 6-2 所示。

表 6-2 MFCG 的系统分类

绕组结构	电枢运动	一次性使用的爆炸式 MFCG	可重复使用的 MFCG	
			活塞式 MFCG	旋转式 MFCG
简单绕组	单匝绕组	（1）条状（三角形、矩形、梯形）发生器； （2）平行板式 MFCG； （3）同轴式 MFCG； （4）球形 MFCG	逆轨道炮	
	单个多匝线圈绕组	（1）MK-1； （2）筒状电枢同步径向扩张的螺旋绕组 MFCG	（1）多匝逆轨道炮； （2）感应式脉冲 MHD 发电机	（1）CPA； （2）旋转式 MFCG
复杂绕组	单层螺旋绕组	单端起爆的单层螺旋绕组 MFCG	活塞式单层螺旋绕组 MFCG	
	多个线圈绕组或多层螺旋绕组	（1）多级 MK-1； （2）爆炸式多层螺旋绕组 MFCG	（1）磁通泵； （2）炮击式多线圈 MFCG； （3）活塞式多层螺旋绕组 MFCG	多级 CPA

注：其中标下划线的四类 MFCG 为最近提出的新类型；补偿脉冲交流发电机（CPA）、感应式脉冲 MHD 发电机、逆轨道炮、磁通泵等虽然归类为 MFCG，仍沿用传统的名称。

如表 6-2 所示，MFCG 按照电枢运动是否具有重复性可分为一次性使用的爆炸式 MFCG 和多次使用的非爆炸式 MFCG 两大类。前者能够提供 $10^{-7} \sim 10^{-5}$ s 的脉冲宽度，主要用于强磁场物理、模拟核爆炸试验、强电磁脉冲等；后者可提供 $10^{-4} \sim 10^{-3}$ s 的脉冲宽度，可用于电磁发射、电磁推进等。进一步地，可重复使用的 MFCG 又可分为直线推进的活塞式 MFCG 和旋转式 MFCG 两类。

从另一角度，MFCG 按照绕组结构的差异可分为简单绕组 MFCG 和复杂绕组 MFCG 两大类。其中简单绕组 MFCG 分为单匝绕组式（Single Loop）和多匝线圈绕组式（Multi-turn Coil）两大类。多匝线圈绕组式 MFCG 的各匝所经历的磁通压缩发电过程都是同步的。在无负载且欧姆损失可以忽略的理想情况下，简单绕组 MFCG 的工作过程遵从磁通守恒定律。复杂绕组 MF-

CG 包括单层螺线管式（Single – layer Helix）、多层螺线管式（Multi – layer Helix）或多个线圈式两类。复杂绕组 MFCG 工作过程中各匝（组）绕组所经历的磁通压缩发电过程不同步，在无负载且欧姆损失可以忽略的理想情况下，其工作过程遵从磁通匝链数守恒定律。

下面分别论述单匝绕组 MFCG、单个多匝线圈绕组 MFCG、单层螺旋绕组 MFCG、多层螺旋绕组 MFCG、多个线圈绕组 MFCG。

（一）单匝绕组 MFCG

单匝绕组爆炸式 MFCG 包括条状式、平行板式、同轴式、球形式等多种位形 MFCG。其中条状绕组常常有三角形、矩形、梯形等具体位形。单匝绕组活塞式 MFCG 主要指逆轨道炮（IRG）。现有单匝绕组 MFCG 的共同特征是单独一个电流环充当绕组，运动（或形变）的电枢作为单匝绕组的一部分。

图 6 – 36 为单匝三角形条状绕组的爆炸式 MFCG。当电容器为此绕组充电形成种子电流后，雷管从炸药块的一端引爆。爆炸压迫条状电枢形变，旁路电容器，并使条状绕组所围的面积逐步减少，从而使电感减小，电流增大，负载获得了"放大"的电流和脉冲电磁能。

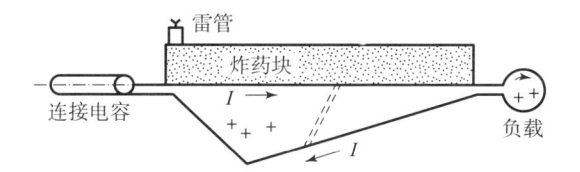

图 6 – 36　三角形条状绕组 MFCG 结构示意图

如图 6 – 37 所示为爆炸式（矩形）平行板绕组 MFCG，当电容器为单匝绕组充电后，同步引爆两块炸药。爆炸压迫两板状电枢平动，使绕组所围的面积减少。随着电感逐步减小，负载获得了"逐步放大"电流和脉冲电磁能。

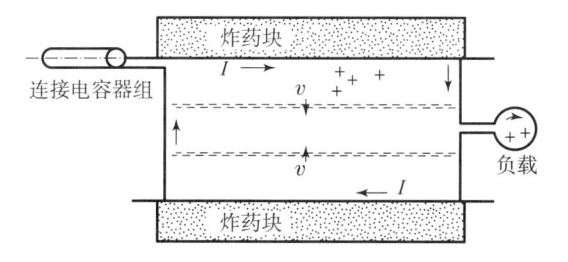

图 6 – 37　矩形板状绕组 MFCG 结构示意图

如图 6-38 所示的爆炸式同轴型 MFCG，当电容器为单匝绕组充电后，雷管从一端引爆炸药柱。炸药爆炸使内导体柱面电枢扩张，旁路电容器并逐步短路外导体柱面绕组，使两柱面间磁通所占的体积减小。电感逐步减小，电流逐步增大，负载获得了脉冲电磁能。

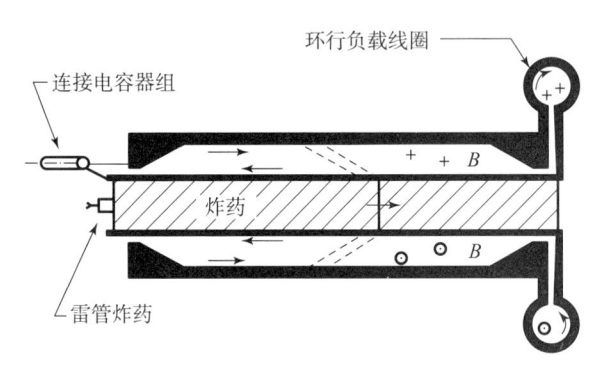

图 6-38　一种内爆式同轴型 MFCG 结构示意图

如图 6-39 所示的爆炸式球形 MFCG，当电容器为单匝绕组充电后，从中心处引爆球形炸药。炸药爆炸使内导体球面电枢扩张，使两球面间磁通所占体积减小。电感逐步减小，电流逐步增大，负载获得了脉冲电磁能。

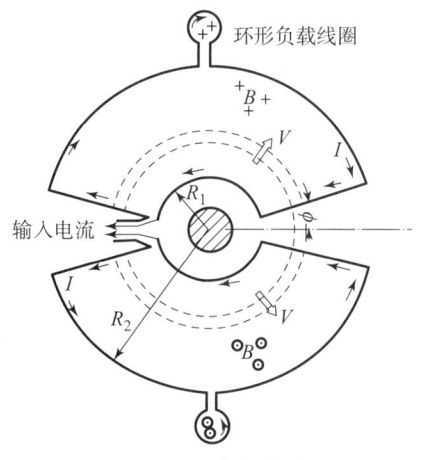

图 6-39　内爆式球形 MFCG 结构示意图

（二）单个多匝线圈绕组 MFCG

线圈式 MFCG 包括 MK-1（见图 6-40）、管状电枢径向同步扩张的螺旋绕组 MFCG、多匝逆轨道炮、感应式脉冲磁流体（MHD）发电机（见图 6-41）、补偿脉冲交流发电机（CPA）（见图 6-42）、旋转式磁通压缩发生器等，其基本特征是多匝绕线之间有磁链接，在工作过程中各匝绕组同步动作，在无负载和欧姆损失可忽略的理想情况下工作过程遵从磁通守恒原理。

如图 6-40 所示的爆炸式 MK-1 发生器是苏联为强磁场物理研究而完成的 MK 系列发生器之一。其工作过程为：当电容器为线圈充电后，从外缘

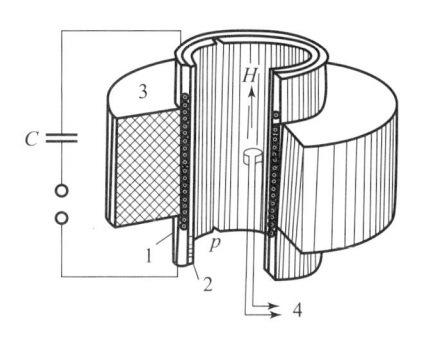

图 6-40 爆炸式 MK-1 发生器结构示意图

1—螺旋绕组；2—空心金属圆柱体电枢；3—炸药；4—测量引线；C—电容器；H—磁场

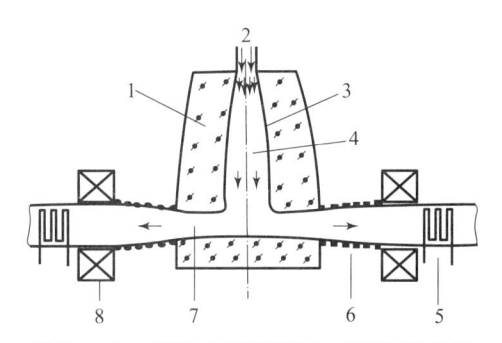

图 6-41 感应式核裂变脉冲 MHD 发电机

1—中子减速剂和反射层；2—裂变气体注入；3—冷却气体旋转注入的多孔壁；
4—核裂变反应腔；5—热交换器；6—输出线圈；7—MHD 发电通道；8—励磁线圈

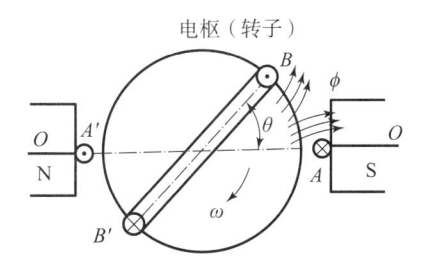

图 6-42 补偿脉冲交流发电机工作原理图

均匀引爆环形炸药块。炸药爆炸压迫线圈并使电枢接触形成闭合回路。爆炸过程中，电枢逐渐变细，电枢承载的环向电流逐步增大，中心区域的磁场逐步增强。

管状电枢径向同步扩张的爆炸式螺旋绕组 MFCG 由螺旋绕组和绕组内同轴固定的管状电枢构成,电枢外径约为绕组内径的一半。管状电枢的对称轴上有引爆用的细电热丝,电枢内盛满炸药。电热丝可在轴线上均匀引爆炸药,炸药爆炸驱动电枢柱面均匀扩张。

如图 6-41 所示的感应式核裂变脉冲 MHD 发电机,当核燃料粉尘进入反应腔后和中子发生链式反应,形成高温高电离度的等离子体。此等离子体具有较高的导电性和较强的抗磁性,与金属电枢一样在发电通道内压缩励磁线圈提供的磁场,在输出线圈的两端产生感应电动势,在负载较小的情况下完成磁通压缩发电过程。

如图 6-42 所示的补偿脉冲交流发电机(Compensated Pulse Alternator,CPA),转子线圈 BB' 在 NS 磁极形成的固定磁场中转动产生种子电流,固定线圈 AA' 与转子线圈 BB' 串联。当两线圈重合时有最大电感;两线圈反向重合时有最小电感。这样,当两线圈从最大电感位置转动到最小电感位置时,由于磁通压缩而发电。

(三) 单层螺旋(复杂)绕组 MFCG

如前所述,单层螺旋绕组 MFCG 工作过程中各匝绕组所经历的磁通压缩微过程并不同步,某些绕组磁通压缩发电产生的电动势为整个回路充电,并形成放大电流。单层螺旋绕组 MFCG 包括爆炸式和活塞式两类。爆炸式单层螺旋绕组 MFCG 的结构如图 6-43 所示。

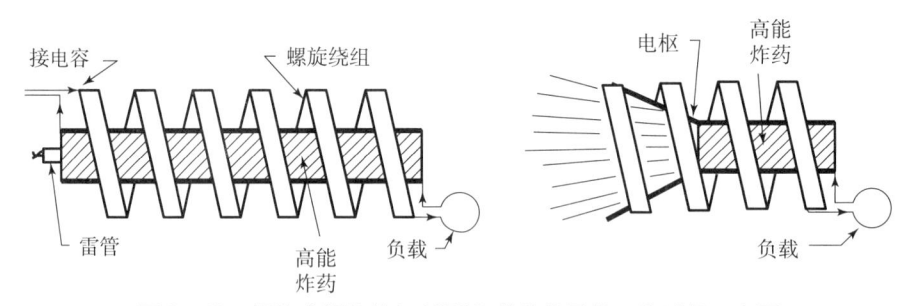

图 6-43 爆炸式螺旋绕组 MFCG 的结构及其工作过程示意图

如图 6-43 所示是一种经典的单端起爆的单层螺旋绕组 MFCG 结构。螺旋绕组内同轴放置一个高电导率、高延展性的圆筒金属电枢,电枢两端绝缘固定,内盛炸药。绕组中引入电容器组的种子电流后,由引信从一端引爆炸药柱,炸药爆炸推动电枢扩张并形成约 14° 的锥角。在炸药逐步爆炸过程中,电枢连续接触绕组,使绕组的长度逐步变短,在负载上可测出逐步放大的电流。

值得一提的是,由于美好的应用前景,活塞式螺旋绕组 MFCG 已有几家研究机构进行了研究尝试。与此类似的是可重复使用的直线式 MFCG 概念,由乌克兰科学家提出。

1993 年,乌克兰科学家提出的利用螺旋线圈绕组磁通压缩方法实现发电并带动电磁轨道炮的概念设计,如图 6-44 所示。这种螺旋绕组磁通压缩发电机带动电磁轨道炮概念的优势如下:

(1) MFCG 消耗的是化学能,电磁轨道炮输出的是动能,化学能有利于储存,超高速轨道炮的弹丸动能有利于军事打击。

(2) MFCG 发电机部分螺旋绕组电感较大,轨道炮负载电感较小,原理简单,电路的匹配性好,系统效率较高。

(3) 这套系统体积小、质量轻,便于军事应用的机动性,尤其对于陆基机动反装甲使用,效果较好。

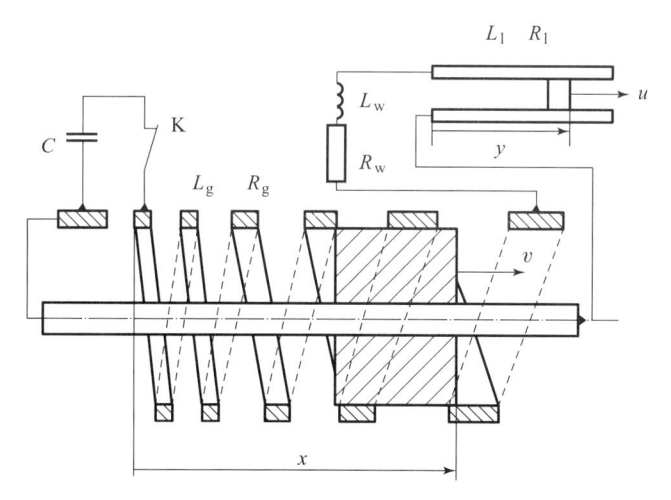

图 6-44 螺旋绕组 MFCG 带动电磁轨道炮的概念

在图 6-44 中,当开关 K 闭合后,电容器 C 为发电机螺旋线圈绕组充电,形成种子电流(励磁电流)和种子磁场。其后发电机的活塞电枢在沿 x 方向以速度 v 运动,逐步压缩螺旋线圈绕组内的磁场空间形成磁通压缩发电(电感 L_g 减小),并逐步短路螺旋线圈绕组降低欧姆损耗(电阻 R_g 减小)。发电形成的巨大电流和磁能,经连接电路的电感 L_w 和线路电阻 R_w 后供电磁轨道炮使用。电磁轨道炮的基本参数为电感 L_1 和电阻 R_1。轨道炮电枢运动

的位移为 y，轨道炮电枢的速度为 u。图 6-45 中，$L_w < L_1 \ll L_g$，且 $R_w < R_1 \ll R_g$，$v < u$。在发电机部分，用粗而短的身管，采用化学能、低速度发射活塞，用于发电。在轨道炮部分，用细而长的发射膛，采用电磁能、超高速发射弹丸，用于毁伤目标。

受其启发，1997 年美国的 E. B. Goldman 等尝试进行原理验证试验，他们采用了如图 6-45 所示的电枢结构，却没有后续的试验结果。

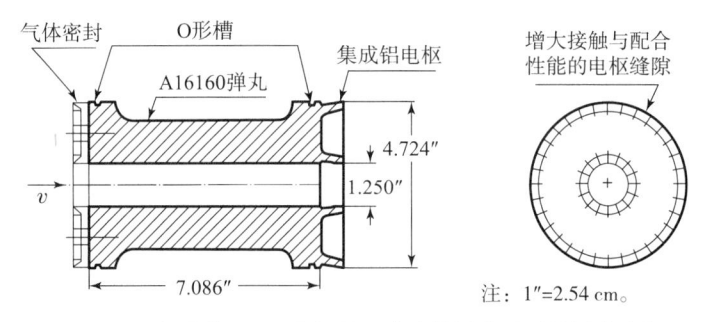

图 6-45　螺旋绕组 MFCG 原理试验装置中用到的活塞电枢

吕庆敖等在 2002 年发表的《螺旋绕组磁通压缩发电机理论的适配性》就指出了螺旋绕组磁通压缩发电机的根本条件是使螺旋绕组截面积减小，可采用圆筒状电枢径向扩张或锥形电枢的轴向推进方式，避免电枢表面的轴向裂缝。2006 年，吕庆敖等发表的《活塞式螺旋绕组磁通压缩发电机的原理试验》中，采用如图 6-46 所示的发射器及电枢结构。其中活塞上的锥形电枢负责与螺旋绕组位置接近而磁通压缩发电，活塞上的 16 束电刷负责短路螺旋绕组线圈，把不能进一步磁通压缩的无用线圈短路，以降低欧姆损耗。并从试验上获得了放大的电流，验证了螺旋绕组磁通压缩发电机原理的可行性和可靠性。

（四）多层螺旋绕组 MFCG

多层螺旋绕组 MFCG 是在单层螺旋绕组 MFCG 基础上发展而来的。如图 6-47 所示的是单端起爆的多层螺旋绕组 MFCG 的绕组结构示意图，把它用到图 6-43 所示结构参数相同的 MFCG 后，MFCG 就有更大的绕组电感和更大的绕组电阻，从而有更大的发电能力和带动较大负载的能力，其工作过程参数已有机构进行了较为详细的分析。

同样，活塞式多层螺旋绕组 MFCG 是活塞式单层螺旋绕组 MFCG 发展的必然趋势。与爆炸式 MFCG 类似，活塞式多层螺旋绕组 MFCG 能够大大

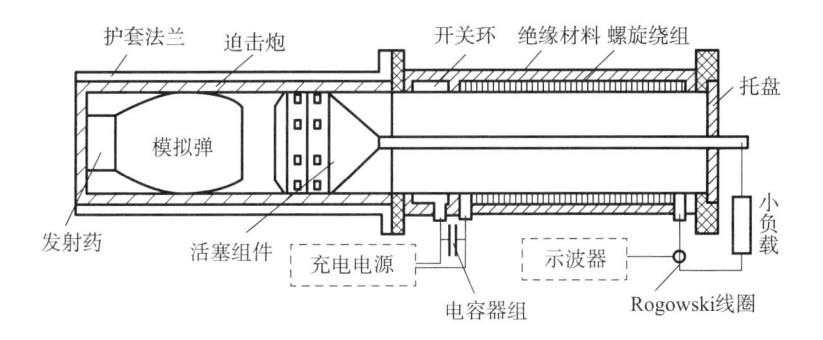

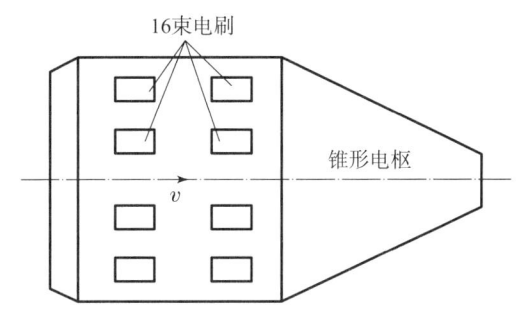

图 6-46 螺旋绕组 MFCG 原理试验装置及电枢结构

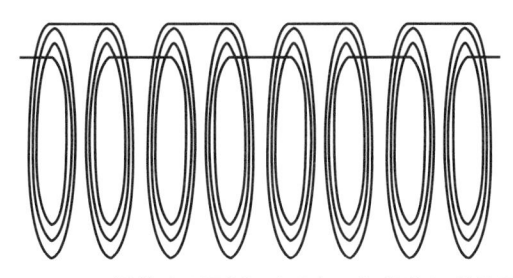

图 6-47 爆炸式 MFCG 采用多层螺旋绕组结构图

提高发电能力和带动负载的能力。

（五）多个线圈绕组 MFCG

多个线圈绕组 MFCG 是在单线圈绕组 MFCG 基础上发展来的，如在 MK-1 基础上发展了多级 MK-1、在 CPA 基础上发展了多级 CPA 等。在宇航学方面，多级火箭代替单级火箭，由于及时减轻了质量，因而能够进一步提高火箭速度。类似地，多个线圈绕组 MFCG 代替单线圈绕组 MFCG，由于及时把无用的绕组内阻旁路在主回路之外，因而能够大大提高电流放大系数。在掌握单级的情况后，多级 MK-1 和多级 CPA 的结构和原理并不复杂，本节也不再赘述。

如图 6-48 所示的磁通泵是由 R. A. Marshall 博士提出的。种子磁通建立后,当电枢在外力作用下沿导轨做克服洛伦兹力的直线运动时,由于磁通压缩而发电并逐步短路一些矩形绕组。由于各匝经历的发电过程不完全同步,它属于复杂(矩形)绕组的活塞式 MFCG。

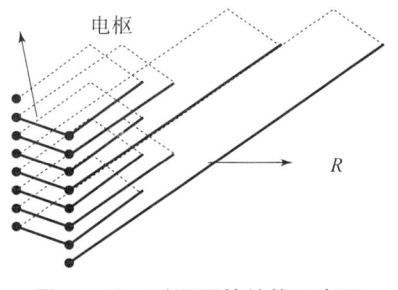

图 6-48 磁通泵的结构示意图

还有炮击式多个线圈绕组 MFCG,其结构和原理为:有多个线圈平行、同轴排列,并通以种子电流;当炮弹(即电枢)依次穿过这些线圈、完成磁通压缩发电后,线圈电流逐级放大。

6.6 旋转惯性储能带动脉冲发电机

高速旋转储动能配合脉冲功率发电机为电磁轨道炮电源提供了另一种选项。脉冲功率发电机主要包括:单极发电机、被动补偿脉冲交流发电机(实际上就是旋转储能配合的磁通压缩发电机)、多轮发电机等。

在图 6-49 中,单极发电机由一个转动的金属圆盘、连接转动圆盘的轴和电刷、励磁线圈等构成。当励磁线圈通

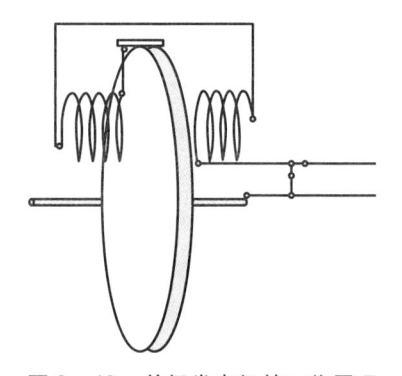

图 6-49 单极发电机的工作原理

以种子电流后,短路开关闭合形成单极发电与励磁线圈的闭合电路;惯性飞轮带动单极发电机圆盘转动,在圆盘的中心轴和圆周上产生电动势,在闭合回路中形成更大的电流(含更大的励磁电流)和磁场能量。当励磁线圈内电流强度和磁场能量急剧增长到足够大(这个时间很短)时,由开关连接电磁轨道炮负载,同时断开短路开关,则单极发电机、励磁线圈、负载形成闭合回路,回路电流驱使电磁轨道炮电枢加速。励磁线圈的电感值大于轨道炮电感值。

1978 年,澳大利亚国立大学采用单极发电机配合储能电感器,带动

电磁轨道炮，把 3 g 聚碳酸酯弹丸加速到 5.9 km/s 速度，开创了电磁轨道炮研究的新时代。图 6-50 是澳大利亚国立大学研制的单极发电机配合电感器储能带动电磁轨道炮的系统。

图 6-50　澳大利亚国立大学的单极发电机配合
储能电感器带动电磁轨道炮的系统

另外一种旋转储能飞轮带动的补偿脉冲交流发电机如图 6-51 所示。虽然单个补偿脉冲交流发电机能够工作，但对于机动平台来说，旋转惯性储能飞轮的转动惯量对平台机动操控带来不利影响；而结构完全相同、旋转方向相反的两个旋转飞轮的转动惯量矢量和为零，不会影响机动平台的操控性能。

关于电磁轨道炮使用的脉冲功率电源，目前实验室最主要使用的是基于电容器组的时序放电方式，形成梯形波电流供电磁轨道炮使用，其他电源均处于探索阶段。PFN 电源的体积大、质量大，目前主要适合地基固定平台、大型舰船平台使用。在陆基机动平台上目前还没有成熟的电磁轨道炮电源。

多级 LCR 并联振荡电路电源系统，其输出电流的脉宽是一定的，不利于脉宽不受限制的电磁轨道炮研究试验，仅适合于定型轨道炮的军事使用。

多级电感绞肉机属于电感储（磁）能、开关控制后电流放大（磁能不放大）供电磁轨道炮这种低电感高电流特性负载使用的设备和技术。

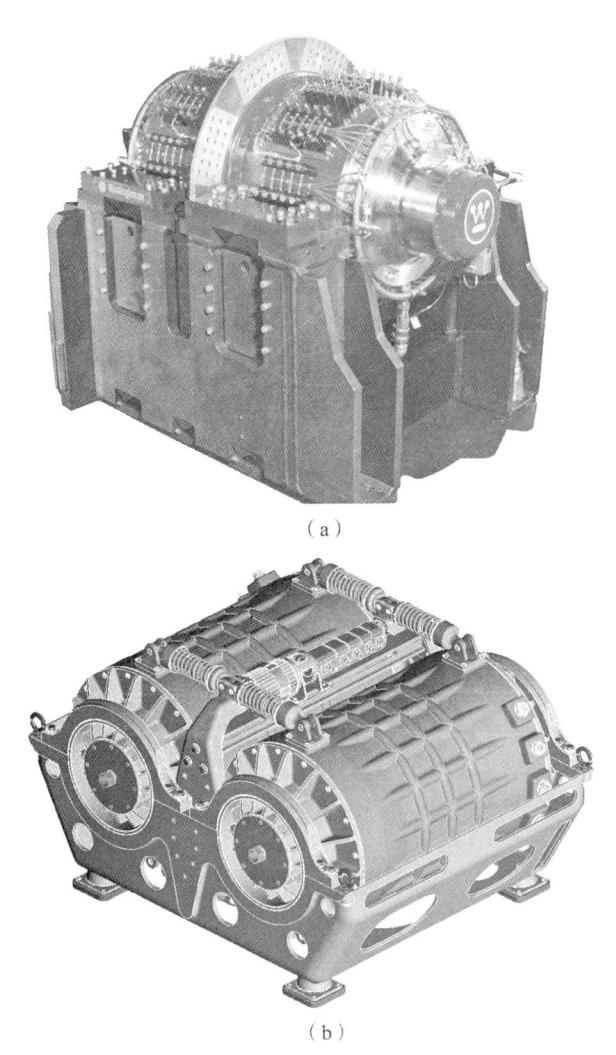

图6-51 补偿脉冲交流发电机及两个补偿脉冲发电机组成的一组

(a) 补偿脉冲交流发电机；(b) 补偿脉冲发电机组

旋转飞轮储（惯性）能密度虽然很高，但仍不适合陆基装甲车辆上使用。主要原因是更高转速和更高储能密度的转子材料技术还不成熟。单极发电机、补偿脉冲交流发电机、多轮发电机等都受制于转子的储能水平。

直线驱动的螺旋绕组线圈磁通压缩发电机，采用化学能直接发电，体积小、质量轻，适合陆基装甲车辆平台带动小型轨道炮使用，但其技术仍处于探索阶段。

核能驱动的脉冲功率电源受制于其发电方案和脉冲功率技术的限制，处于概念探索阶段。

一次性使用的爆炸式磁通压缩发电机（MFCG）、爆炸式磁性流体动力学（MHD）发电机，采用炸药的化学能发电，属于一次性使用的产品，经济性能较差，处于研究探索阶段。

第7章 电磁轨道炮军事应用

基于初速高、射程远、受控性好、工作性能优良、效费比高等技术优势，电磁轨道炮可用于未来防空反导、远程火力打击、电磁弹射、高能物理试验、航天发射与运输、空间碎片清除、滑轨试验、星际航行、胶囊列车、滑翔运输机发射等领域，从而形成防空电磁轨道炮、舰载电磁轨道炮、电磁迫击炮、机载电磁轨道炮、多功能电磁轨道炮、反舰导弹电磁轨道炮、电磁弹射轨道炮、航天电磁轨道炮、反导电磁轨道炮、空间碎片清除电磁轨道炮、滑轨试验电磁轨道炮、高能物理用电磁轨道炮、星际航行电磁轨道炮、胶囊列车电磁轨道炮、发射滑翔运输机电磁轨道炮等多种类型的应用方向。

7.1 防空电磁轨道炮

在防空领域，电磁轨道炮的高初速、高精度特点很适用于对空中目标进行拦截。美军认为可用电磁轨道炮代替传统高射武器和防空导弹遂行防空任务，美国正在研制长 7.5 m、发射速度为 500 发/分钟、射程达几十千米的电磁轨道炮，不仅能打击临近的各种飞机，还能在远距离拦截空对舰导弹，准备代替舰上的"火神"防空武器系统。经过试射，符合以上要求的防空电磁轨道炮重量尽管不大，但是它飞射出去的炮弹经高速碰撞以后，对没有加固的各种导弹和没有特殊防护的飞机仍然有很大的杀伤力。

7.1.1 "闪电"电磁轨道炮防空系统

"闪电"（Blitzer）电磁轨道炮防空系统是由美国通用原子公司（General Atomics）研制的陆基车载防空电磁轨道炮，已完成多轮次发射试验，实现 1 kg 弹丸，初速 2 km/s，炮口动能 2 MJ 发射，如图 7-1 所示。

通用原子电磁系统公司曾在犹他州达格威靶场进行制导电子组件发射试验，之后拆卸"闪电"轨道炮系统并将其运往希尔堡。到达希尔堡后，

（a） （b）

图7-1 通用原子电磁系统公司的"闪电"电磁轨道炮及其武器系统

(a)"闪电"电磁轨道炮；(b)武器系统

进行重新组装，参与"机动性与射击综合试验演习"（MFIX），并进行了发射演示。其目的在于展示该轨道炮系统可以方便有效地运输，并在不同地区的现实环境进行试验，收集提高轨道炮效率的关键数据，以满足未来用户对机动性的需求。

7.1.2 法德研究院车载防空电磁轨道炮

法德研究院利用"半飞马座"轨道炮，实现了千克级电磁轨道炮炮弹的超高速发射（大于2 500 m/s），能量转换效率超过了35%，处于世界领先水平。在法国防务采购局创新展上，法德研究院展示了一台车载电磁轨道炮全功能模型，该模型能够发射 5 mm × 5 mm 规格的模拟弹，初速为 120 m/s，如图7-2所示。

图7-2 法德研究院车载防空电磁轨道炮模型

法德研究院正在与奈克斯特公司、海军集团公司、欧洲导弹集团公司等合作，计划推出一台安装有电磁轨道炮的全尺寸模型。

7.1.3 舰载电磁轨道炮

电磁轨道炮研究热潮自 20 世纪 80 年代重新兴起以来，欧美海军均认为这种新概念动能武器将最先应用于海军部队，这是因为现有科技条件下脉冲功率电源体积过于庞大，而舰艇平台能够为电磁轨道炮提供足够的安装空间，同时可以采用核动力等方式提供不间断的能量供应，因此电磁轨道炮在海军舰艇的应用前景非常广阔。

电磁轨道炮可以把巨大的电能转换成炮弹的动能，这已经被美国海军研究办公室（ONR）电磁轨道炮项目进行的 33 MJ 炮口动能发射试验所证明。从那时起，轨道炮就成为未来远程火炮武器系统的首选。在这种情况下，一个重达几千克的炮弹可以被加速到大约 2.5 km/s 的初速。这种高超声速炮弹的主要作用是打击几百千米以外的目标，它们也可以用来反空袭或其他直接射击的场合。在这些情况下，高初速明显降低了毁伤目标所需的时间，同时轨道炮在射程上优于当前的火炮系统。

由于电磁轨道炮的能量来源于电能，因此在安装了综合电力系统的舰艇上，武器系统将和主动力、指挥系统、传感器等子系统共享能量，舰艇平台的设计将越加灵活。而且由于电磁轨道炮炮弹可以没有化学爆炸物，因此舰艇设计时可以将原有的弹药库结构取消，优化舰体防护，大大提高舰艇的战场生存能力。同时，也将大大简化武器系统的后勤保障工作。

（一）美国舰载电磁轨道炮

目前，美国海军已于 2010 年完成 33 MJ 电磁轨道炮试验，实现 10 kg 射弹初速达 2.5 km/s，研制了 32 MJ 炮口动能工程样炮。并于 2016 年冬在野外进行了系统集成演示验证。如果进展顺利，未来将在近海战斗舰、DDG51 及 DDG1000 上装备不同能量等级的舰载电磁轨道炮。

美国海军规划中为 DDX 装备的电磁轨道炮，其炮弹能够以 $Ma7.5$ 的速度发射，5 min 后击中 200 n mile 外的目标，电磁轨道炮能够成为舰炮武器的主要原因是它能在 6 s 内击中 10 km 水平范围内的舰船，在 6 min 内打击 370 n mile 内的目标。配合其高精度及高杀伤力，将是海军舰艇对面火力投送能力的巨大飞跃，也是炮弹取代导弹的一个标志。并且 DDX 的综合电力系统将使舰上的各种电能武器和传感器共享电力，如果战术态势允许，还

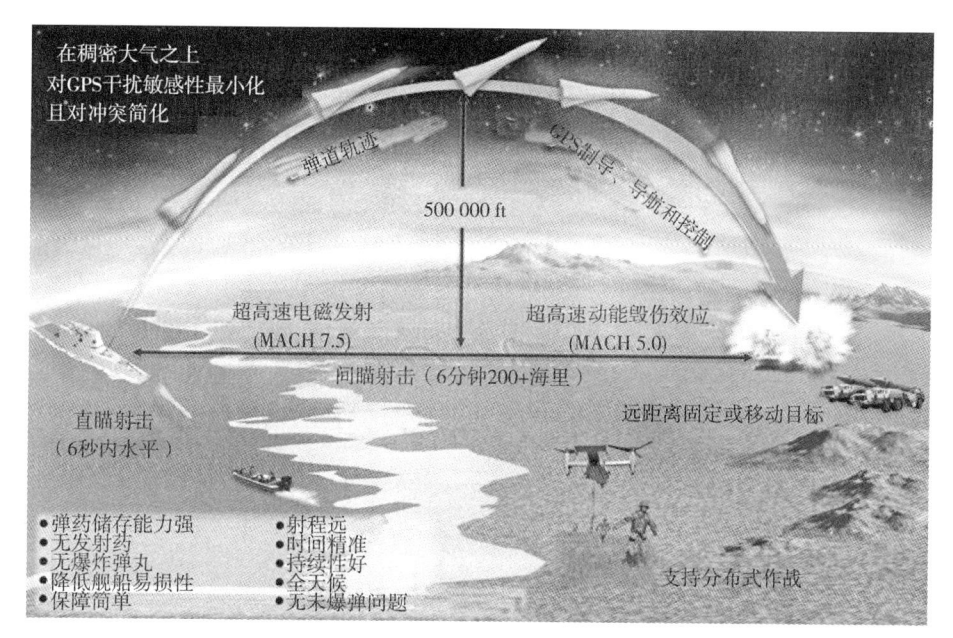

图 7-3 美军舰载电磁轨道炮的作战构想

可以使舰船发动机高速运转，提供充足的电力以满足电磁轨道炮所需电能，保持 6~12 发/分钟的射速。在大规模装备电磁轨道炮以后，海军火力投射能力将获得质的飞跃，其火力密度、反应时间、精度等都将有历史性的突破。

美国海军研究院将进行炮口动能 64 MJ 发射平台的演示，并在 2020—2025 年间实现电磁轨道炮的实战应用。海军研究院已安排 BAE 公司和通用原子公司进行 32 MJ 电磁轨道炮的研制，安排波音公司和德累博实验室进行电磁轨道炮弹的研究。美国海军的最终目标是将所有攻击型舰艇上的舰炮都更换为电磁轨道炮，特别是在 DDG1000 级系列以后的对陆攻击驱逐舰都应用了综合电力系统，该系统完全有能力产生 90~100 MJ 的脉冲功率。

（二）欧洲舰载电磁轨道炮

电磁轨道炮的主要特点之一是它可以将巨大的电能转化为炮弹的动能，同时多次证明其可以实现 2.5 km/s 的初速。同时具有这两种能力的轨道炮是远程火炮系统的唯一候选。一个可以部署轨道炮的军事平台是大型军舰，例如未来的全电护卫舰或全电驱逐舰。在全电战舰上，电机需要能将这些大型军舰加速到 20~30 kn 的速度，因此需要的电功率在 30~100 MW。很多时候，全电战舰都不需要为其驱动系统使用电源的全部功率，因此可以为这些全电战舰配备电武器。电磁轨道炮和高能量激光武器是电武器系统的主要候选。当审视这两个系统时，轨道炮与安装在现有军舰上的传统火炮非常相似，主要区别为电磁轨道炮使用电磁能代替了火药的化学能作为发射能源。由于轨道炮可以采用恒定的加速度加速炮弹，身管长度相同时它可以获得比传统火炮更高的初速。高初速结合高超声速弹丸设计，可以大幅度提高射程。从能力的角度来看，传统火炮能做的工作轨道炮都可以做到，而且可以做得更好。欧洲联盟成员国的海军联合舰队，大约有110艘护卫舰和驱逐舰正在服役。在未来，这些都将逐渐被电力驱动的现代军舰所取代。即便由于预算的限制军舰总数可能会缩减，这显然是一个轨道炮装备军舰的大市场。

在法国和德国，护卫舰和驱逐舰在名字上没有明确的区别。这两种类型的军舰都称为护卫舰。两国海军的护卫舰主要配备两种口径的火炮。大部分的法国军舰配备的是名为"68型"的100 mm口径加农炮或它的变体。德国护卫舰配备的是口径较小的奥托76 mm口径火炮。表7-1列出了这两种舰炮最重要的参数。炮弹质量大约是总发射质量的50%~56%。这些火炮采用爆炸战斗部，其携带炸药的种类和重量决定了其投送至目标的能量，据此可估测76 mm舰炮对目标释放的能量约为2 MJ，100 mm舰炮约为4 MJ（因缺乏装载炸药种类资料，按TNT估测）。此外，打击的精准度也极大影响了作战效果。若使用轨道炮动能打击方式，为与当前军舰装备的武器具有可比性，轨道炮弹丸的冲击动能设置为2~4 MJ，则对目标的毁伤能量相当，并且由于轨道炮初速更高，因而打击精度更高。此外，轨道炮动能打击弹药没有应用火炸药等含能材料，经济性、安全性更高。

表7-1 法国和德国标准海军舰炮的关键参数

参数	68型100 mm舰炮	奥托76 mm舰炮
口径/mm	100	76
炮管长度/mm	5.5	4.72
初速/(m·s^{-1})	870	925
发射质量/kg	23	12
炮弹质量/kg	13	5~6
炸药/kg	1	0.4~0.75

续表

参数	68 型 100 mm 舰炮	奥托 76 mm 舰炮
射频/(rds·min^{-1})	78	80
炮塔质量/t	22	7.5
典型射程/km	<17	20~30

为了能计算轨道炮的电气参数，需要做某些假设，从这些假设可以推导未来轨道炮系统的粗略草案。反过来，这一草案可以用来改进某些方面，并在迭代过程中提高对轨道炮的认识。研究表明，炮弹质量为 5 kg 以上，初速为 2 500 m/s，到达目标时着靶速度在 1 000~1 500 m/s 范围。很明显，射程和着靶速度取决于飞行路径，即射角和炮弹的空气动力学特性。到达目标时着靶速度为 1 000~1 500 m/s，质量为 5 kg 的炮弹具有 2.5~5.6 MJ 的动能，与常规弹药爆炸大约具有同样的破坏力。轨道炮加速质量为 5 kg 的炮弹，还需要增加电枢和弹托。电枢提供轨道之间的连接，而弹托将炮弹和电枢连接起来，并引导炮弹通过内膛。估计电枢和弹托会增加 3 kg 的质量。整个发射组件的质量为 8 kg、炮口动能 25 MJ、电流 3.95 MA、最大线电流密度约 43 kA/mm、口径 100 mm。

储存在轨道炮脉冲功率系统的能量是由炮口能量除以发射效率决定的。根据相关研究，系统的效率主要取决于电感梯度、炮弹末速度和系统电阻。假设电感梯度值和末速度是固定的（0.5 μH 和 2 500 m/s），电阻作为影响系统整体效率的唯一参数。系统电阻包括电源、连接电源和轨道炮的总线、轨道和电枢的接触电阻。图 7-4 给出了系统电阻与系统效率所能达到最大值的曲线。随着电阻的增加，系统效率迅速下降，电阻值为 1 mΩ 时系统效率可以达到 0.24。轨道电阻是系统电阻的下限。50 mm 厚轨道、100 mm 口径轨道炮，全长的电阻值为 0.4 mΩ，在发射时平均电阻为 0.2 mΩ。参考该阻值，假设整个系统的电阻为 0.5~1 mΩ 是合理的。从图 7-4 可以看出，效率将在 0.24~0.4。系统效率取 0.33，则主电源模块需要储存 75 MJ 电能用于发射。充电效率取 80%，若每分钟 1 发，需要 1.6 MW 的充电功率；若每分钟 6 发，则需要 9.6 MW 的充电功率。

高超声速动能弹必须满足以下几个要求：

(1) 要对目标有效，它应尽可能多地将能量传递到目标。因此，它需要有足够大的质量和足够高的末速度。

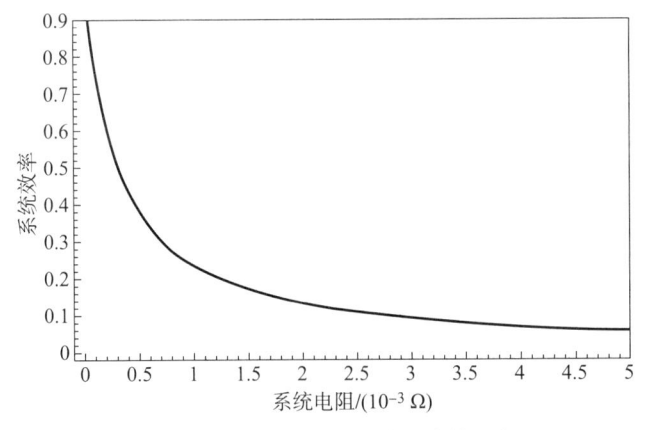

图 7-4　系统电阻与系统效率的函数

（2）高速炮弹穿越大气层时，需要特别注意低空气阻力和发热设计。选择弹体材料时需要考虑炮弹表面温度的影响。此外，炮弹还需要承受很高的加速力。对于这种应用，炮弹的质量选为 5 kg，材料选钨，因为它具有 19 g/cm^3 的高密度，约 3 420 ℃ 的高熔点。这种材料也增加了炮弹的穿甲能力。

（3）为了进一步提高效能，可能需要额外增加一个高密度铁芯材料。

（4）为了降低气动阻力，选择横截面相对较小的弹，弹体直径 30 mm。突出部分的形状是具有幂律形式的圆形尖头。这是权衡低气动阻力和低气动加热最好的设计。炮弹的总长度是 370 mm。

（5）为了稳定飞行，炮弹尾部具有直径为 40 mm 的扩张，而没有采用尾翼。能承受可以预料高温的尾翼非常难设计，需要更详细和精心的设计研究。

从 2°~8° 发射角炮弹飞行的仿真表明，峰值高度可以达到 260 km，45° 发射角时射程最大可达 500 km。

基于电磁轨道炮当前的进展和传统舰炮系统，法德研究院给出了可能的电磁轨道炮关键参数草案，使用标准的空气动力学和飞行力学软件计算了炮弹的飞行弹道。研究的结果是未来欧洲舰载轨道炮功能和参数为：100 mm 方口径、6.4 m 长身管轨道炮，能加速 8 kg 重的发射组件。通过调整发射角，5 kg 炮弹可以达到 500 km 射程。为此，每次发射需要的电能大约为 75 MJ。

(三) 全能舰

当前世界各国海上作战样式,是按照任务类型设计和建造不同的作战平台,由多个作战平台组成编队,谋求体系作战和精确打击。以编队为单元的海上作战样式主要存在两大局限:一是平台和武器的建造、维持成本高,经济可承受性差;二是投入的作战平台种类和数量多,系统复杂,协同指挥难度大。

电磁轨道炮、电磁火箭弹、线圈炮、激光炮等高能武器的出现,使单舰平台的整体攻防性能和持续作战能力大幅增强,舰船综合电力系统的研制成功,又为高能武器上舰提供了充足的能源支持。舰载高能武器和全电舰船技术的集成创新与研制成功,将使单艘舰艇实现系统防空、反潜和对海、对岸的精确打击,颠覆现有海上作战样式。这种强大的单舰平台,称为"全能舰"。

在防空反导方面,全能舰使用可重复自动装填的通用电磁发射装置发射反导导弹,实现点对点防御;利用电磁轨道炮实现对目标的面拦截;利用激光炮作为最后一道防线,对末端导弹进行拦截。

在反舰与对陆攻击方面,全能舰使用可重复自动装填的通用电磁发射装置发射远程巡航导弹和弹道导弹,或利用电磁火箭弹(炮)、电磁轨道炮等遂行对海和对岸目标的打击任务,其中,电磁轨道炮可将全能舰对岸打击能力提高一个数量级。

反潜和反鱼雷方面,全能舰利用电磁轨道炮发射反潜导弹对潜艇进行攻击,发射反鱼雷武器对来袭鱼雷进行拦截。

7.2 电磁迫击炮

目前,电磁轨道炮由于能量密度、轨道寿命、抗高过载弹丸等关键技术的限制使得其工程化应用还有待深入和较长时间的研究。迫击炮所要求的发射能量较低,降低了对这些技术的要求,这使电磁迫击炮在工程应用方面具有较好的可实现性。

7.2.1 迫击炮的优点与不足

迫击炮具有结构简单、火力机动灵活、可部署性强等特点,得到了广泛的应用。新发展的迫击炮配用包括精确制导炮弹在内的各种新型弹药和先进的火控系统,具有火力猛、机动性好、精度高的特点,适用于特种、轻型部队遂行山地作战、空降作战和城市巷战。但这些迫击炮系统也有其缺点,概括如下:

(1) 为了增强其火力打击纵深,不得不采用高能发射药和增大装药量的方法,这样就不可避免地增大了迫击炮发射时的后坐力,对底盘的性能和反后坐装置的设计提出较高要求。

(2) 受限于高能发射药的发展,提高装药量是最实际的方法,但给武器总体结构设计带来困难,增大火炮的重量。

(3) 采用高能发射药和增大装药会增加弹药重量,提升弹药补给难度。

将电磁发射技术应用在迫击炮发射中,其优势可以概括为以下几点:

(1) 可有效提升迫击炮初速和发射精度。

(2) 通过电流控制可方便精确地实现变射程发射。

(3) 通过控制电流可使电磁迫击炮发射时弹丸受力平均,内弹道特性好。

(4) 采用轨道式发射方案,发射时的后坐力相对较平缓,便于对后坐力进行控制。

(5) 固体电枢电磁轨道炮发射时后膛可开放,不像传统火炮需要打开炮栓才可装填炮弹,便于提高射频和简化自动装填系统。

(6) 发射时炮口火焰、烟雾、冲击波很小,产生的特征信号弱,隐身性能得到改善。

(7) 不采用易燃易爆的发射药,安全性增加,后勤补给方便。

因此,将电磁发射技术应用在迫击炮上,不仅可以提高现有迫击炮的作战性能,也降低了电磁发射技术的应用门槛,使得该研究具有良好的应用前景。同时,电磁发射技术在迫击炮上的应用也可对其他电磁超高动能发射应用起到借鉴作用。

7.2.2 美军电磁迫击炮

鉴于迫击炮主要用于对步兵提供近距离支援,对射弹初速和射程的要求较低,所以美军将电磁迫击炮看作是电磁轨道炮走向广泛应用的初级阶段;希望通过发展电磁迫击炮,特别是将电磁发射技术应用于"未来战斗系统"非直瞄迫击炮来进行探索。

美国国防部预先研究计划局(DAPPA)正在大力推进电磁迫击炮实验

室演示项目，专门为下一代"未来战斗系统"研制车载式非直瞄电磁迫击炮。该项目将采用轨道式和线圈式两种演示样炮，发射常规迫击炮弹，对演示样炮的试验指标要求也较低。现在，电磁发射装置的全部设计工作已经完成，两种样炮都在制造之中。

该电磁迫击炮实验室演示要在尽可能不影响弹药杀伤力、可制造性及后勤保障的情况下，验证发射常规弹药（试验弹首选 M934 式 120 mm 迫击炮弹）的能力，由设在皮卡汀尼兵工厂的美国陆军装备研究、开发与工程中心（ARDEC）领导弹药的改造工作。演示发射速度，以增大 M934 迫击炮弹的射程；预计初速达到 420 m/s，射程将增大 30%（从 7 km 增至 9 km）。轨道式电磁轨道炮的设计、制造和试验由得克萨斯大学高技术学院负责，线圈式电磁轨道炮则由桑迪亚国家实验室负责。轨道式和线圈式电磁轨道炮的试验内容包括演示 420 m/s 的初速（速度控制目标为 0.1% 以内）和延长迫击炮的射击寿命，并进行 100 发射击系列试验以鉴定可靠性和精度参数。

项目分为 3 个运作阶段：第一阶段为小尺寸试验；第二阶段为全尺寸试验；第三阶段将以更接近战术作战需要的配置来演示发射装置的性能。为此，正在制造一种可抬高射角的悬臂式电磁迫击炮。全尺寸轨道式和线圈式电磁轨道炮的实验室试验分别在得克萨斯大学高技术研究所（IAT）和桑迪亚国家实验室开展。两者都使用专门设计的 M934 迫击炮训练弹，以全尺寸电磁迫击炮弹进行的试验将以最大 420 m/s 的速度发射。

迫击炮弹的一体化设计工作由 ARDEC 下属的未来弹药处牵头。根据作战使用原则，迫击炮要为步兵提供建制火力支援，所以应在靠近己方部队的地方射击。为保证己方部队上空的安全，电枢被设计成不可分离式，即为射弹的一部分。为此，一体化发射物的设计是轨道式和线圈式电磁迫击炮设计的出发点。每种电磁迫击炮的电枢设计方案都与火炮分队一起研究，形成的综合设计方案要满足空气动力阻力、空气动力稳定性、重量平衡以及作战操作使用等方面的要求。空气动力阻力与稳定性能通过风洞试验来检验，而引信的功能则通过电子引信脉冲试验来检验。电枢和尾翼与现有的 M934 炮弹兼容，作为与电磁发射匹配的弹尾组件结合在弹药上。组装方法经过仔细研究，以便尽可能减少对后勤保障的影响。只要把 M934 炮弹上的尾管拧下，然后拧上电磁组件就可以把常规弹药改装为电磁发射弹药。

简单的两轨电磁轨道炮是电磁发射装置最简单的形式。在项目最初的方案权衡分析阶段，有两种四轨道配置方案列入考虑。第一种为串联式两匝增强配置方案。其中内侧轨道连接电枢，而外侧轨道（起增强作用）形成一个延伸到发射装置末端的独立回路。这些回路由炮尾部的跨接装置以串联方式连接。在这种配置形式中，炮膛内磁场随着电流的加大而增强。分析表明，这种配置方案满足所有作战使用要求，但是弹体会暴露于很强的磁场（约 7 T）中。因此，该方案不再被列入考虑之列。第二种是串联式两匝绝缘配置方案。在绝缘配置中，上、下两个轨道分别为独立的双轨式轨道炮。这对轨道由炮尾部的跨接装置以串联方式连接。这种配置方式也满足了所有作战使用要求，并且在射弹引信区内的磁场强度较弱。这种配置方式要求在上、下轨道之间以及上、下电枢之间实现绝缘，成为基本的构成方案。

在第一阶段小尺寸试验中，项目组演示了采用绝缘配置方式以及将绝缘电枢结合到迫击炮炮身后部锥体上的可行性。炮膛为 40 mm 小尺寸两匝绝缘配置方案的试验，展示了在令人感兴趣的发射速度和加速度条件下的高电感梯度作业情况。双电枢弹丸用简单的 54 mm 耐炮膛轨道炮配置并进行了演示。这两次演示大大增强了对于全尺寸 120 mm 电磁迫击炮设计和建模所用工具的信心。

在第二阶段，设计了全尺寸的实验室电磁迫击炮系统并将其安装在电磁发射设施上，以演示全尺寸作战使用性能。全尺寸实验室系统的炮尾系统可以承受 3 MA 的峰值电流以及全尺寸弹丸在加速时所产生的接近 40 万磅（181.44 t）加速负载。具体设计参数见表 7-2。

表 7-2 IAT 的电磁迫击炮参数

弹丸质量/kg	初速/(m·s^{-1})	射程/m	炮口动能/kJ	炮尾电压/V
17	420	9 000	1 499	10 000

目前正在为试验而制造的电磁轨道炮有可抬高的炮架，从而可以增大电磁轨道炮的射角以完成全射程弹道试验。在未来发展阶段中的预先研制阶段，旨在利用样炮在尤马试验场等靶场试验环境中获取野外经验。这种靶场试验将达到以下目的：为非直瞄电磁轨道炮营造逼真的环境试验条件；在真实条件下进行电磁轨道炮试验；在实弹射击条件下鉴定各项炮口效应，如炮口泄漏、炮口制退和炮口焰等；使部队获得电磁轨道炮的使用经验；

测量弹丸的弹道特性、弹道散布和射程分区；利用先进的电容器技术（也在开发之中）进行基于高能量密度电源技术的下一代电源系统的演示。

在后续阶段还将设计一种样炮，并将其结合到演示样车上。此外，电磁迫击炮的初速将增至约 460 m/s，从而将射程增大到 10 km。根据一体化平台概念，电磁迫击炮模块将安装在混合电驱动平台上进行演示。混合电驱动平台的电源系统将用于满足车辆驱动和武器 500 kW 的电力需求，其热信号管理将纳入武器平台的系统中。

电磁迫击炮将带来作战使用和后勤方面的进步。杀伤力的增强源于精度的提高，而精度的提高又源于速度控制的改善。由于对发射架的电源输入反馈实施控制，且不存在以往发射药所引起的偏差，预计电磁轨道炮的速度误差小于 0.1%。精度的速度控制可实现对射击区段或射程的无限制调整。速度控制能力和射击区段调整灵活性的提高，可以使火炮所携带弹药的杀伤能力提高 2 倍，增加执行单炮多发射击任务时可以利用的炮弹数量。生存能力的提高源于电磁发射产生的特征信号较弱。由于不使用发射药，红外和声音特征信号因此大大减弱。再加上电磁迫击炮具有很强的首发毁歼能力，完全可以实现火力打击的突然性。射程和战场覆盖范围的增大导致杀伤力的增强。电磁轨道炮的软发射（适当的加速）能力对于发射间接瞄准、远射程制导炮弹也很重要。不再使用发射药，车上也无须储存发射药筒，可以提高作战的安全性。此外，电磁迫击炮可以实现弹药装填系统的完全自动化。

美军电磁迫击炮演示验证项目已经完成 EM934 迫击炮弹、线圈炮和轨道炮发射装置的设计阶段。小尺寸试验已经取得成功，证明了关键性设计决策和有关尺寸比例研究结果的正确性。研究表明，电磁迫击炮方案是可行的，可以将其安装到混合电驱动平台上。

在进行实验室试验的同时，美军电磁迫击炮的野外试验条件日趋成熟。目前，在技术上所面临的挑战主要是如何在保持性能的前提下，将电磁迫击炮的重量、体积和电源控制在允许范围内。

据《全球防务评论》报道，轨道式电磁迫击炮已成功发射了全尺寸弹丸，炮口初速可达 430 m/s，试验用弹的尺寸与重量均与 120 mm 迫击炮弹相似。这种轨道炮是目前世界上最大口径超速轨道炮，也是首门成功发射迫击炮弹的全尺寸悬臂式轨道炮，如图 7-5、图 7-6 所示。

244 电磁轨道炮原理与技术

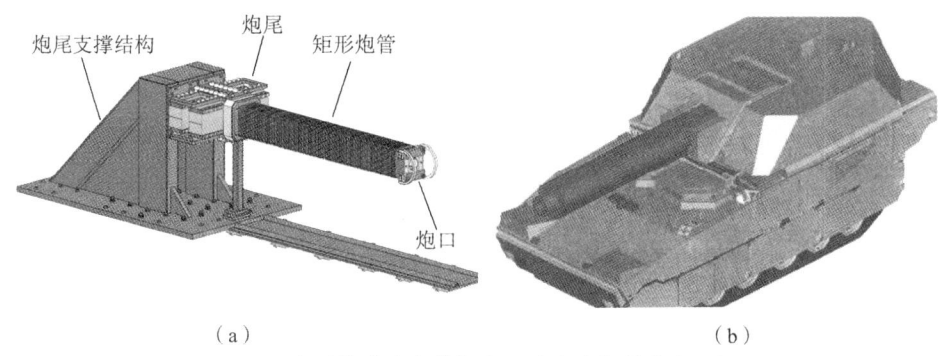

(a)　　　　　　　　　　　　　　(b)

图7-5　电磁轨道迫击炮初步设计方案与装在车上构想

(a) 电磁轨道迫击炮初步设计方案；(b) 构想示意图

(a)

(b)

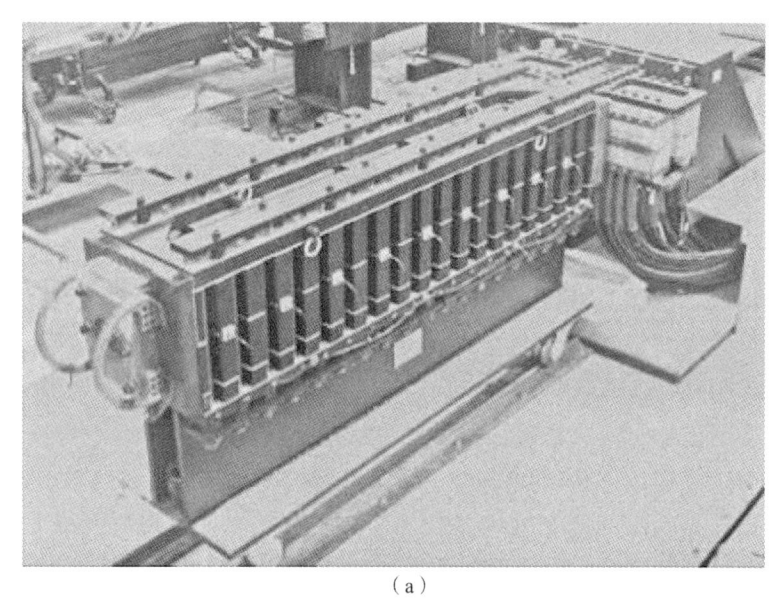

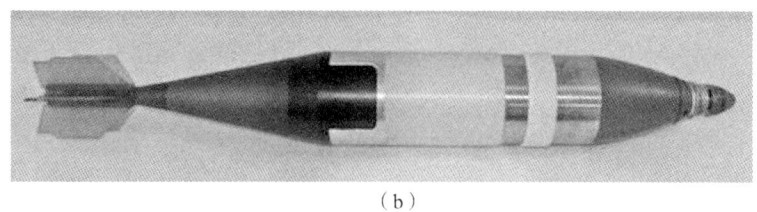

图7-6　电磁轨道迫击炮实物与适应轨道炮而改进的迫击炮弹

(a) 电磁轨道迫击炮；(b) 改进的迫击炮弹

7.3 机载电磁轨道炮

在飞机或其他空中战机上装载的电磁轨道炮称为机载电磁轨道炮。机载电磁轨道炮在空中作战时,能够在高速飞行过程中发射速度极高的炮弹,不仅能在短时间内完成发射,还能形成大面积弹幕,以阻滞前来袭击的导弹或飞机并准确地将目标击毁。

机载平台的承载能力有限,而电磁轨道炮需要高功率电源带动,因此机载电磁轨道炮的发射威力都比较小。

7.4 多功能电磁轨道炮

7.4.1 电磁轨道炮的多功能性

电磁轨道炮技术利用具有光速传播特性的电磁场与电流相互作用产生电磁力来加速弹丸,具有高初速、大威力和远射程等优点。同时,它还具有两个更重要的特点:

(1) 电磁轨道炮技术利用电能精确可控的特点能实现弹丸的恒定加速,不仅能在同样的过载和加速距离上获得比传统火炮更高的初速,还能在相同加速距离时使获取同样初速的过载成倍降低,特别适宜发射对过载有严格要求的制导弹药。

(2) 基于电磁轨道炮技术,弹丸的初速、威力和射程可通过计算机连续精确调控,顺应了信息化战争对装备智能化的要求,并满足投送准时快速、威力连续可控、射程任意可调的火力打击需要。

7.4.2 通用原子公司多功能中程轨道炮武器系统

据《简氏国际海军》报道,通用原子公司自筹 5 000 万美元用于研制 10 MJ "多功能中程轨道炮武器系统",如图 7-7 所示。

研制该轨道炮的目的在于补充或代替美国海军现役 127 mm 舰炮。该轨道炮将可以拦截导弹和飞机,以及动能打击海上或陆地目标。与数百万美元的导弹相比,轨道炮的超声速制导炮弹成本在 25 000~50 000 美元。

轨道炮的口径尚未确定,可能在 90~100 mm 范围。炮弹内装钨质子

图7-7 通用原子公司多功能中程轨道炮武器系统

弹,将有一个类似于"爱国者"PAC-3导弹的拦截范围(Interception Envelope)。执行动能打击任务,炮弹射程约100 km。通用原子公司将基于2010年开始进行发射试验的"闪电"3 MJ小型轨道炮技术研究多功能中程轨道炮武器系统。公司称,已成功研制可承受30 000 g过载、速度超过 $Ma5$ 的超声速炮弹。通用原子公司打算用"宙斯盾"(AegiS)雷达技术为多功能中程轨道炮武器系统的炮弹提供指挥和制导。该武器系统可装备濒海战舰或护卫舰等小型平台。

7.5 反舰导弹电磁轨道炮

近程防御武器系统(CIWS)是一种保卫舰艇防御来袭亚声速反舰导弹的武器系统。然而,未来反舰导弹将实现超声速,传统的火炮系统将难以有效防御。由于轨道炮具有更高的初速和射击频率,一门25 mm方口径电磁轨道炮发射140 g重炮弹,炮口速度已达2 400 m/s,射频超过50 Hz。预计轨道炮在应对这些未来的威胁将有更好的表现。此外,轨道炮在一个射击周期可以方便地改变炮口初速,形成智能爆发射。轨道炮允许改变每一发弹丸的速度,这样所有的弹丸可以在同一时间到达目标,因此轨道炮采用智能爆发射杀伤目标要比恒定初速发射需要更少的炮弹数量和能量。

7.5.1 近程防御武器系统

近程防御武器系统是舰艇应对来袭反舰导弹的最后一道防线。它们能有效应对 2 000 m 范围内最大速度不超过 300 m/s 的亚声速导弹。比利时海军舰艇使用的守门员近程防御武器系统是一种典型的 CIWS。守门员系统可发射初速 1 200 m/s、弹重 234 g 的穿甲弹，通常以 75 发/秒的射频一轮发射 300 发炮弹。守门员系统能够达到这么高的射频是由于采用了 7 管加特林机枪。

计算表明，守门员系统能有效对付不超过 300 m/s 的亚声速导弹，但是无法对付超声速导弹（$v=600$ m/s）。参数分析表明，拦截这种导弹需要更高的射频（300 Hz）。轨道炮有实现这种高射频的可能。

然而，轨道炮要有效毁伤超声速目标需要太多的电能（至少 120 MJ 的炮口动能）。因此，针对电磁近程防御武器系统研究了一种新的射击策略，也就是智能爆发射。在这种射击模式下，发射不同初速炮弹运动最短的距离同时作用在目标上。由于每发弹都获得了最高的效率，使用较少的射弹数和能量就可以实现 95% 的命中概率。

一个可以增加轨道炮射频的方法是基于对已发射炮弹的检测自动发射后续炮弹，从而减少两发炮弹之间的闲置时间，增加射频。法德圣路易斯研究所（ISL）速射轨道炮（RAFIRA）的试验结果证明了射频从 50 Hz 增加到 75 Hz 的可行性。

7.5.2 近程防御武器系统作战分析

近程防御武器系统必须将来袭的反舰导弹在距离舰艇一定距离外摧毁，如图 7-8 所示。对亚声速导弹而言这个距离是 428 m，对超声速导弹而言这个距离是 856 m，这样才能保证舰艇不被导弹爆炸后按抛物线轨迹运动的碎片击中。因为要达到 95% 的毁伤概率，需要多达 300 发的炮弹在目标到达开火距离时开火。然而，单发炮弹的命中概率（SSHP，单发命中概率）随距离增加而迅速下降，如图 7-9 所示。这条曲线就是参照 234 g 弹丸、

图 7-8 开火距离和毁伤距离

1 200 m/s 初速计算的。在 0 m 处也就是炮的位置，单发命中概率为 100%；在 285 m 处，单发命中概率降到 10%；在 885 m 处，单发命中概率降到只有 1%。因此，很重要的一点是通过增加射频或改变初速实现使弹丸打击目标时尽可能地接近毁伤距离。

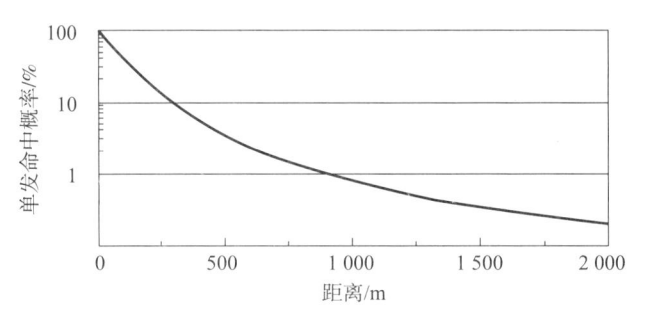

图 7-9　初速 1 200 m/s、弹重 234 g 时单发命中概率与距离的函数关系

10 发炮弹采用 3 种不同的射击模式，如图 7-10 所示。模式 A 是传统发射模式，即所有炮弹都采用相同的炮口初速发射出去。首发弹将会在距离舰艇很远的距离击中目标，最后一发弹会在毁伤距离击中目标。模式 B 也是一种传统发射模式，但是具有更高的射频。这些炮弹具有更高的单发命中概率，使用较少的炮弹数即可达到 95% 的命中概率。模式 C 也就是智能发射模式。每发炮弹均比前一发炮弹增加初速，这样所有炮弹同时到达毁伤距离并且单发命中概率最高。

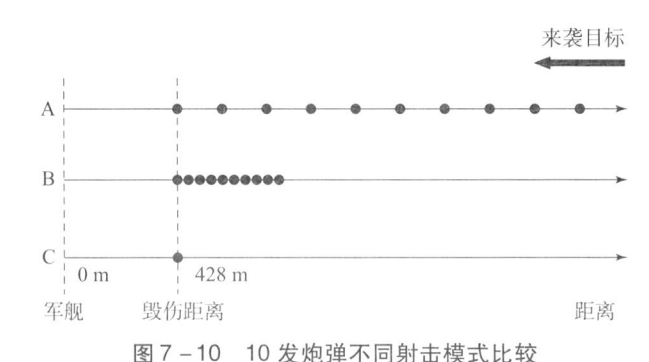

图 7-10　10 发炮弹不同射击模式比较

A—射频 75 Hz 传统射击模式；B—射频 300 Hz 传统射击模式；C—智能射击模式

为了研究比较传统模式和智能模式性能的优劣，我们首先分析传统模式中射频和初速对总炮口动能的影响，从而测算出所需的电能。表 7-3 给出了不同的初速和射频所需要的炮弹数量和总炮口动能。因为弹药库体积的限制,一轮射击的炮弹发数是受限的。实际上守门员系统配备了近千发弹药,可支持3轮每轮300发炮弹的射击。在典型的海军遭遇战中,将发射数枚反舰导弹。因此,弹药库储存弹药的数量必须足够支持几轮射击使用。所以,尽可能减少一轮射击所用的炮弹数非常重要。

表 7-3 传统射击模式应对 300 m/s 亚声速目标射弹数、总动能与炮弹初速和射频的关系

方案		需求	
初速/(m·s^{-1})	射频/Hz	射弹数	总炮口动能/MJ
1 200	75	153	25.8
1 200	150	88	14.8
1 200	225	78	13.1
1 200	300	73	12.3
1 800	75	85	32.2
1 800	150	61	23.1
1 800	225	56	21.2
1 800	300	54	20.5
2 400	75	70	47.2
2 400	150	53	35.7
2 400	225	49	25.0
2 400	300	47	24.0

正如预期的那样,表 7-3 的结果表明,更高的射频可以降低每轮射击所需炮弹的数量。因为高初速降低了飞行时间,提高了单发命中概率,更高的初速也有助于降低弹药消耗。然而,即使减少了每轮射击的弹药数,结果显示提高初速也将提高对能量的需求。因此,应对亚声速导弹威胁的较优解为初速 1 200 m/s,射频 300 Hz。

表 7-4 给出了应对超声速导弹的可接受的解决方案。事实上,如果某个初速对应的射频太低,其命中概率就不能达到 95%。应对超声速目标要比亚声速目标每轮需要更多的炮弹数。这是由于超声速目标的杀伤距离更远(超声速的 856 m 对亚声速的 428 m),而这个距离上的单发命中概率更

低。第一个结论是基于火药能源的近程防御武器系统，如初速 1 200 m/s、射频 75 Hz 的守门员系统是不能有效应对超声速目标的。第二个结论是总炮口动能至少需要 120 MJ。在初速 1 200 m/s、射频 300 Hz 这个方案中，每轮射击需要 711 发炮弹。在初速 2 400 m/s、射频 300 Hz 的方案中，每轮需要的炮弹数为 286 发，但是其总炮口动能达到了 193 MJ。

表 7 - 4　传统射击模式应对 600 m/s 超声速目标射弹数、总动能与炮弹初速和射频的关系

方案		需求	
初速/(m·s^{-1})	射频/Hz	射弹数	总炮口动能/MJ
1 200	225	2 900	488
1 200	300	711	120
1 800	225	501	190
1 800	300	357	135
2 400	150	917	618
2 400	225	370	250
2 400	300	286	193

在不降低命中目标时炮弹动能的前提下，由于轨道炮可以实现更高的初速，发射质量较轻的炮弹是一种可行的方案。

7.5.3　电磁轨道炮近程防御武器系统性能

轨道炮可以方便地改变每发炮弹的初速。最大速度取 2 400 m/s 是为了避免炮弹飞行过程中因空气动力学问题而造成过热。最小初速取决于充能的大小。由于没有炮弹终点弹道曲线的详细信息，将守门员系统 2 000 m 的最大有效距离处炮弹的性能作为参考，其应对 2 000 m 处亚声速目标的动能为 158 kJ。假设只要以这个动能击中来袭目标即可将其摧毁，忽略其他所有参数对炮弹杀伤力的影响。因此，在满足撞击动能等于或大于 158 kJ 前提下，尽可能减少炮弹质量或初速，命中概率随射频变化的规律如表 7 - 5 所示。如果射频过低，命中概率就不能达到 95%，这是因为在有效时间内不能发射足够多的炮弹。最佳射频是 300 Hz，每次射击 50 发炮弹，总炮口动能为 18 MJ。更高的射频意味着更高的平均速度，由于单发命中概率的提高，只需较少的炮弹就可实现目标，但是总炮口动能也将更高。

表 7-5 射频与射弹数和命中概率的关系（弹重 234 g、目标速度 300 m/s）

射频/Hz	射弹数	命中概率/%	95%命中概率时射弹数	总炮口动能/MJ
75	14	56.8		
150	28	81.1		
200	38	89.5		
250	47	93.8		
300	56	96.4	50	18.0
350	66	98.0	49	19.0
400	75	98.8	48	19.8
450	84	99.3	47	20.4
500	94	99.6	47	21.2

与此类似，还做了轻质炮弹和超声速目标的仿真计算。最优解见表 7-6 中方案 4~7。方案 1 是已经存在的守门员系统，方案 2 和 3 分别是表 7-3 和表 7-4 中传统射击模式下应对亚声速目标和超声速目标最优解，为便于比较也列入表 7-6 中。

表 7-6 传统发射模式（方案 1~3）和智能发射模式（方案 4~7）最优方案比较

方案	目标速度/(m·s^{-1})	质量/g	射频/Hz	射弹数	总炮口动能/MJ
1	300	234	75	153	25.8
2	300	234	300	73	12.3
3	600	234	300	711	120
4	300	234	300	50	18.0
5	300	117	400	48	9.94
6	600	234	200	109	30.8
7	600	117	300	88	17.1

方案 4 给出了采用智能发射模式发射 234 g 炮弹比采用传统模式需要更多的能量。这是由于实际上，应对亚声速目标的毁伤距离接近火炮，这意味着需要平均速度远高于 1 200 m/s，以确保所有炮弹都能在毁伤距离击中目标。

方案 5（400 Hz、117 g）是应对亚声速目标的最优方案。减轻炮弹质量对命中概率有很大影响。

方案 7（300 Hz、117 g）是应对超声速目标的最优方案。可以看到总动能显著降低（从方案 3 的 120 MJ 到 17.1 MJ）。这是由于大幅减少了每轮发射所需的炮弹数，所有炮弹都在击毁距离命中目标，提高了单发命中概率。

因此，电磁轨道炮通过采用更高的射频和调节每轮射击中炮弹的初速，可以显著减少所需的电能，这使得基于电磁轨道炮的近程防御武器系统成为可能。传统近程防御武器系统是基于旋转多管"加特林"机枪才达到 75 Hz 的射频。守门员系统使用 7 管"加特林"机枪，而轨道炮只需要使用一个发射管。

7.5.4 速射轨道炮

速射轨道炮（FAFIRA）是一门由法德圣路易斯研究所（ISL）研制的连发轨道炮，用于研究轨道炮技术在反舰导弹技术领域的潜在可能性。这是一个直线电磁加速器，可以进行 3 连发试验。主加速器的外壳由 3 m 长纤维增强玻璃布板组成。最多两个预加速器可以连接到主加速器。这些预加速器长 0.35 m，结构与主加速器完全相同，只是空间位置翻转了 90°。预加速器的主要作用是在需要连发的时候给主加速器供弹。速射轨道炮技术参数如表 7-7 所示。

表 7-7 速射轨道炮技术参数

机械结构	钢+纤维增强玻璃布
口径/mm	25×25
电源电感/μH	4
主加速器轨道长度/mm	3 175
预加速器轨道长度/mm	350
轨道材料	硬铝
电感梯度/($\mu H \cdot m^{-1}$)	0.45（100 kHz）

典型速射轨道炮使用的是带电刷电枢的炮弹，将由许多金属纤维（CuCd）组成的电刷电枢装到一个玻璃钢弹托中。这些电刷电枢作为主加速

器的电流承载元件。预加速器使用的一个电刷电枢安装在垂直于其他 10 个电刷的方向。一发炮弹的总质量约 120 g。

速射轨道炮的射频受装填射击过程的限制，如图 7-11 所示。连发模式下，首发弹直接装到主加速器，第 2 发弹装到预加速器。电容器组触发放电后，第 1 发弹发射，10 ms 后，第 2 发弹被推入主加速器并完全静止；再等待 10 ms，电容器组放电加速第 2 发弹直至其发射出去。因为等待时间，射频被限制在 50 Hz。为增加射频，研制了一套自动装填装置，如图 7-12 所示。首发弹直接装到主加速器，第 2 发弹装到预加速器。首发弹开始加速后，B 探针检测其离开主加速器的信号用于触发推动第 2 发弹进入主加速器，第 2 发弹的位置由 ISL 开发的电刷位置检测传感器获得。该传感器是一个电开关，当炮弹经过的时候闭合开关导致内置电阻的电压突然升高。为了避免炮膛内产生等离子引起的错误信号，对电阻两端的电压进行了滤波。电刷位置检测传感器的信号实际上是触发信号，用来触发电容器组放电给加速第 2 发弹提供能量。值得注意的是第 2 发弹不需要静止到主加速器，这能够增加射频。

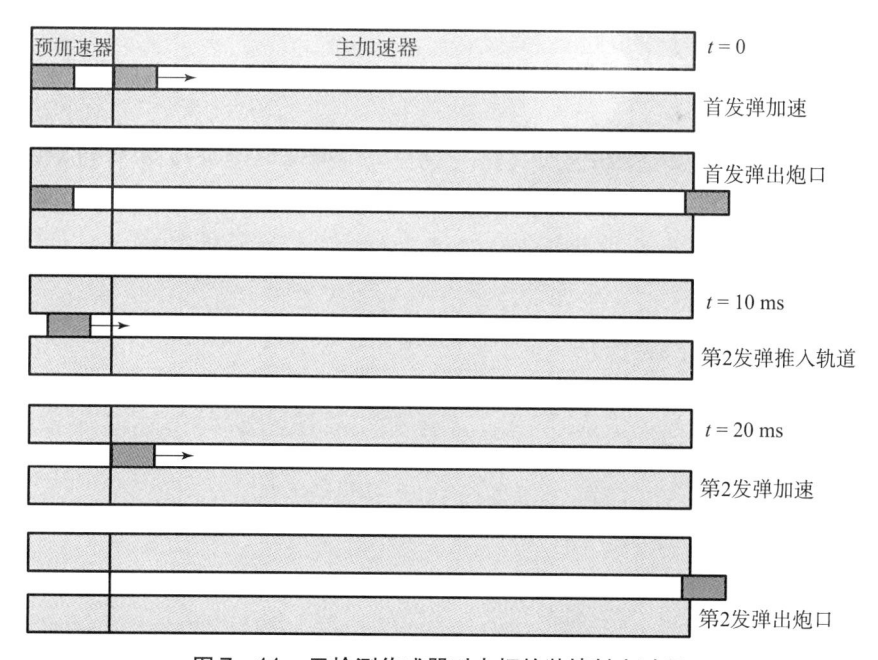

图 7-11 无检测传感器时电枢的装填射击过程

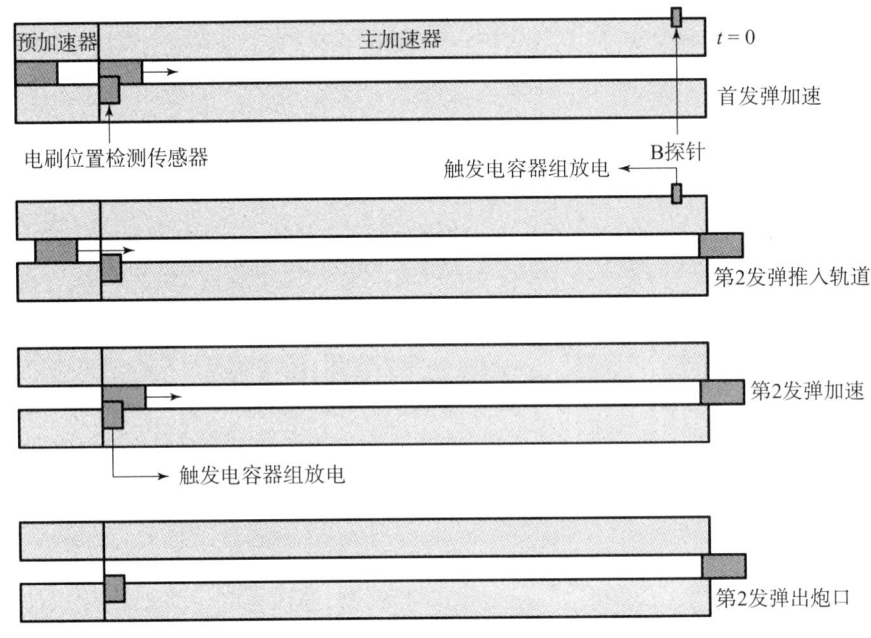

图中标注(从上到下):
- 预加速器 | 主加速器 | t = 0
- 首发弹加速
- 电刷位置检测传感器 | 触发电容器组放电 | B探针
- 第2发弹推入轨道
- 第2发弹加速
- 触发电容器组放电
- 第2发弹出炮口

图 7 - 12 　自动装填射击过程

7.5.5　速射轨道炮试验

使用自动装填系统加速两发弹（m_1 = 123.47 g，m_2 = 123.85 g），每发弹的初始储能都是 0.8 MJ，电流波形如图 7 - 13 所示，轨道材料选用硬铝。图 7 - 14 给出了两发弹的炮口电压曲线，炮口电压是描述电枢轨道滑动接触状态的一个重要指标。炮口电压曲线起始段上 5 个窄峰是由于加速炮弹时 5 组电容器单元放电造成的。每个炮口电压曲线尾端大于 50 V 的电压峰值对应炮弹离开轨道炮形成炮口弧的时刻。因此，根据图 7 - 14 可知，第 1 发弹在 4.78 ms 时离开炮口，第 2 发弹在 17.89 ms 离开炮口，这意味着射频能够从 50 Hz 提高到 75 Hz，这比早期试验中提高了约 50%。炮口电压低于 15 ~ 20 V 意味着电枢与轨道滑动接触状态良好，更高的炮口电压意味着伴有电弧引起的接触损耗。这两次发射的炮口电压都低于 15 V 意味着电枢与轨道接触状态都非常好。应当指出，第 2 发弹的炮口电压（均值约 2.31 V）明显低于第 1 发弹的炮口电压（均值约 4.3 V），这两个均值意味着第 2 发弹的滑动接触面的欧姆损耗要小得多。发射第 1 发弹时，炮口电压在 3 ~ 4 ms 之间存在小峰值，发射第 2 发弹时，在 16.4 ~ 17.1 ms 之间存在小峰值，可以归因于电流在炮弹不同电枢间切换造成的。

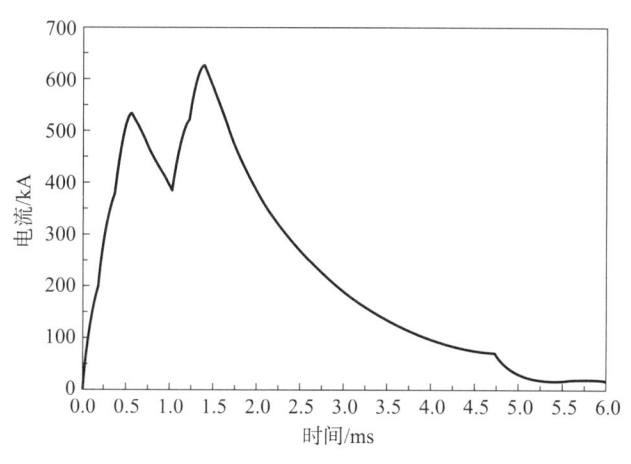

图 7-13　典型电流信号

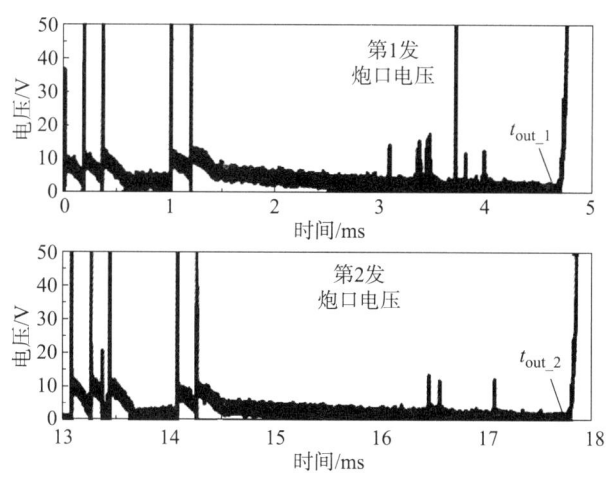

图 7-14　第 1、2 发炮口电压

每发炮弹速度由安装在炮口的多普勒雷达系统进行测量，得到的雷达测速曲线如图 7-15 所示，结合图 7-14 显示的炮弹出膛时刻，即可得到相应的炮弹出膛速度。

法德圣路易斯研究所试验表明速射轨道炮射频达到了 75 Hz，这已经达到了现有的基于火药的近程防御武器系统的技术水平。

因此，由于轨道炮具有更高的初速和射频，还能采用智能射击模式在

图 7-15　雷达测速曲线

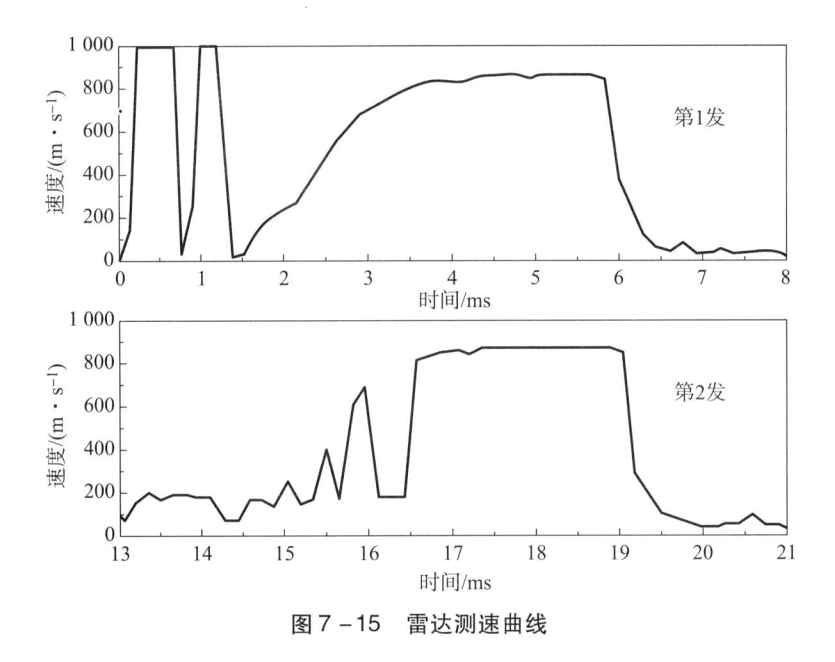

一轮射击中改变每发弹的初速，其应对反舰导弹的性能更好。所有炮弹在最小拦截距离击中目标，从而获得最大的命中概率。因此，每轮射击所需的炮弹数量和能量相比传统模式（所有炮弹初速相同）都有显著降低。

7.6　电磁弹射轨道炮

电磁轨道导弹弹射技术就是采用电磁轨道炮作为弹射器本体的导弹电磁弹射技术。根据轨道炮作用力定律，电枢受力与电流的平方成正比，与系统的电感梯度成正比，同时考虑导弹弹射质量大、初速低的实际需求，电磁轨道炮作为电磁弹射器需要尽量提高电感梯度，降低脉冲电流峰值，这就使得弹射用电磁轨道炮只能采用分层结构电磁轨道炮。

分层轨道炮通过将轨道分成 N 层，串联连接，电感梯度为单层轨道的 N^2 倍，因此用较小的电流峰值（同体积轨道的 $1/N$）即可产生相等的推力驱动电枢，$N=3$ 分层轨道炮，如图 7-16 所示。但由于分层轨道之间存在电压差，因此轨道间必须绝缘，电枢设计是一个技术难点。

例如，30 层分层轨道炮，电感梯度高达 592 μH/m，可将 5~300 kg 的电枢加速到 35 m/s，如图 7-17 所示，具体性能指标如表 7-8 所示。从表

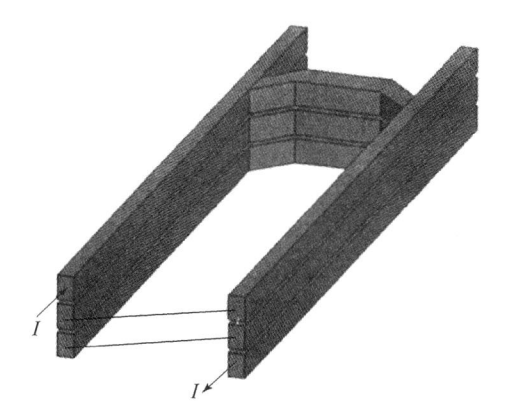

图 7-16 N=3 的分层轨道炮示意图

中可以看出，分层轨道炮作为弹射器本体也可用于导弹的弹射。

图 7-17 分层轨道炮的炮口端

表 7-8 分层轨道炮性能参数指标

参数	装置 1	装置 2
口径/mm	140 × 120	400 × 370
轨道长度/m	4.5	7.0
质量/kg	5	300
速度/(m·s^{-1})	35	35
电流峰值/A	2 500	9 000

美国海军也正在设计可发射舰载导弹的电磁发射装置，称为"冷导弹

发射",这项研究要求以高效电磁发射装置为基础的电磁导弹发射装置演示样机应能以至少3 km/s的速度发射导弹和其他弹种,演示样机将由发射管、发射架、能量储存装置、固态转换装置、数据跟踪系统和电机控制软件等组成。冷发射的一个优点是出现故障的导弹落入海中不会爆炸,不会对己舰造成伤害。洛克希德·马丁公司和桑迪亚公司正在研制的舰载电磁导弹发射装置设想图如图7-18所示。

图7-18 洛克希德·马丁公司和桑迪亚公司正在研制的舰载电磁导弹发射装置

7.7 反导电磁轨道炮

当电磁轨道炮以5 km/s左右的速度射出弹丸时,可以拦截速度在4倍声速下的战术导弹。当发射速度达到5~7 km/s时,可在中段和末段对战略导弹实施有效拦截;而当速度为6~10 km/s时,可以命中300~1 000 km高度的低轨卫星;而当速度超过12 km/s时,可以打击导航定位、预警等轨道高度较高的卫星。也就是说,如果将电磁轨道炮和宙斯盾系统相结合,将会为导弹防御系统提供更高速、更有杀伤力、反应时间更短的火力系统,而且对多目标的拦截能力也将进一步加强。

7.7.1 美国电磁轨道炮

美国一份众议院法律草案设想了导弹防御局从海军接手管理电磁轨道炮项目的可行性,并敦促导弹防御局(MDA)全力发展电磁轨道炮技术,以提供一种"更负担得起的防空反导"技术。

小组委员会表示导弹防御局拥有的特殊权力能加速采购过程，因此相对于海军及五角大楼战略能力办公室来说，导弹防御局位于更特殊的地位来推进并完成此项工作。

电磁轨道炮利用电磁力而非发射药发射炮弹，是一种远程打击武器，美军认为其将大幅改变未来战争模式，可以较低的成本执行弹道导弹或巡航导弹防御任务，远程打击及反水面战（对抗小型快艇或大型船只）等。

鉴于电磁轨道炮作为一种潜在的反导技术，导弹防御局已选其作为"优先级"技术应对战区级弹道导弹威胁。MDA 的既定目标包括试验、概念验证以及对用于弹道导弹防御系统的轨道炮样机评估验证。但众议院委员会认为 MDA 对电磁轨道炮的关注迄今仍停留在技术评估阶段。

美国众议院小组委员会通过与战略能力办公室协调起草一份预案以指导 MDA，根据一系列测试以确定"向 MDA 进行适当的技术转让以保证未来发展"。该报告要求对 2016 财年之后开展的测试进行财政审核，以及利用现有 MDA 测试设备论证未来轨道炮系统的可行性。最后，议员们还希望 MDA 抓住与其他军种合作开发测试的机会，以确保战略能力办公室、MDA 和其他国防部部门能以最低的成本获取最大收益。

7.7.2　日本拦截导弹电磁轨道炮

日本近年也开始关注电磁轨道炮的研发和应用，意在充实多层反导体系。在 2015 年度防卫概算中，防卫省列出了 3 项进攻性武器的研发立项，其中就包括舰载电磁轨道炮的研发。同时，防卫省还明确了未来舰载电磁轨道炮将用于防空和反舰作战。据称，日本正在研制两艘新型 27DD 宙斯盾驱逐舰，将采用燃气轮机 - 电力推进装置，就是为了将来对接舰载电磁轨道炮。

2017 年，日本《产经新闻》刊登题为《日本拟独立开发磁轨炮拦截中俄导弹》的报道称，日本将独立研发电磁轨道炮相关技术，用来拦截中俄导弹。报道称，防卫省除了调查以美国为首的国内外磁轨炮相关技术的研究情况外，还进行了基础技术相关研究。美军计划 5 ~ 10 年后实战部署电磁轨道炮，日本要想在自卫队引入该武器，离不开美方的技术合作。然而，陆上自卫队相关人士称，"日方如果没有技术积累，很难获得足够的合作"。鉴于此，日本需要独自推进研究开发。

7.7.3 天基战略反导和反卫星

把电磁轨道炮装在卫星或者其他的航天器中就能形成天基电磁轨道炮，这种部署在空间内的电磁轨道炮能够有效拦截战略导弹，摧毁或者直接杀伤在轨卫星，使得电磁轨道炮摧毁目标的能力和超高速性能得以充分发挥，比起现在正在研究制造的强激光武器更容易实现成功拦截弹道导弹。

参考文献

[1] Hsieh K T, Kim B K. 3D modeling of sliding electrical contact [J]. IEEE Transactions on Magnetics, 1997, 33 (1): 237 – 239.

[2] James T E, James D C. Optimum contact region geometry of solid armatures [J]. IEEE Transactions on Magnetics, 1997, 33 (1): 86 – 91.

[3] Stefani F, Parker J V. Experiments to measure wear in aluminum armatures [J]. IEEE Transactions on Magnetics, 1999, 35 (1): 100 – 106.

[4] Stefani F, Levinson S, Satapathy S, et al. Electrodynamic transition in solid armature railguns [J]. IEEE Transactions on Magnetics, 2001, 37 (1): 586 – 591.

[5] Gee R M, Persad C. The Response of different copper alloys as rail contacts at the breech of an electromagnetic [J]. IEEE Transactions on Magnetics, 2001, 37 (1): 263 – 268.

[6] James T E, James D C. Contact pressure distribution and transition in solid armatures [J]. IEEE Transactions on Magnetics, 2001, 37 (1): 81 – 85.

[7] Poltanov A E, Kondratenko A K, Glinov A P, and Ryndin V N. Multi-turn railguns: concept analysis and experimental results [J]. IEEE Transactions on Magnetics, 2001, 37 (1): 457 – 461.

[8] Laird D J. The Investigation of Hypervelocity Gouging [D]. Ohio (USA): Air Force Institute of Technology, 2002.

[9] Stefani F, Merrill R. Experiments to measure melt-wave erosion in railgun armatures [J]. IEEE Transactions on Magnetics, 2003, 39 (1): 188 – 192.

[10] Pascal L, Min D V, Walter W. Comparative study of railgun housings made of modern fiber wound materials, ceramic, or insulated steel plates [J]. IEEE Transactions on Magnetics, 2005, 41 (1): 200 – 205.

[11] Hsieh K T. Numerical study on groove formation of rails for various materials [J]. IEEE Transactions on Magnetic, 2005, 41 (1): 380 – 382.

[12] Gallant J, Lehmann P. Experiments with brush projectiles in a parallel augmented railgun [J]. IEEE Transactions on Magnetics, 2005, 41 (1): 188 – 193.

[13] Watt T, Stefani F, Crawford M, et al. Investigation of damage to solid-armature railguns at startup [J]. IEEE Transactions on Magnetics, 2007, 43 (1): 214 – 218.

[14] Zhang J, Gu G, Xiang Y. Research on a big multi-turn rail electromagnetic launch system [J]. IEEE Transactions on Magnetics, 2007, 43 (5): 2054 – 2058.

[15] Daneshjoo K, Rahimzadeh M, Ahmadi R, et al. Dynamic response and armature critical velocity studies in an electromagnetic railgun [J]. IEEE Transactions on Magnetics, 2007, 43 (1): 126 – 131.

[16] Tzeng T and Sun W. Dynamic response of cantilevered rail guns attributed to projectile/gun interaction-theory [J]. IEEE Transactions on Magnetics, 2007, 43 (1): 207 – 213.

[17] Watt T, Crawford M, Mark H, et al. Investigation of damage to solid-armature railguns at startup [J]. IEEE Transactions on Magnetics, 2007, 43 (1): 214 – 218.

[18] Engel T G, Veracka M J, Neri J M. Design of low-current high-efficiency augmented railguns [J]. IEEE Transaction on Plasma Science, 2009, 37 (12): 2385 – 2389.

[19] Watt T, Crawford M. Experimental results from a two-turn 40mm railgun [J]. IEEE Transaction on Plasma Science, 2009, 45 (1): 490 – 494.

[20] Crawford M, Subramanian R, Watt t. The design and testing of a large-caliber railgun [J]. IEEE Transaction on Plasma Science, 2009, 45 (1): 256 – 260.

[21] Xiao Z, He J J, Xia S G, et al. Analysis of the performance of C-Shaped armature with resistivity gradient [J]. IEEE Transactions on Magnetics, 2009, 45 (1): 510 – 513.

[22] Lv Q A, Lei B, Gao M, Li Z Y, Chi X P, and Li H. Magnetic flux compression generator as future military pulsed power supply [J]. IEEE Transactions on Magnetics, 2009, 45 (1): 545 – 549.

[23] 陶青青. 轨道发射器电磁分布仿真分析及抑制放电烧蚀的结构设计

[D]. 石家庄：军械工程学院硕士学位论文，2010.

[24] Yuan W Q, Yan P, Sun Y H. Design and testing of a two-turn electromagnetic launcher [J]. IEEE Transaction on Plasma Science, 2011, 39 (1): 198-202.

[25] Li J, Wang Y F, Liu P Z. Experimental results from pseudoliquid armatures launched by two-turn railgun [J]. IEEE Transaction on Plasma Science, 2011, 39 (1): 80-82.

[26] Mcnab I R. IAT armature development [J]. IEEE Transactions on Plasma Science, 2011, 39 (1): 442-451.

[27] Xia S G, He J J, Chen L X, et al. Studies on interference fit between armature and rails in railgun [J]. IEEE Transactions on Magnetics, 2011, 39 (1): 186-191.

[28] 解世山. 电磁轨道发射器电流分布特性研究 [D]. 石家庄：军械工程学院硕士学位论文，2012.

[29] 曹昭君，肖铮. 电磁发射系统C形固体电枢的电流密度分布特性及其机理分析 [J]. 电工电能新技术，2012，31 (2): 23-26.

[30] 吕彦，任泽宁，钱学梅，等. 电磁轨道炮身管结构的研究概况 [J]. 兵器材料科学与工程，2012，35 (1): 93-96.

[31] Lv Q A, Li Z Y, Lei B, Zhao K Y, Zhang Q, and Li J M. Magnetic field pressure theory applied to the electromagnetic launcher [C]. The 3rd National Conference on Electromagnetic Environment Effects and Protections (EME2012). 23 May, 2012, Changsha, China. pp. 317-322, Scientific Research Publishing, USA, 2012.

[32] Zhang J G, Thompson J E, Lu Z. Analysis of the advantages and disadvantages of multi-turn railgun [C]. 16th Symposium on Electromagnetic Launch Technology, Beijing, 2012.

[33] Asghar K, Leila G, Mohammad S B. Simulation of a two-turn railgun and comparison between a conventional railgun and a two-turn railgun by 3-D FEM [J]. IEEE Transaction on Plasma Science, 2013, 41 (5): 1392-1397.

[34] Zhang Y J, Ruan J J, Liu S B. Salvo performance analysis of double-projectile railgun [J]. IEEE Transaction on Plasma Science, 2013, 41 (5):

1421-1425.

[35] Zhang Y J, Ruan J J, Liao J P. Comparison of salvo performance between stacked and paralleled double-projectile railguns [J]. IEEE Transaction on Plasma Science, 2013, 41 (5): 1410-1415.

[36] Lv Q A, Li Z Y, Lei B, Zhao K Y, Zhang Q, Xiang H J, and Xie S S. Primary structural design and armature optimal simulation for a practical electromagnetic launcher [J]. IEEE Transaction on Plasma Science, 2013, 41 (5): 1403-1409.

[37] Huang T, Ruan J J, Zhang Y J, et al. Effect of geometry change on the deformation in C-Shaped armatures through 3-D Magetic-Structural coupling FE analysis [J]. IEEE Transactions on Plasma Science, 2013, 41 (5): 1436-1441.

[38] Meger R A, Cairns R L, Douglass S R, et al. EM gun bore life experiments at naval research laboratory [J]. IEEE Transactions on Plasma Science, 2013, 41 (5): 1533-1537.

[39] 程诚, 关永超, 何勇, 等. 磁探针方法测串联增强型固体电枢电磁轨道炮内弹道速度 [J]. 高压物理学报, 2013, 27 (6): 901-907.

[40] 吴鹏. 增强型电磁轨道炮主体结构的动力学分析 [D]. 秦皇岛: 燕山大学, 2014.

[41] 任人, 董志强, 国伟, 等. MA级盘式汇流排的设计 [J]. 高电压技术, 2014, 40 (4): 1148-1152.

[42] 关永超, 邹文康, 何勇, 等. 串联型双轨增强型电磁轨道炮电路模拟 [J]. 强激光与离子束, 2014, 26 (11): 220-224.

[43] Wang C X, Wang H J, Cao Y J, et al. Electromagnetic-thermal coupled analysis of the armature in the electromagnetic rail launcher [C]. 17th Symposium on Electromagnetic launch technology, La Jolla, CA, 2014.

[44] Xing Y C, Lv Q A, Lei B, Xiang H J, Zhu R G, and Liu C. Analysis of transient current distribution in copper strips of different structures for electromagnetic railgun [J]. IEEE Transaction on Plasma Science, 2015, 43 (5): 1566-1571.

[45] Lv Q A, Xiang H J, Lei B, et al. Physical principle and relevant restraining methods about velocity skin effect [J]. IEEE Transactions on Plasma

Science, 2015, 43 (5): 1523-1530.

[46] Feng D, He J J, Xia S G, et al. Investigations of the armature-rail contact pressure distribution in a railgun [J]. IEEE Transactions on Plasma Science, 2015, 43 (5): 1657-1662.

[47] 朱仁贵. 电磁轨道发射器枢/轨滑动电接触界面特性研究 [D]. 石家庄：军械工程学院博士学位论文, 2015.

[48] 吕庆敖, 王维刚, 邢彦昌, 向红军, 张倩. 电磁轨道炮铁磁材料对铜带内电流分布的影响 [J]. 强激光与粒子束, 2015, 27 (10): 268-271.

[49] 王维刚, 吕庆敖, 向红军, 雷彬, 邢彦昌. 轨道炮发射过程中弹药制导组件强磁环境控制技术 [J]. 火炮发射与控制学报, 2016, 37 (4): 68-72.

[50] Lv Q A, Xiang H J, Lei B, Zhang Q, Yuan X C, and Xing Y C. Flexible sliding contact between armature and rails for the practical launcher model [J]. IEEE Transaction on Plasma Science, 2017, 45 (7): 1489-1495.

[51] Lv Q A, Xiang H J, Lei B, Zhang Q, and Yuan X C. Essential launching characteristics of four typical electromagnetic railguns launchers [C]. Proceedings of 2017 IEEE Pulsed Power Conference, Brighton, UK., 18-22 June, 2017.

[52] 陈彦辉, 国伟, 苏子舟, 电磁轨道炮身管工程化面临问题分析与探讨 [J]. 兵器材料科学与工程, 2018, 41 (2): 109-112.

[53] 杨帆, 陈丽艳, 韩洁. 一种基于反向消弧的电磁发射膛口电弧抑制方案 [J]. 科技创新与应用, 2018, 20: 9-12.

[54] 肖宏成, 尹冬梅, 林庆华, 等. 轨道炮复合身管纤维缠绕封装结构优化设计及预应力模拟 [J]. 高压物理学报, 2018, 32 (5): 055107.1-055107.7.

[55] 裴朋超, 王剑安, 曹斌, 等. 轨道炮消弧器结构设计及电磁特性分析 [J]. 火炮发射与控制学报, 2020, 41 (4): 38-42, 48.

[56] Lv Q A, Liang C Y, Yuan X C, Qiao Z M, and Xiang H J. Armature technologies and launching capabilities of electromagnetic railgun launcher with monolithic u-shaped aluminum armature [C]. Proceedings of IEEE Pulsed Power Conference, 2021.

彩　　插

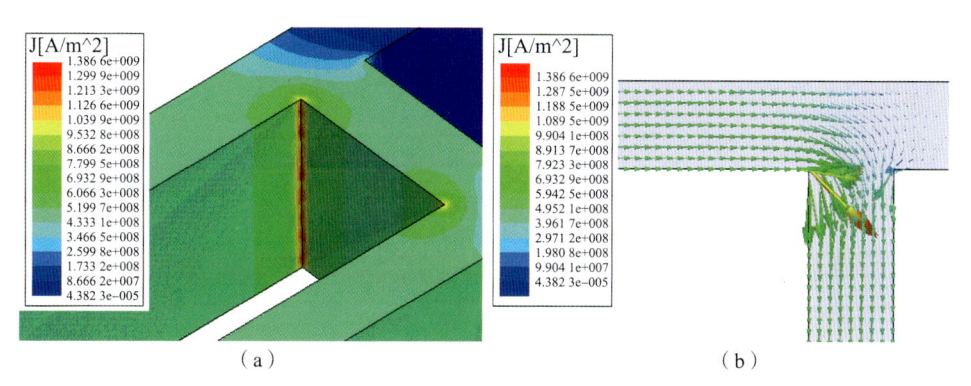

图 2-11　恒流下轨道炮电流密度分布图
（a）电流密度标量分布；（b）电流密度矢量分布

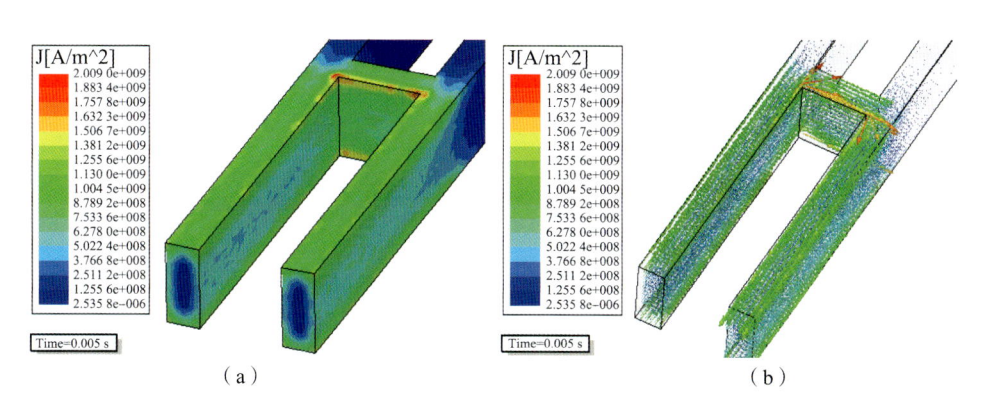

图 2-12　脉冲电流激励下轨道炮电流密度分布图
（a）电流密度标量分布；（b）电流密度矢量分布

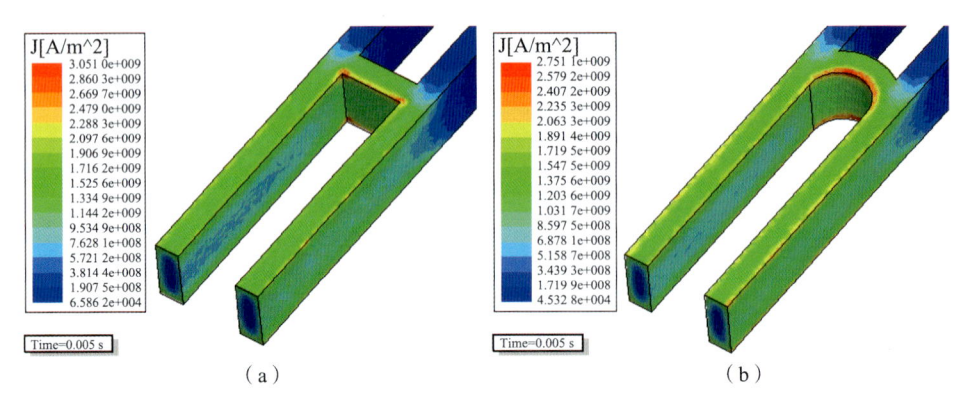

图 2−16　矩形截面轨道电流密度分布

（a）长方体电枢；（b）180°回转体电枢

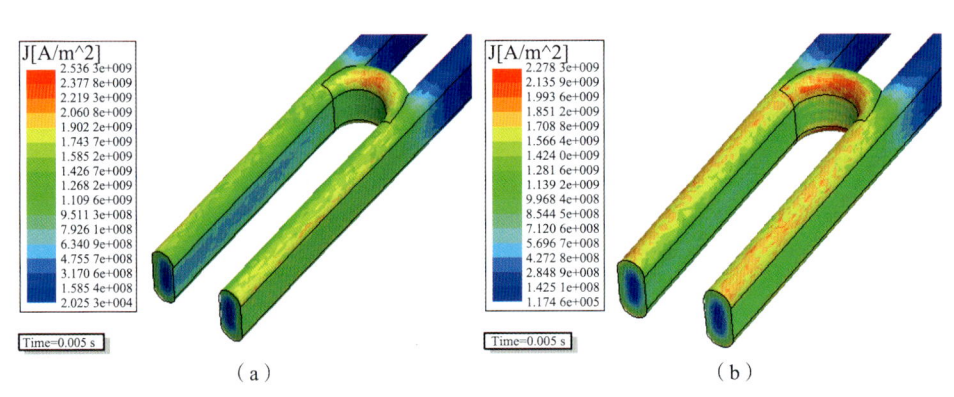

图 2−17　跑道形截面的轨道 − 电枢电流密度分布

（a）$R=20$ mm 的轨道；（b）$R=22.1$ mm 的轨道

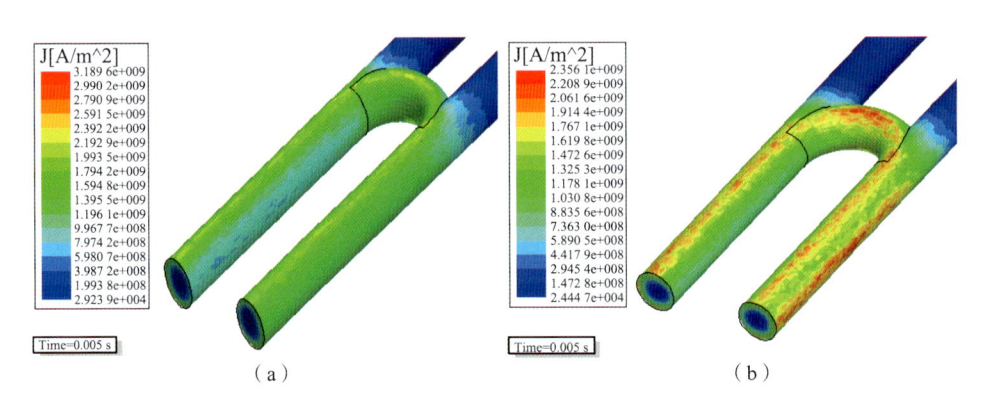

图 2−18　椭圆和圆截面轨道 − 电枢电流密度分布

（a）椭圆截面的轨道；（b）圆截面的轨道

彩 插 3

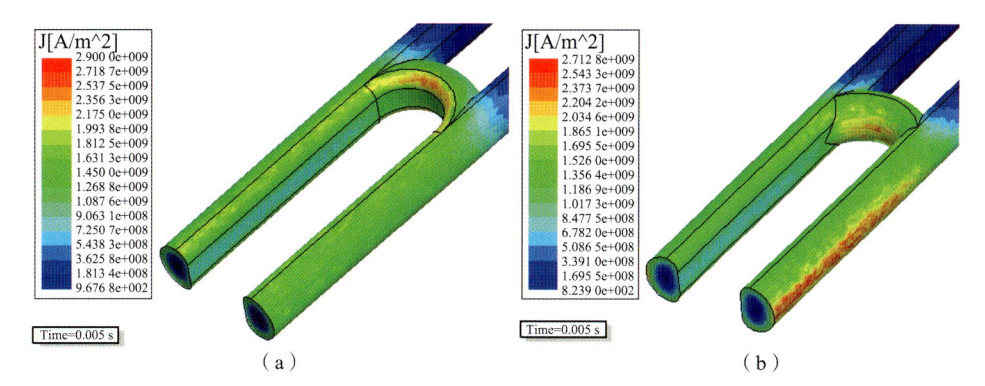

图 2-19 D形截面轨道-电枢结构电流密度分布

(a) D形180°回转体电枢；(b) 倒D形180°回转体电枢

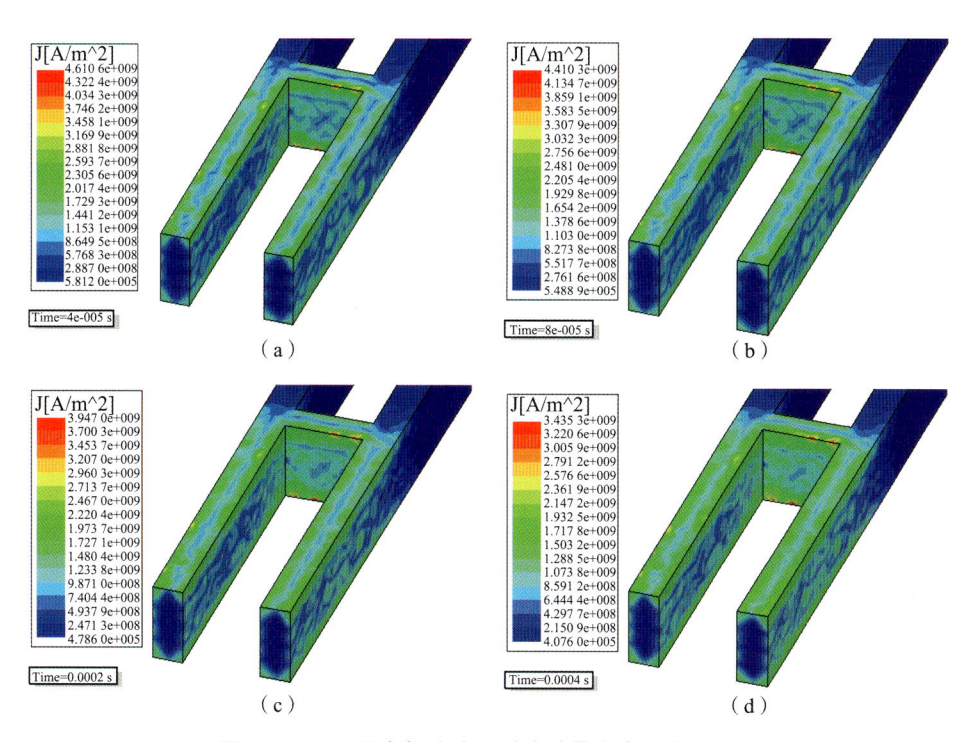

图 2-30 不同电枢速度所对应的最大电流密度云图

(a) 10 km/s；(b) 5 km/s；(c) 2 km/s；(d) 1 km/s

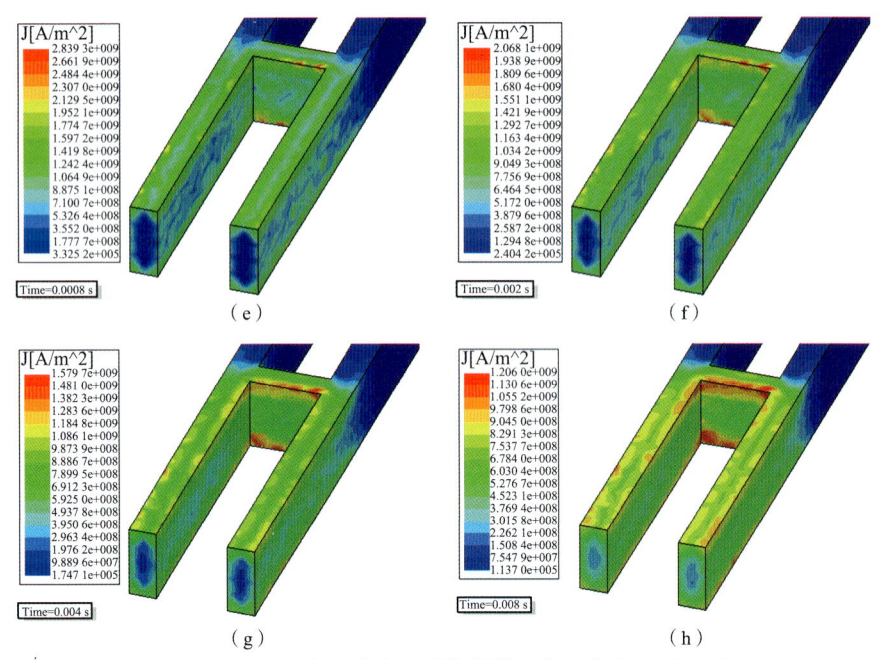

图 2-30 不同电枢速度所对应的最大电流密度云图（续）

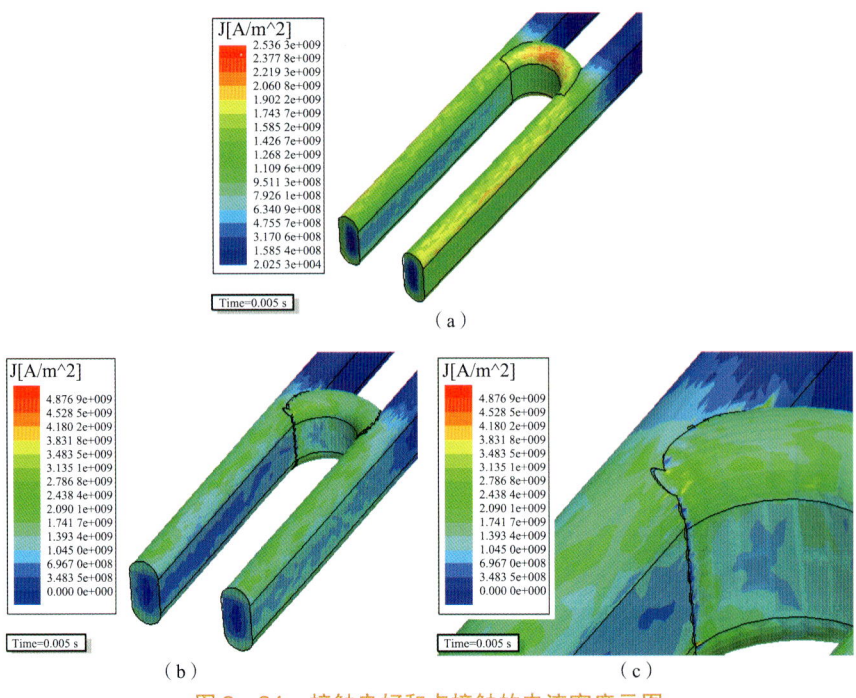

（e）0.5 km/s；（f）0.2 km/s；（g）0.1 km/s；（h）0.05 km/s

图 2-34 接触良好和点接触的电流密度云图

彩 插 5

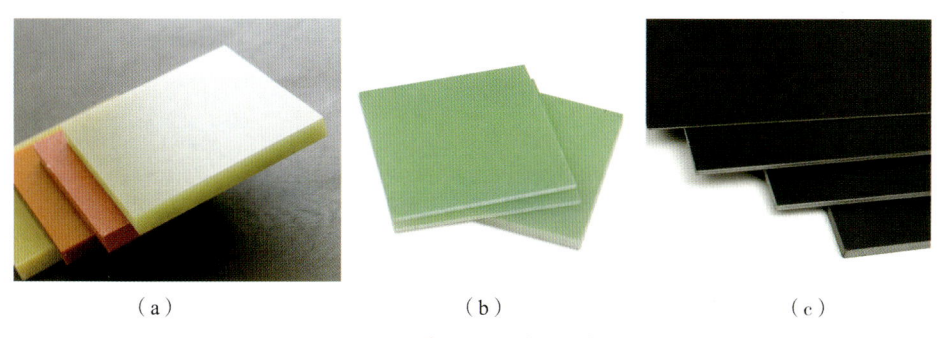

图 3-1 外观不一的环氧板材

（a）黄色、红色板材；（b）水绿色板材；（c）黑色板材

（a）

（b）

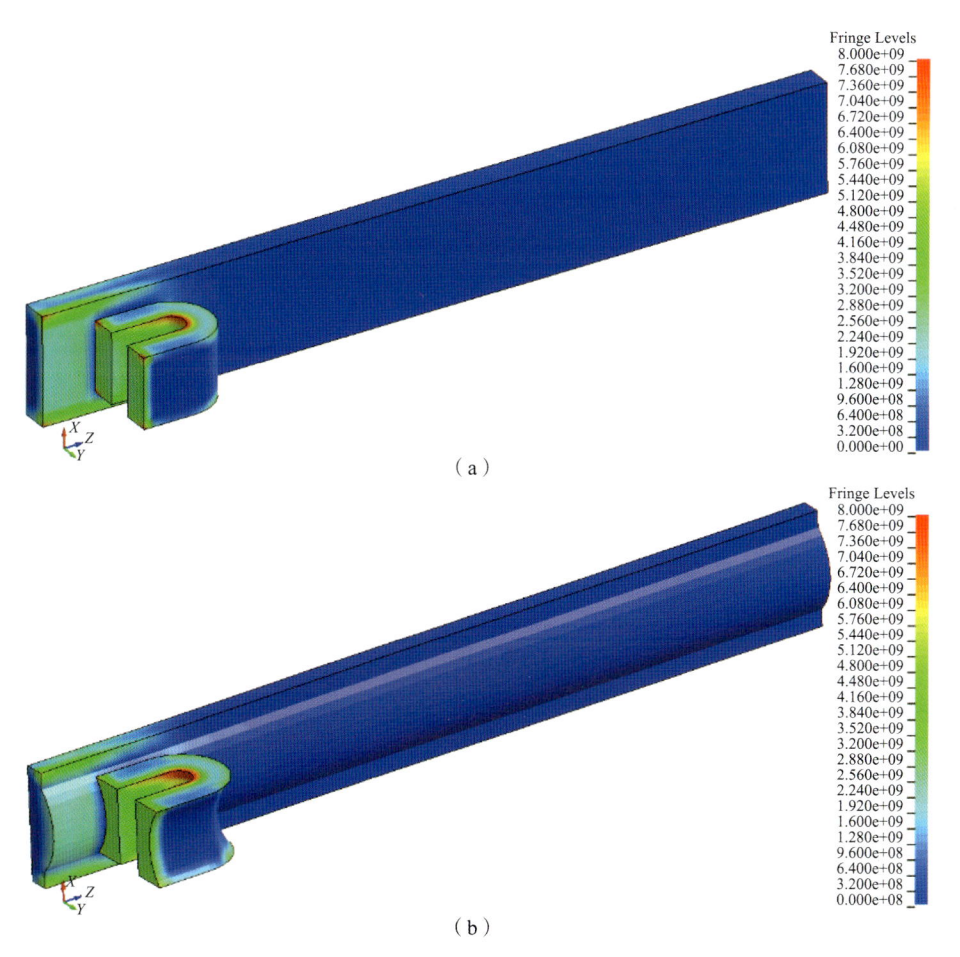

图 3-7 0.06 ms 时刻不同类型发射器的电流分布

（a）平面；（b）凸面

(c)

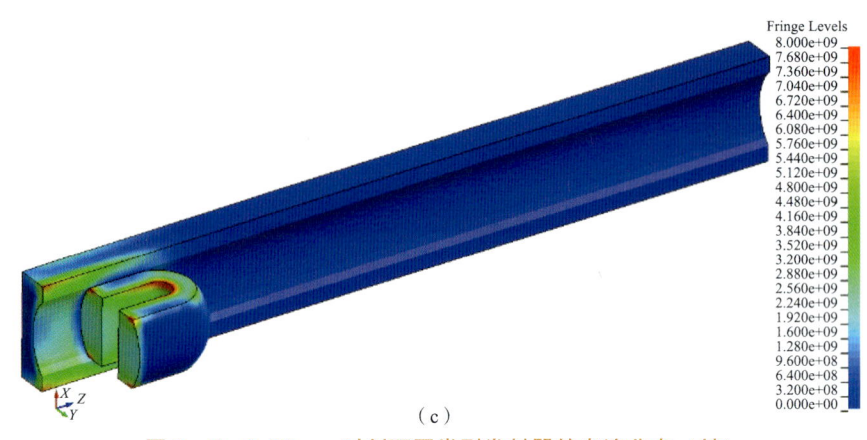

图 3-7　0.06 ms 时刻不同类型发射器的电流分布（续）

(c) 凹面

(a)

(b)

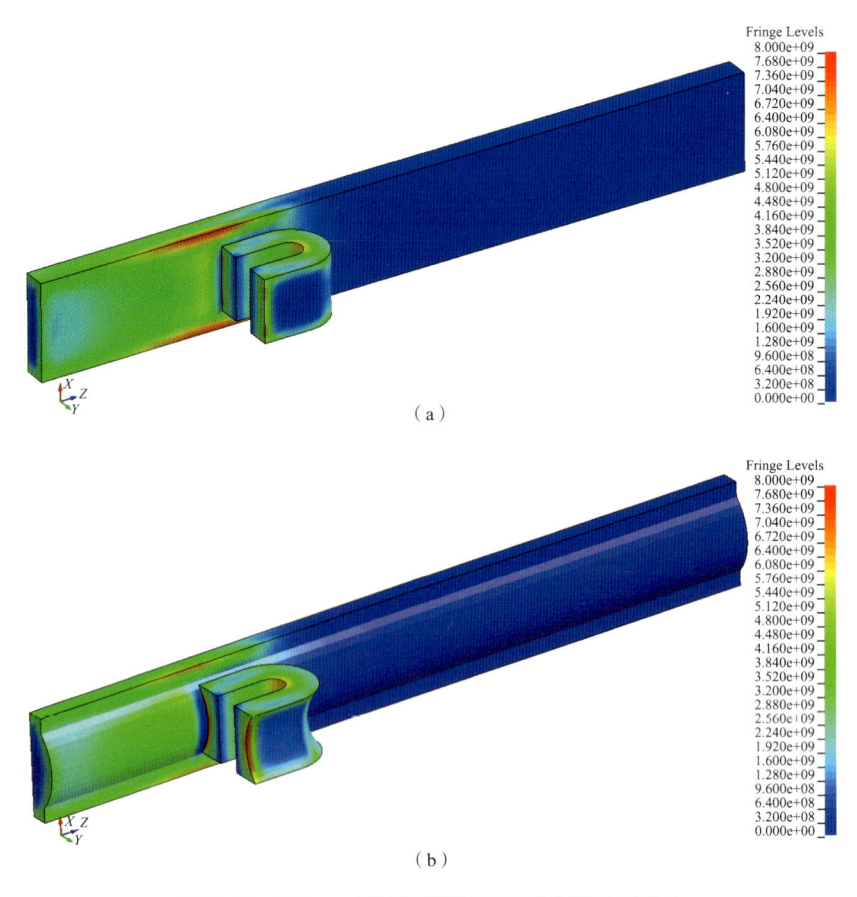

图 3-8　0.3 ms 时刻不同类型发射器的电流分布

(a) 平面；(b) 凸面

(c)

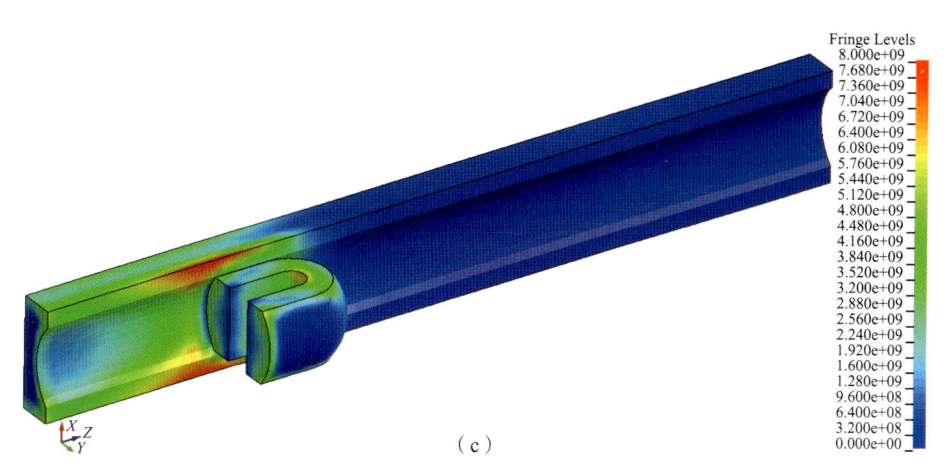

图3-8 0.3 ms时刻不同类型发射器的电流分布（续）

(c) 凹面

(a)

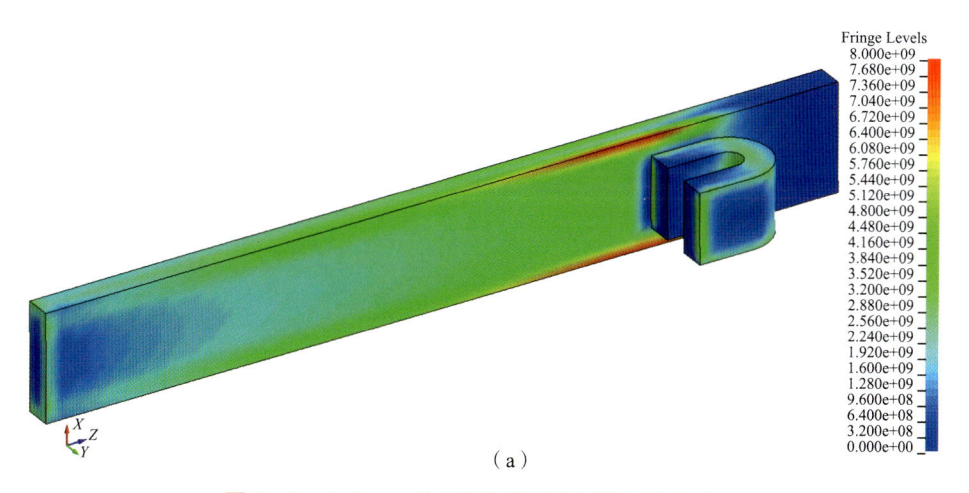

图3-9 0.5 ms时刻不同类型发射器的电流分布

(a) 平面

8 　电磁轨道炮原理与技术

(b)

(c)

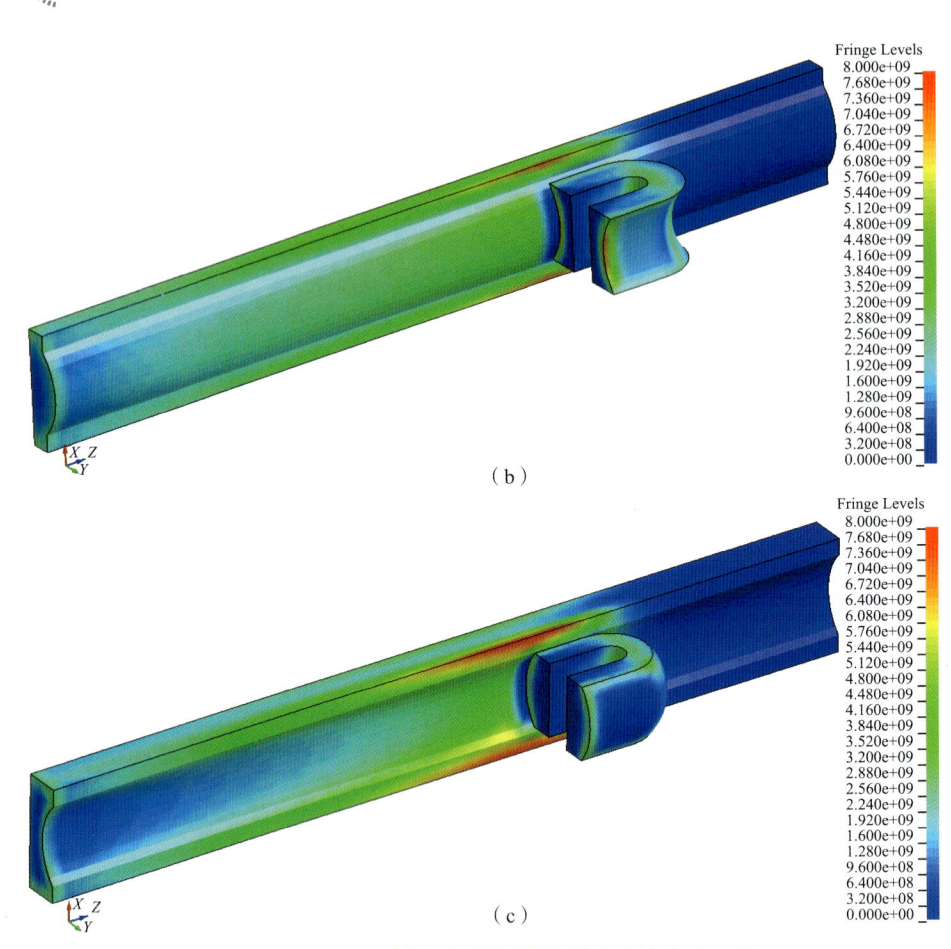

图 3-9　0.5 ms 时刻不同类型发射器的电流分布（续）
(b) 凸面；(c) 凹面

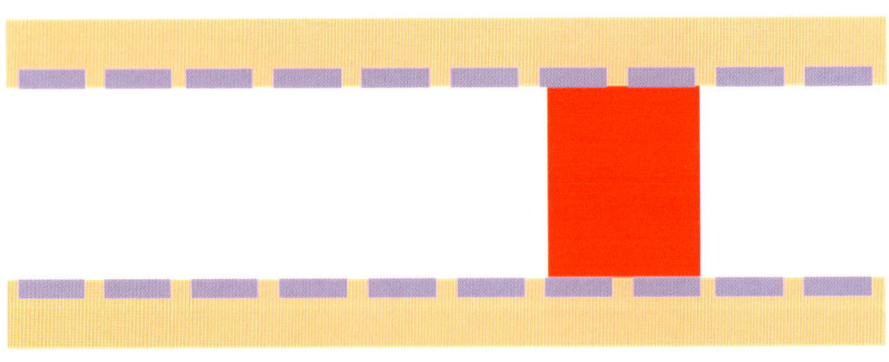

图 3-26　俄罗斯早期抑制转掠烧蚀的间隔供电的轨道技术

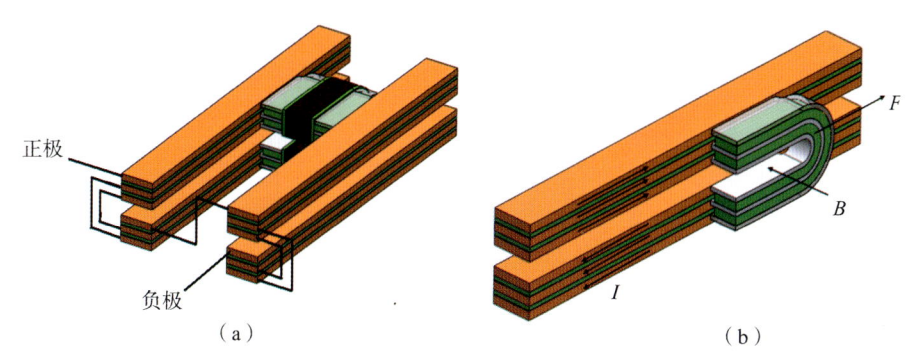

图 4-4 复合式增强型轨道炮结构原理图

(a) 轨道与电枢；(b) 作用原理图

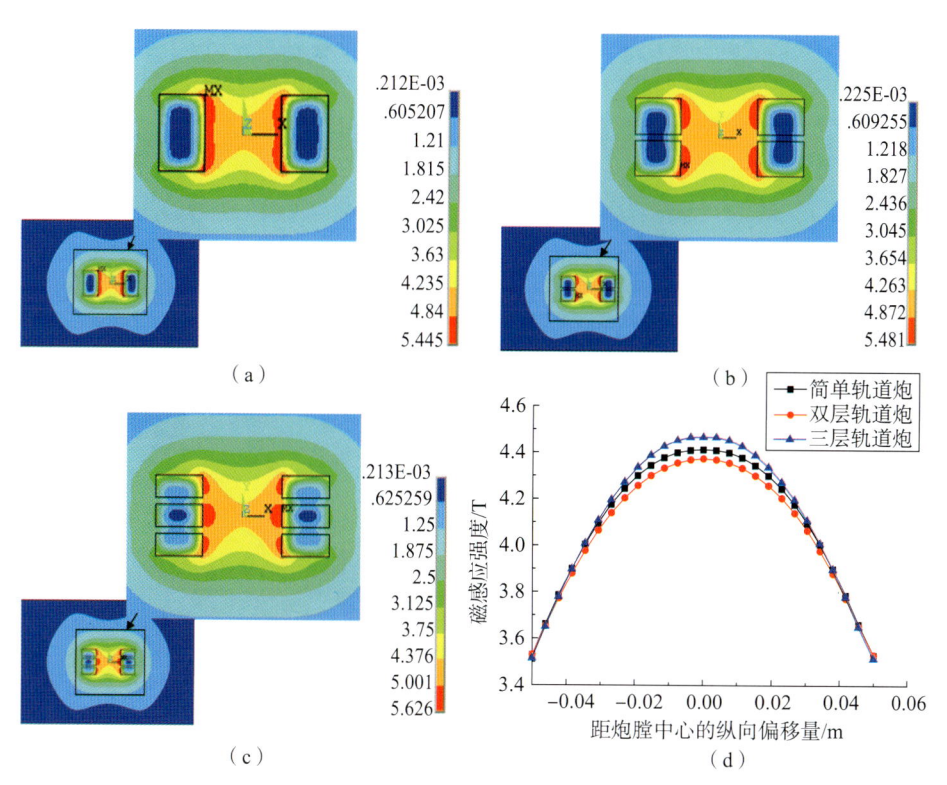

图 4-17 炮膛磁感应强度分布特点

(a) 简单轨道炮；(b) 双层层叠式增强型轨道炮；(c) 三层层叠式增强型轨道炮；
(d) 1.5 ms 时刻炮膛中轴线处磁感应强度

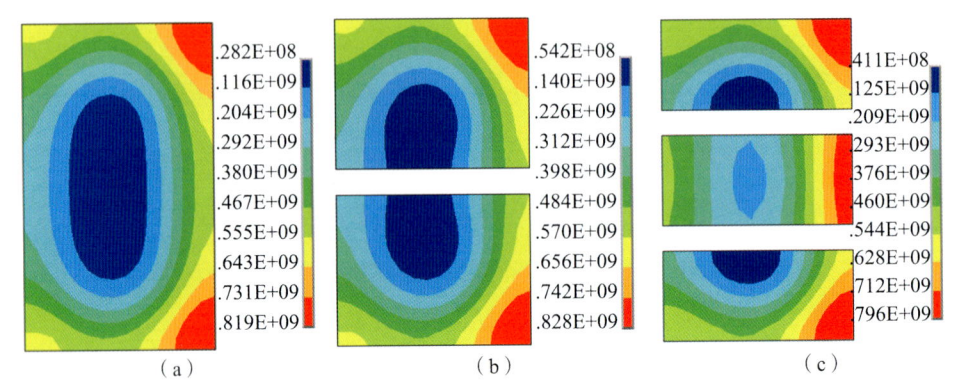

图 4-18　轨道内电流分布特点

（a）简单轨道炮；（b）双层层叠式增强型轨道炮；（c）三层层叠式增强型轨道炮

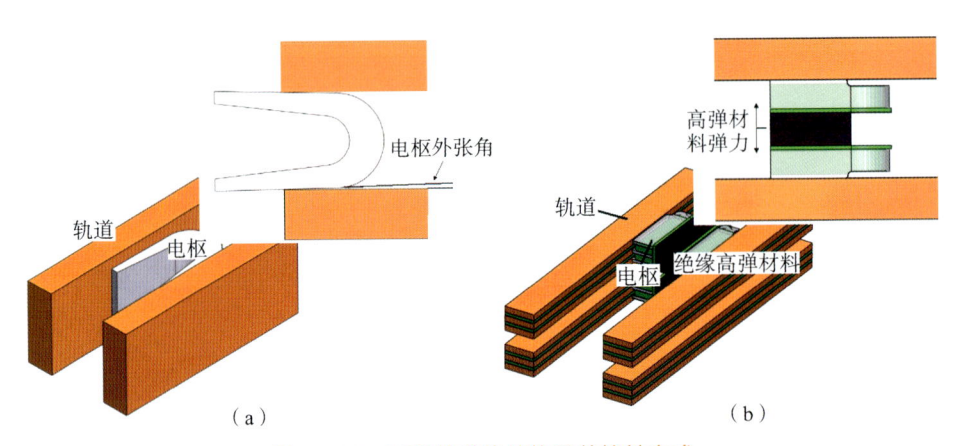

图 4-23　两种轨道炮结构及其接触方式

（a）简单轨道炮结构及接触方式；（b）新型轨道炮结构及接触方式

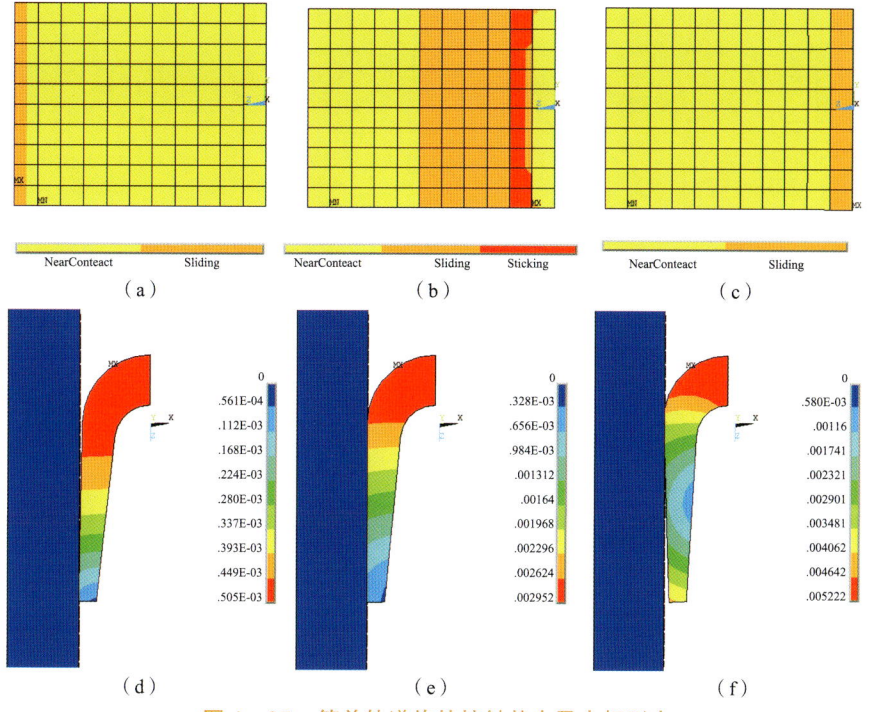

图 4-25 简单轨道炮的接触状态及电枢形变

（a）尾部接触状态；（b）中部接触状态；（c）头部接触状态；
（d）尾部接触时电枢形变；（e）中部接触时电枢形变；（f）头部接触时电枢形变

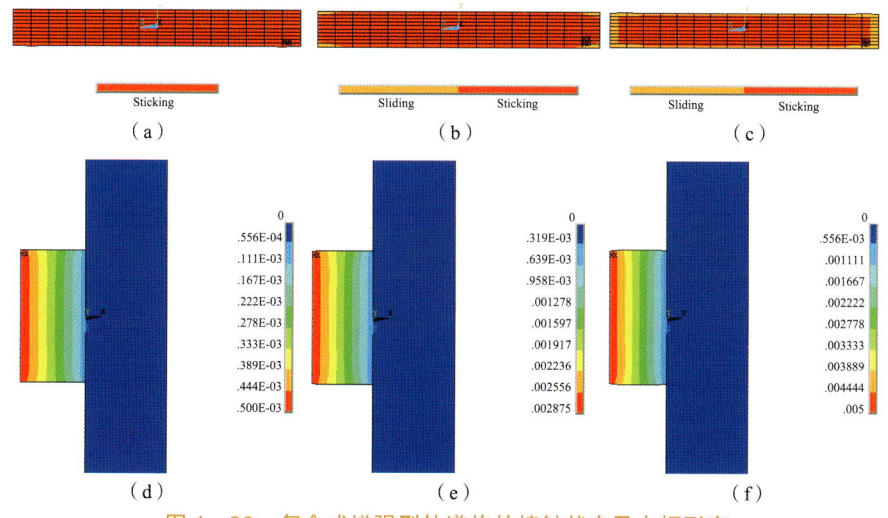

图 4-26 复合式增强型轨道炮的接触状态及电枢形变

（a）小过盈量接触状态；（b）较大过盈量接触状态；（c）大过盈量接触状态；
（d）小过盈量电枢形变；（e）较大过盈量电枢形变；（f）大过盈量电枢形变

(a)   (b)

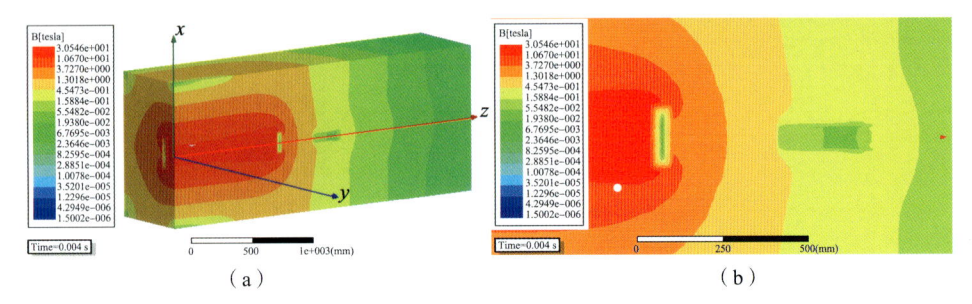

图 5-48 轨道炮及铜屏蔽罩附近的磁感应强度标量分布图

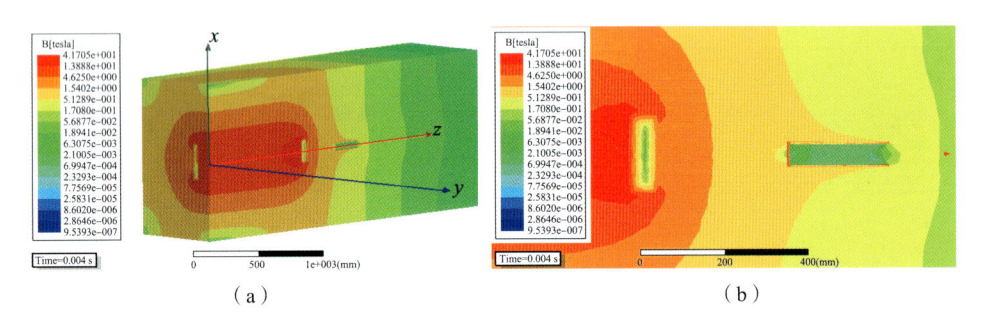

(a)   (b)

图 5-49 轨道炮及铁屏蔽罩附近的磁感应强度标量分布图

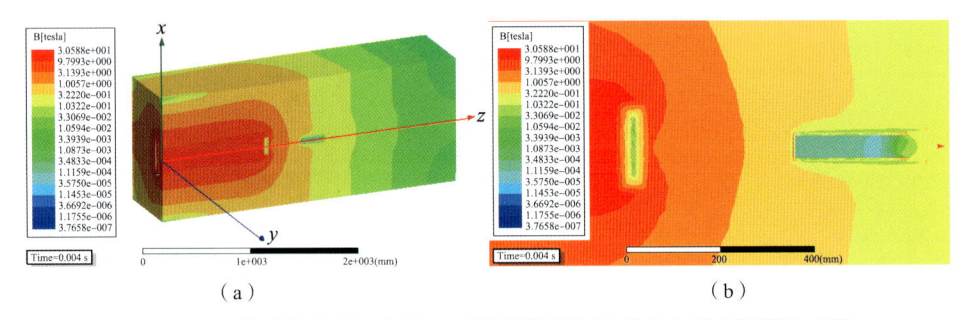

(a)   (b)

图 5-50 轨道炮及外铜内铁双层屏蔽罩附近的磁感应强度标量分布图